实用化工产品配方与制备

（八）

李东光　主编

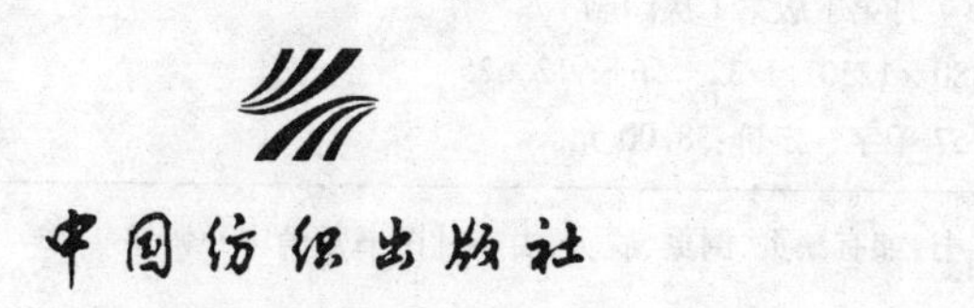

内 容 提 要

本书收集了与国民经济和人民生活密切相关的、具有代表性的实用化学品以及一些具有良好发展前景的新型化学品，内容涉及防锈涂料、塑料橡胶胶黏剂、发用洗涤剂、疗效化妆品、汽油添加剂、饲料添加剂、驱蚊剂、缓蚀剂、电镀化学镀液、塑料助剂等方面，以满足不同领域和层面使用者的需要。

本书可作为有关新产品开发人员的参考读物。

图书在版编目（CIP）数据

实用化工产品配方与制备. 8/李东光主编. —北京：中国纺织出版社，2013.7

ISBN 978-7-5064-9873-9

Ⅰ. ①实… Ⅱ. ①李… Ⅲ. ①化工产品—配方②化工产品—制备 Ⅳ. ①TQ062②TQ072

中国版本图书馆 CIP 数据核字（2013）第 153366 号

策划编辑：朱萍萍 范雨昕 责任编辑：范雨昕
责任校对：余静雯 责任设计：何 建 责任印制：何 艳

中国纺织出版社出版发行
地址：北京市朝阳区百子湾东里 A407 号楼 邮政编码：100124
邮购电话：010—67004461 传真：010—87155801
http://www.c-textilep.com
E-mail:faxing@c-textilep.com
三河市华丰印刷厂印刷 各地新华书店经销
2013 年 7 月第 1 版第 1 次印刷
开本：880×1230 1/32 印张：12.625
字数：257 千字 定价：38.00 元

前言

随着我国经济的高速发展,化学品与社会生活和生产的关系越来越密切。化学工业的发展在新技术的带动下形成了许多新的认识。人们对化学工业的认识更加全面、成熟,期待化学工业在高新技术的带动下加速发展,为人类进一步谋福。目前化学品的门类繁多,涉及面广,品种数不胜数。随着与其他行业和领域的交叉逐渐深入,化工产品不仅涉及与国计民生相关的工业、农业、商业、交通运输、医疗卫生、国防军事等各个领域,而且与人们的衣、食、住、行等日常生活的各个方面都息息相关。

目前,我国化工领域已开发出不少工艺简单,实用性强,应用面广的新产品、新技术,不仅促进了化学工业的发展,而且提高了经济效益和社会效益。随着生产的发展和人民生活水平的提高,对化工产品的数量、质量和品种提出了更高的要求,加上发展实用化工投资少、见效快,使国内许多化工企业都在努力寻找和发展化工新产品、新技术。

为了满足读者的需要,我们在中国纺织出版社的组织下编写了这套“实用化工产品配方与制备”丛书。丛书中着重收集了与国民经济和人民生活高度相关的、具有代表性的化学品以及一些具有良好发展前景的新型化学品,并兼顾各个领域和层面使用者的需要。与以往出版的同类书相比,本套丛书有如下特点:一是注重实用性,在每个产品中着重介绍配方、制作方法和产品特性,使读者据此试验时,能够掌握方法和产品的应用特性;二是所收录的配方大部分是批量小、投资小、能耗低、生产工艺简单,有些是通过混配即可制得的产品;三是注重配方的新颖性;四是所收录配方的原材料立足于国内。因此,本套丛书尤其适合中小企业、乡镇企业及个体生产者开发新产品时选用。

本书的配方是按产品的用途进行分类的,读者可据此查找所需的配方。由于每个配方都有一定的合成条件和应用范围限制,所以在产品的制备过程中影响因素很多,尤其是需要温度、压力、时间控制的反应性产品(即非物理混合的产品),每个条件都很关键。再者,本书的编写参考了大量的相关资料和专利文献,我们没有也不可能对每个配方进行逐一验证,所以读者在参考本书进行试验时,应本着先小试后中试再放大的原则,小试产品合格后才能往下一步进行,以免造成不必要的损失。特别是对于食品及饲料添加剂等产品,还应符合国家规定的产品质量标准和卫生标准。

本书参考了近年来出版的各种化学化工类图书、期刊以及部分国内外专利资料等,在此谨向所有参考文献的作者表示衷心感谢。

本书由李东光主编,参加本书编写工作的还有翟怀凤、李桂芝、吴宪民、吴慧芳、蒋永波、邢胜利、李嘉等,由于编者水平有限,书中难免有疏漏之处,请读者在应用中发现问题及不足之处及时予以批评指正。

编者

2012 年 12 月 20 日

目录

第一章　防锈涂料

第二章 塑料橡胶胶黏剂

第三章　发用洗涤剂

第四章　疗效化妆品

第五章　汽油添加剂

第六章 饲料添加剂

第七章 驱蚊剂

第八章　缓蚀剂

第九章　电镀化学镀液

第十章 塑料助剂

第一章 防锈涂料

实例1 水溶性防锈底漆

1. 漆料的制备

【原料配比】

原　　料	配比(质量份)
线麻油	16
顺丁烯二酸酐	4
烃类树脂	4.5
氨水	4.1
丁醇	5
去离子水	55

【制备方法】 按量称取各原料,先将线麻油加入合成釜中,开动搅拌,然后将粉碎好的顺丁烯二酸酐和烃类树脂加入釜中升温,逐渐升温到205~215℃,保温1.5~2h,取样测定黏度,当达到6~8s时为合格,停止加热,降温到100℃加入丁醇,再降温到60℃缓慢加入氨水,使反应液pH值达到8~8.5为止,然后加入去离子水稀释到黏度为1.0~1.5s,即为漆料。

2. 底漆的制备

【原料配比】

原　　料	配比(质量份)
漆料	52
环烷酸铅	1.5
环烷酸锰	1.5
轻质碳酸钙	9.1
滑石粉	5
沉淀硫酸钡	9.1
氧化铁红	20.8

【制备方法】 将漆料按量加入配漆釜中,在高速搅拌下,逐步加入配方中各组分,混合均匀后,经过研磨机进行研磨分散,研磨细度达到50μm以下,即为成品。

【产品特性】 本品采用水为溶剂和稀释剂,以国内廉价易得的线麻油为主要原料,经酸化中和成胺盐,并用石油裂解经催化聚合而制得的不饱和烃类树脂为改性组分制取新型水溶性合成树脂,加入多种添加剂和防锈颜料及体质颜料经混合、研磨而成,所以制备工艺简单,操作容易掌握,原料成本和制造成本低。特别是摒弃了苯类有毒溶剂,从根本上消除了底漆生产和施工中存在的环境污染、火灾隐患、对操作人员的危害,显著提高该产品对金属表面的附着力及各种面漆的结合力,完全可以代替溶剂型铁红醇酸底漆和铁红酚醛底漆。

实例2 水性多功能带锈防锈底漆

【原料配比】

原料	配比(质量份)
乳化剂脂肪醇聚氧乙烯醚	2
氧化铁红	10
锌铬黄	6
磷酸锌	10
氧化锌	2
水溶性丙烯酸乳液	20
滑石粉	5
螯合剂单宁酸	2
磷化剂磷酸	2
消泡剂磷酸三丁酯	1
去离子水	43

【制备方法】　在带有搅拌器的不锈钢反应釜中加入去离子水、乳化剂脂肪醇聚氧乙烯醚，开动搅拌器将其充分搅拌均匀，并升温至50℃ ±2℃后，分别加入氧化铁红、锌铬黄、磷酸锌、氧化锌、水溶性丙烯酸乳液、滑石粉、螯合剂、磷化剂、消泡剂，经充分搅拌反应3h，搅拌速度80r/min，冷却后经高速分散及砂磨机研磨至细度 $<50\mu m$，再经压滤机压滤后即得成品。

【注意事项】　该产品采用锌铬黄作原料，铬酸盐在酸性介质中具有强的氧化作用，使金属表面钝化，生成一层致密的复合氧化膜，再由于原料中加入磷化剂和磷酸盐，它们与金属表面的铁锈生成一层磷酸铁而沉积在钢铁表面，防止钢铁进一步氧化，因而使产品具有钝化、带锈、防锈功能，即使金属表面不作除锈处理，也可直接涂上该底漆防锈。

【产品应用】　本品用作钢铁钝化带锈防锈底漆。

【产品特性】　本品以水作为主溶剂，取代了对人体毒性较大和对环境污染严重的甲苯和有机溶剂，从而保障了人的身体健康。同时，以水作溶剂可大大降低产品成本。该产品在使用时还可以任意加入普通自来水作稀释剂。漆膜快干，不用除锈就能涂布并可带锈钝化等。

实例3　水性防锈涂料(1)

【原料配比】

原　　料	配比(质量份)
C组分	3
B组分	4
乙醇	2
A组分	4
氧化锌	0.04

其中防锈液半成品配比为：

原料		配比(质量份)
A组分	紫胶(漆片)	2
	水	27
B组分	锌铬黄($ZnCrO_4$)	5
	磷酸	1
	磷酸锌	1
	氧化锌	2
C组分	磷酸	10
	铁粉	1
	水	9

【制备方法】

(1)防锈液半成品配制。

①首先称取2份紫胶(漆片),加入27份水混合加热60~80℃搅拌,要求液体呈均匀半透明状待用(A组分)。

②向一反应釜中加入5份锌铬黄($ZnCrO_4$)再加入1份磷酸,加热搅拌,待充分均匀时,加入1份磷酸锌,温度维持80℃左右,待全部溶解成均匀半透明液体时加入2份氧化锌,搅拌均匀后(20min)过滤静置待用(B组分)。

③在另一反应釜中加入10份磷酸,再称取1份铁粉,慢慢加入反应釜中,搅拌均匀后放置4h左右,加入5份水,搅拌均匀静置12 h左右,再加4份水,搅拌充分溶解,静置待用(C组分)。

(2)水性防锈涂料成品配制:将上述半成品及乙醇原料按顺序C组分→B组分→乙醇→A组分按比例3:4:2:4分别加入反应釜中混合搅拌,最后再称取总量0.3%左右的氧化锌加入混合物中搅拌制成产品即可。

【注意事项】 本涂料以多元合成树脂共聚乳液为基料,以水做分散介质,含有酸性化锈剂和防锈剂组成,酸性化锈剂可选用磷酸,涂刷后,磷酸与铁锈的主要成分 Fe_2O_3 反应生成磷酸铁 $FePO_4$,磷酸铁是一种高密度的磷化膜,可牢固附着在钢铁表面形成保护膜。防锈剂选用的是磷酸铁和无机富锌,无机富锌可选用磷酸锌和重铬酸锌。防锈剂的作用在于涂覆后在钢铁表面形成不溶于水的膜状覆盖层隔绝了钢铁直接与水、潮气等其他致锈物质的接触机会达到防锈的目的。防锈剂中的无机富锌主要起电化学保护作用,也就是利用锌比较活泼,故当涂层有破损时,有水等致锈介质侵入时,首先是锌失去电子被氧化,以替代钢铁被锈蚀。

上述的多元合成树脂共聚乳液基质是采用紫胶(漆片)为原料,用乙醇作溶剂,水作分散介质而成。

【产品应用】 本品用作钢铁防锈涂料。该涂料可直接涂刷于带锈物品的表面,将铁锈转化成防锈剂成分,并在物料的表面迅速形成一层不溶于水的保护层,达到防锈和除锈的目的。

【产品特性】 本品以水为分散介质(稀释剂),具有无毒无味、不燃不爆、便于涂刷等特点。

实例4 水性防锈涂料(2)

【原料配比】

原料	配比(质量份)					
	1#	2#	3#	4#	5#	6#
氟磷酸钙	0.4	0.6	0.5	0.5	0.5	0.41
消泡剂 F-111	0.3	0.4	0.5	0.5	0.5	0.32
成膜助剂乙二醇甲丁醚	2	1	3	3	3	2
丁二醇	3	2	4	4	4	3
分散剂 731A	0.3	0.4	0.5	0.5	0.5	0.3
磷酸铝	7	6	8	8	8	7
氧化锌	1	3	2	2	2	1
钛白粉	9	8	7	7	7	9.2
滑石粉	10	8	9	9	9	10
丙烯酸甲酯乳液	30	45	42	42	42	30
去离子水	加至100	加至100	加至100	加至100	加至100	加至100

【制备方法】 将丙烯酸甲酯乳液、氟磷酸钙、消泡剂、成膜助剂、丁二醇、分散剂、磷酸铝、氧化锌、钛白粉、滑石粉、去离子水按配比混合均匀制得涂料。

【产品应用】 本品主要用作水性防锈涂料。

【产品特性】 本品采用了高性能的防锈剂,防锈性能好,不含有机溶剂,无毒,环保。

实例5 特种除锈防锈漆

【原料配比】

原 料	配比(质量份)
聚乙烯醇缩丁醛树脂	7.5
乙醇	37.5
酚醛树脂	9
甲苯	15
磷酸	3.2
柠檬酸	1.8
滑石粉	5
氧化铁红	8
锌铬黄	6
氧化锌	4
水	3

【制备方法】 将聚乙烯醇缩丁醛树脂、乙醇、酚醛树脂、甲苯、磷酸、柠檬酸、滑石粉、氧化铁红、锌铬黄、氧化锌、水配好混合研磨而成。

【产品应用】 本品可广泛应用于桥梁、车辆、集装箱、船舶、钢窗、机械设备及管道等需除锈防锈的工件上。

【产品特性】 该漆涂刷在有锈的钢铁构件表面后,溶剂逐渐蒸发，体积缩小，使分散的聚乙烯醇缩丁醛树脂和酚醛树脂分子相互接近，直至形成漆膜。这两种树脂成膜后的机械性能优良，耐老化，且与转锈剂（磷酸、柠檬酸）相溶；转锈剂能与铁锈形成络合物或螯合物，这种物质又溶于漆膜中，变成了有用成分；乙醇、水、锌铬黄、氧化锌对那些没完成转化的铁锈具有润淡、渗透、稳定等作用，将铁锈分离并包围在漆料中，阻止锈蚀的进一步发展。用锌铬黄作稳定剂，它能和金属表面及树脂形成高分子络合物，达到形成碱式络合物的能力，这种络合物可和漆料的极性基团进一步络合，生成稳定的交联的络合物以增强漆膜的耐水性和附着力，同时又和 Fe^{3+}、Fe^{2+} 形成络合物，阻止锈的形成和发展。在漆料中加入少量水，既对酸的反应起活化作用，加强了转锈剂与稳定剂对锈的转化力，又降低了成本。

该漆与金属表面络合力好，防锈寿命长、干燥快、使用方便、成本低、耐高温、可直接喷涂或涂刷在有锈的金属表面，且在 -20℃ 的低温下仍可照常作业。

实例6　无毒防锈涂料

【原料配比】

(1) 1#配方：

原　料	配比(质量份)
环氧树脂	45
亚磷酸氢钙	10
磷酸锌	25
滑石粉	15
三乙醇胺	0.8
二甲苯二丁醇(7:3)	4

【制备方法】　将各组分混合均匀、研磨、过滤包装，即得成品。

(2) 2#配方：

原　　料	配比(质量份)
醇酸树脂	40
亚磷酸氢钙	30
磷酸钙	15
硫酸钡	10
环烷酸钴	0.9
200#溶剂汽油	4.1

【制备方法】　将各组分混合均匀、研磨、过滤包装,即得成品。

(3) 3#配方:

原　　料	配比(质量份)
酚醛树脂	51
亚磷酸氢钙	18
三聚磷酸氢铝	10
铁红	15
环烷酸钴	1.0
200#溶剂汽油	5

【制备方法】　将各组分混合均匀、研磨、过滤包装,即得成品。

【注意事项】　本涂料以亚磷酸氢钙为防锈颜料,辅助防锈颜料为无毒磷酸盐类。

成膜物质可选各种树脂,如松香树脂、醇酸树脂、酚醛树脂、丙烯酸树脂、过氯乙烯树脂、聚醋酸乙烯树脂、聚乙烯醇缩醛树脂、环氧树脂和氨基树脂等。亚磷酸氢钙为主防锈颜料,可单独使用。本组分最佳用量范围为10%~40%。

无毒磷酸盐为辅助防锈颜料,与主防锈颜料亚磷酸氢钙配合使用,可以产生比单独使用亚磷酸氢钙或无毒磷酸盐都为更好的复防锈效果,提高了涂料的防锈能力,同时还可以提高涂料的性价比。无毒磷酸盐可选择磷酸铝、磷酸钙、磷酸锌、磷酸铁、三聚磷酸二氢铝、磷酸镁等中的一种或多种。

体质颜料是为了降低涂料的生产成本，提高涂料的性价比。体质填料可以选择滑石粉、硫酸钡、钛白粉、铁红、云母氧化铁、立德粉等中的一种或多种。

溶剂可以选择环烷类助剂，如环烷酸钙、环烷酸铅、环烷酸钴、环烷酸锰等；胺类助剂，如己二胺聚酰胺、三乙醇胺、间苯胺等；酸酐类助剂，如顺丁烯二酸酐、邻苯二甲酸酐、四氢邻苯二甲酸酐等；还有苯磺酰氯、对甲苯磺酰氯、硫酸乙酯、石油磺酸等。上述助剂可以选择其中的一种或多种组合作为本涂料的助剂。助剂主要是用以增强涂料的涂膜性能。

【产品应用】 本品用于金属的防锈。

【产品特性】 本防锈涂料较之以红丹、锌铬黄等为防锈颜料调制成的毒性很大的传统防锈涂料，其防锈效果与红丹防锈涂料相当，而优于锌铬黄防锈涂料；与以磷酸锌、三聚磷酸二氢铝及氧化锌为防锈涂料相当，而优于锌铬黄防锈涂料；与以磷酸锌、三聚磷酸二氢铝及氧化锌为防锈颜料调制成的防锈涂料相比，其防锈效果远远优于这些防锈涂料。本防锈涂料不仅无毒、防锈效果好，而且具有良好的耐候性、遮盖力和很强的附着力。特别将亚磷酸氢钙与无毒磷酸盐配合使用作为防锈颜料组分，能使涂料产生复合防锈作用，防锈效果更好，同时又提高了涂料的性价比。本防锈涂料是一种环保型的涂料，有利于环境保护和生产施工人员的身体健康。

实例7　除锈防锈底漆

【原料配比】

原　料	配比(质量份)		
	1#	2#	3#
苯丙乳液	255	275	265
六偏磷酸钠	35	45	37
氧化铁红	97	113	103

续表

原　　料	配比(质量份)		
	1#	2#	3#
锌铬黄	40	46	42
磷酸锌	14	24	18
滑石粉	50	68	55
铬酸 D	4	6	5
有机陶土	8	14	10
氨水	4	6	5
聚丙烯酸钠(分散剂 - E)	9	14	13
丙烯酸酯共聚乳液(增稠剂 - JA)	15	23	19
亚硝酸钠	1	1	1
多菌灵	1	3	2
磷酸三丁酯	19	27	20
丙二醇	7	13	10
双丙酮醇	4	7	6
水	175	155	165

【制备方法】

(1)先将水加入配料罐中,然后依次加入六偏磷酸钠、聚丙烯酸钠(分散剂 - E)、丙烯酸酯共聚乳液(增稠剂 - JA)、亚硝酸钠、*N* -(2 - 苯并咪唑基) - 氨基甲酸甲酯(商品名称多菌灵)、总量一半的磷酸三丁酯、铬酸Ⅱ苯胍(铬酸 D)、有机陶土、氧化铁红、锌铬黄、磷酸锌、滑石粉,搅拌 30min 后,进入砂磨机研磨,当细度达到规定(60μm 以下)时用泵打入调漆罐中。

(2)将氨水加入苯丙乳液中,注入配料罐,再加入余下的磷酸三丁酯、丙二醇、双丙酮醇,分散均匀后,用泵打入调漆罐中。

(3)在调漆罐中,将两种浆料搅拌均匀,即得成品。

【产品特性】　本除锈防锈底漆以水为介质,故无毒、无味、无污染、不燃烧。并且操作安全方便,涂刷工具等易清洗。本除锈防锈底漆附着力强，划圈法为二级；冲击强度为4.9MPa(50kgf/cm^2)；耐盐水性能优异，浸入3%的盐水7天不起泡、不脱落、不生锈，耐高温，在150℃高温下8h不起泡、不脱落。在通风不良或有明火的场所施工更显示出其独特的优越性。

实例8 带锈防锈涂料

【原料配比】

原料		配比(质量份)	
		1#	2#
聚丙烯酸钠		0.8	0.3
五氯酚钠		0.3	0.1
亚硝酸钠		0.3	0.1
苯甲酸钠		0.02	0.06
乙二醇丁醚		1.5	0.5
二乙醇胺		3	1
脂肪醇聚氧乙烯醚		0.4	0.5
颜料	氧化铁红	8	—
	二氧化钛	—	22
	锌黄粉	2	—
	锌钡白	—	8
填料	滑石粉	6	4
	氧化锌	3	—
	氯化石蜡	0.8	0.3
	BC苯丙乳液	30	50
	去离子水	加至100	加至100

【制备方法】

(1)配助剂母液：将涂料总量中去离子水的10%、脂肪醇聚氧乙烯醚的50%及全部五氯酚钠、亚硝酸钠、苯甲酸钠、氯化石蜡等配成助剂母液，混合后用小分散机先低速搅拌，逐渐加速至8000r/min搅拌

0.5h,静置三昼夜后备用。

(2)将部分去离子水约40%、预先配制成的助剂母液、苯丙乳液及剩余脂肪醇聚氧乙烯醚投入搅拌罐中,以350~460r/min的速度搅拌15min。

(3)边搅边加入填料,如氧化锌、滑石粉等,以700~790r/min速度搅拌15min。

(4)边搅边加入剩余的去离子水、聚丙烯酸钠、二乙醇胺、乙二醇丁醚后,再以1450~1460r/min的速度搅拌5min。

(5)将罐中料全部打入另一反应釜中,在25℃±1℃的情况下加入颜料。单色品种以80~100r/min的速度搅拌0.5h,复色品种加入预制色浆进行找色(边搅拌边找色)。色调合格后用去离子水和聚丙烯酸钠调整至所需稠度,搅拌15min后停机。

(6)将上述物料过胶体磨或砂磨机进行研磨,直至细度达到要求的标准后,即得本涂料。

【产品应用】 该涂料特别适用于船舶、桥梁、金属结构、锅炉、机床、汽车、电器管道及施工机械、钢窗、铝合金窗等各部门有防锈要求的地方。

【产品特性】 本涂料具有以下特点:基料无苯,无汽油,无植物性油,不易燃,无毒,材料来源广;稀释剂以水为主,不易燃,成本低,无污染;在保存、施工及施工后安全;耐腐蚀、耐火、耐温差、耐暴晒、耐雨水冲洗、耐高温、遇明火不燃、耐酸碱、不发挥有毒气体、保护环境、对人体无害,而且对金属亲和力强。

实例9 白色高性能醇酸防锈底漆

【原料配比】

原料	配比(质量份)		
	1#	2#	3#
醇酸树脂	38	45	48
白色复合硅钛防锈粉	55	35	45

续表

原料		配比(质量份)		
		1#	2#	3#
分散剂	923S(江苏常州亚邦助剂厂)	1	—	—
	YB201A(江苏常州亚邦助剂厂)	—	2	—
	923S、YB201A 混合物	—	—	1
	有机膨润土	5	—	3
防沉剂	201P[德谦(上海)化学有限公司]	—	9	—
	复合干料催化剂(上海长风助剂厂)	1	1	0.8
混合溶剂	二甲苯	1	—	—
	200#汽油	—	8	—
	二甲苯、200#汽油混合物(3:7 或 4:6)	—	—	2.2
白色复合硅钛防锈粉的组成	硅酸盐(200 目)	75	—	—
	硅酸盐(800 目)	—	55	—
	硅酸盐(1200 目)	—	—	65
	纳米氧化钛	2.5	5	3
	酞酸酯偶联剂	2.5	5	1
	轻质碳酸钙粉、滑石粉混合物(1:3)	20	35	31

【制备方法】 将 200 ~ 1200 目硅酸盐,轻质碳酸钙粉、滑石粉混合物填料,纳米氧化钛、酞酸酯偶联剂放在一起,混合均匀后,放置备用。

首先将醇酸树脂(1#15kg,2#18kg,3#15kg)加入分散剂中预混合 5 ~ 10min后,分散均匀后将防沉剂加入混合均匀,再加入混合溶剂混合均匀,最后加入复合干料催化剂混合均匀。

将白色复合硅钛防锈粉分散加入充分搅拌研磨,达到国家规定细度后,将剩余的醇酸树脂(1#23kg,2#27kg,3#33kg)加入进行搅拌均匀后,过滤、检验、分包、入库。

【产品应用】 用作防锈底漆。

【产品特性】 本产品利用具有优良性能及合理的价格的白色复合硅钛防锈粉代替红丹对人、生态环境均无毒害,并巧妙地应用其他颜色、填料、助剂而得到具有独特的白色,同时与钢铁亲和性及本身阳极缓蚀作用极强,耐盐浸泡时间可达600h以上(红丹醇酸、环氧国家标准耐盐水浸泡时间为24~96h),耐中性盐雾时间200h以上,单位面积涂层用量只是红丹的30%~40%。

实例10 白色高性能环氧树脂防锈底漆

【原料配比】

原料		配比(质量份)		
		1#	2#	3#
环氧树脂		27	42	37
白色复合硅钛防锈粉		60	45	55
防沉剂	有机膨润土	10	—	—
	201P[德谦(上海)化学有限公司]	—	7	—
	有机膨润土、201P混合物	—	—	6
分散剂	923S(江苏常州亚邦助剂厂)	1	—	—
	YB201A(江苏常州亚邦助剂厂)	—	2	—
	923S、YB201A混合物	—	—	0.5
混合溶剂	丁醇、二甲苯混合物(3:7或4:6)	2	—	—
	丁醇	—	1	—
	二甲苯	—	—	1.5
白色复合硅钛防锈粉的组成	硅酸盐(200目)	80	—	—
	硅酸盐(800目)	—	65	—
	硅酸盐(1200目)	—	—	71
	纳米氧化钛	5	2.5	3
	酞酸酯偶联剂	5	2.5	1
	轻质碳酸钙粉、滑石粉混合物(1:3)	10	30	25

【制备方法】　将200～1200目硅酸盐,轻质碳酸钙粉、滑石粉混合物填料,纳米氧化钛、酞酸酯偶联剂放在一起,混合均匀后,放置备用。

首先将环氧树脂(1#9kg,2#13kg,3#12kg)加入分散剂中预混合5～10min后,分散均匀后将防沉剂加入混合均匀,再加入混合溶剂混合均匀。

将白色复合硅钛防锈粉分散加入充分搅拌研磨,达到国家规定细度后,将剩余的环氧树脂(1#18kg,2#29kg,3#25kg)加入进行搅拌均匀后,过滤、检验、分包、入库。

【产品应用】　用作防锈底漆。

【产品特性】　本产品利用具有优良性能及合理的价格的白色复合硅钛防锈粉代替红丹对人、生态环境均无毒害,并巧妙地应用其他颜色、填料、助剂而得到具有独特的白色,同时与钢铁亲和性及本身阳极缓蚀作用极强,耐盐浸泡时间可达600h以上(红丹醇酸、环氧国家标准耐盐水浸泡时间24～96h),耐中性盐雾时间200h以上,单位面积涂层用量只是红丹的30%～40%。

实例11　带水带锈防锈涂料

【原料配比】

原　料	配比(质量份)
6101环氧树脂	18
煤焦油	7
磷酸	35
亚铁氰化钾	3
丁醇	4
二甲苯	4
炭黑	1
酒石酸	2
乙醇	26

【制备方法】

(1)将6101环氧树脂用二甲苯、丁醇溶解,加入炭黑和煤焦油充分搅拌,混合均匀,静置过夜。

(2)将亚铁氰化钾与磷酸、酒石酸、乙醇在40℃下搅拌混合。

(3)将上述环氧树脂/煤焦油液与磷酸/乙醇液混合,于50℃下回流,即得本涂料组合物。

【产品应用】 本品广泛应用于钢铁材料和设备的防腐蚀维护、维修和保养。

【产品特性】 由于本涂料组合物中含有亲水基物质,所以可以在钢铁表面的水膜上或残存氯化钠(如船底上)的情况下涂覆施工,也可在水中涂覆施工。与同类涂料相比,有更高的转化铁锈的能力。

实例12 无色高性能丙烯酸防锈底漆

【原料配比】

原料		配比(质量份)		
		1#	2#	3#
丙烯酸树脂		33	33	43
白色复合硅钛防锈粉		56	36	46
防沉剂	有机膨润土	2	—	—
	201P[德谦(上海)化学有限公司]	—	10	—
	有机膨润土、201P混合物	—	—	5
氨基树脂		8	8	4
混合溶剂	丁醇、二甲苯混合物(3:7)	1	—	—
	二环己酮	—	3	—
	丁醇、二甲苯、二环己酮混合物(65:25:10)	—	—	2

续表

原料		配比(质量份)		
		1#	2#	3#
白色复合硅钛防锈粉的组成	硅酸盐(200目)	75	—	—
	硅酸盐(500目)	—	55	—
	硅酸盐(1200目)	—	—	65
	轻质碳酸钙粉、滑石粉混合物	20	35	30
	硅烷偶联剂	2	5	1.5
	纳米氧化钛	3	5	3.5

【制备方法】 将硅酸盐、轻质碳酸钙粉、滑石粉混合物填料,硅烷偶联剂、纳米氧化钛放在一起,混合均匀后,放置备用。

首先将丙烯酸树脂(1#11kg,2#11kg,3#15kg)加入防沉剂中预混合5~10min后,再加入混合溶剂混合均匀,最后加入氨基树脂混合均匀。

将白色复合硅钛防锈粉分散加入充分搅拌研磨,达到国家规定细度后,将剩余的丙烯酸树脂(1#22kg,2#22kg,3#28kg)加入进行搅拌均匀后,过滤、检验、分包、入库。

【注意事项】 添加剂为纳米氧化物、偶联剂、填料。偶联剂为硅烷偶联剂,其用量为总量的1%~5%。纳米氧化物为纳米氧化钛,其用量为总量的1%~10%。填料为轻质碳酸钙、滑石粉,其用量为总量的1%~50%,其配比为1:3。

【产品应用】 本品用作防锈底漆。

【产品特性】 本产品利用具有优良性能及合理的价格的白色复合硅钛防锈粉代替红丹对人、生态环境均无毒害,并巧妙地应用其他颜色、填料、助剂而得到具有独特的无色,同时与钢铁亲和性及本身阳极缓蚀作用极强,耐盐浸泡时间可达600h以上(红丹醇酸、环氧国家标准耐盐水浸泡时间24~96h),耐中性耐盐雾时间200h以上,单位面积涂层用量只是红丹的30%~40%。

实例13　单组分改性高氯化聚乙烯耐候性带锈涂料

【原料配比】

原　　料	配比(质量份)		
	1#	2#	3#
高氯化聚乙烯树脂	20	25	22
210酚醛树脂和C_9石油树脂	5(配比2:1)	6(配比5:1)	6(配比3:1)
钼酸锌	2	—	1
磷酸锌	25	—	20
三聚磷酸铝	28	—	25
氧化铁红	—	30	—
氧化锌	—	8	—
TiO_2	9	15	12
环氧树脂E51	0.5	1	1
云母粉(1250目)	3	5	3
纳米SiO_2	—	2	2
膨润土防沉剂	1	1	0.5
硅烷分散剂	1	1	1
消泡剂	0.5	1	0.5
二甲苯	5	5	6

【制备方法】

(1)在一定质量比的210酚醛树脂和C_9石油树脂中加入钼酸锌、磷酸锌和三聚磷酸铝,加入防沉剂和分散剂,在研磨机中进行预研磨,达到细度50μm。

(2)将环氧树脂E51、TiO_2和二甲苯按配比进行预研磨,细度为50μm。

(3)将两种预研磨物料按配比与高氯化聚乙烯树脂混合并加入消泡剂、填料、颜料,研磨达到细度为30μm即可。

【注意事项】　本品所述高氯化聚乙烯树脂是由聚乙烯经氯化而

成的无规聚合物。

所述改性复合树脂出产于江苏三木树脂厂，其有效成分为210酚醛树脂和C_9石油树脂，按质量份数配比为(2∶1)～(5∶1)。

所述分散剂的有效成分为γ－氨丙基三乙氧基硅烷偶联剂。

所述消泡剂的有效成分为改性有机聚硅氧烷类消泡剂，用量为0.5～1质量份，高组分体系中必须使用。

所述带锈涂料复合颜料的有效成分为按质量份数比(1∶15)～(1∶25)的钼酸锌和三聚磷酸铝，其中还添加磷酸和/或氧化铁红，钼酸锌与磷酸锌和/或氧化铁红的质量份数比为(1∶10)～(1∶20)。

所述环氧树脂改性钛合金复合颜料为质量份数配比(10∶1)～(20∶1)的纳米金红石钛白粉与环氧树脂E—51的络合物。

【产品应用】 本品主要用于船舶、火车、桥梁、海洋石油化工钢结构的重防腐工程，产品可在锈层厚度80μm以下的钢结构上应用，耐候老化性能优异、价格低廉、易施工。

【产品特性】 本品提供了一种高性能且价格低廉的、耐候老化性能优异、在带锈钢结构表面上应用的高氯化聚乙烯防腐涂料，使产品达到涂层力学性能优良，具有耐强酸、强碱、盐水盐雾等化学介质的直接腐蚀和耐水、耐油、抗紫外线老化等特点，且成本低廉。

实例14　防锈涂料(1)

【原料配比】

原　料	配比(质量份)					
	1#	2#	3#	4#	5#	6#
酚醛改性环氧树脂	100	100	—	—	—	—
有机硅改性环氧树脂	—	—	100	100	—	—
阻燃型环氧树脂	—	—	—	—	100	100
氨基有机硅烷(HK550)	—	—	5	5	—	—
聚醚酮＋丁基腈橡胶	—	—	4＋4	1＋1	—	—
间苯二胺＋邻苯二甲酸酐	—	—	—	—	5＋5	12＋8

续表

原料		配比(质量份)					
		1#	2#	3#	4#	5#	6#
环氧氯丙烷		—	—	5	5	—	—
间苯二甲胺		15	15	—	—	—	—
聚芳砜		5	5	—	—	0	5
二甲苯		—	—	—	—	15	—
烯丙烯缩水甘油醚		10	10	—	—	—	—
无机填料	二氧化硅(150 目)	150	—	—	—	—	—
	二氧化硅(250 目)	—	—	—	—	250	250
	二氧化硅(300 目)	—	150	—	—	—	—
	碳化硅(200 目)	—	—	200	—	—	—
	碳化硅(300 目)	—	—	—	200	—	—

【制备方法】

(1) 首先将无机填料粉碎,并筛分取 150 ~ 300 目范围的颗粒作为填料使用。

(2) A 组分的配制:首先将高温环氧树脂、增韧剂、溶剂加入高速分散的反应釜中进行溶解与混合,反应釜内的搅拌速度不小于 250 r/min,溶解与混合时间为 30min。然后加入配方量 70% 的填料,继续进行混合,时间为 10 ~ 30min。

(3) B 组分的配制:首先将固化剂、增韧剂、溶剂加入到高速分散的反应釜中进行溶解与混合,反应釜内的搅拌速度不小于 250r/min,溶解与混合时间为 30min。然后加入配方量 70% 的填料,继续进行混合,时间为 10 ~ 30min。

(4) 使用时,将 A、B 按(2:1) ~ (3:1)的质量比进行混合均匀,即可进行涂刷或喷涂施工。

【注意事项】 所述耐高温环氧树脂可以是耐高温的酚醛改性环

氧树脂、有机硅改性环氧树脂、阻燃型环氧树脂中的任何一种；所述的固化剂可以是芳香胺类如间苯二甲胺、二氨基二苯基甲烷、间苯二胺、二氨基二苯基砜，芳香型酸酐类如邻苯二甲酸酐、均苯四甲酸酐、十二烯基琥珀酸酐，与氨基有机硅烷（HK550）中任何一种或由两种按一定的比例组成的混合物；所述增韧性可以是丁基腈橡胶、聚芳砜、聚醚酮中的任何一种或由两种按一定比例组成的混合物；所述溶剂可以选择二甲苯、活性稀释剂，活性稀释剂选自烯丙基缩水甘油醚、溴代甲酚缩水甘油醚与环氧氯丙烷。

【产品应用】　本品可用作热辊孔型表面涂料，也可以用在其他对工件表面要求既有高摩擦阻力，又有耐高温和防锈性能的工件上。

【产品特性】

（1）本品选择附着力强、耐高温的改性环氧树脂为成膜物质，从而能够保证涂膜与轧辊机械加工工艺相结合，因此施工方便。

（2）选择高耐摩擦阻力的无机填料，使涂膜固化后表面呈现出一定的粗糙程度，从而增加了轧辊表面的摩擦阻力，有利于轧件的吸入。

（3）本涂料既不产生裂纹，又具有防水、防锈功能。

（4）涂膜施工工艺简单，可采用涂刷施工方式，也能够采用喷涂方式施工。

实例15　防锈涂料（2）

【原料配比】

原　料		配比（质量份）			
		1#	2#	3#	4#
四氯间苯二腈		0.4	0.6	0.5	0.55
防腐剂	K—10	0.05	—	0.15	—
	P—840	—	0.25		0.1
消泡剂	SP—202	0.3	0.4	—	—
	NXZ	—		0.5	0.45
成膜助剂（醇酯—12）		2	1	3	3

续表

原料	配比(质量份)			
	1#	2#	3#	4#
丁二醇	3	2	4	4
分散剂(731A)	0.3	0.4	0.5	0.5
磷酸铝	7	6	8	8
氧化锌	1	3	2	2
钛白粉	9	8	7	7
滑石粉	10	8	9	9
丙烯酸酯乳液	40	50	45	45
去离子水	加至100	加至100	加至100	加至100

【制备方法】 将四氯间苯二腈、防腐剂、消泡剂、成膜助剂、丁二醇、分散剂、磷酸铝、氧化锌、钛白粉、滑石粉、丙烯酸酯乳液、去离子水按上述质量百分比均匀混合制得所得涂料。

【产品应用】 本品主要用作防锈涂料。

【产品特性】 本品不含有毒有害物质,并且防锈性能好,性价比高。

实例16 防锈涂料(3)

【原料配比】

原料	配比(质量份)							
	1#	2#	3#	4#	5#	6#	7#	8#
四氯间苯二腈	0.4	0.6	0.5	0.4	0.6	0.5	0.4	0.6
有机硅氧烷	0.3	0.5	0.4	0.3	0.5	0.4	0.3	0.5
碱溶增稠剂	0.05	0.25	0.15	—	—	—	0.05	0.25
二苯乙醇丁醚	3	1	3	3	1	3	3	1
丁二醇	4	2	3	4	2	3	4	2
羧酸	0.3	0.5	0.4	0.3	0.5	0.4	0.3	0.5

续表

原　料	配比(质量份)							
	1#	2#	3#	4#	5#	6#	7#	8#
磷酸铝	8	6	7	8	6	7	8	6
氧化锌	1	3	2	1	3	2	1	3
钛白粉	9	7	8	9	7	8	9	7
滑石粉	10	8	9	10	8	9	10	8
丙烯酸酯乳液	40	50	45	40	50	45	40	50
十二碳醇酯	1	3	2	1	3	2	—	—
SN5040	0.5	0.3	0.4	0.5	0.3	0.4	0.5	0.3
RM—8W	—	—	—	0.05	0.25	0.15	—	—
乙二醇甲丁醚	—	—	—	—	—	—	1	3
去离子水	加至100	加至100	加至100	加至100	加至100	加至100	加至100	加至100

【制备方法】 将四氯间苯二腈、有机硅氧烷、碱溶增稠剂、二苯乙醇丁醚、丁二醇、羧酸、磷酸铝、氧化锌、钛白粉、滑石粉、丙烯酸酯乳液、成膜助剂、分散剂、去离子水按上述质量百分比均匀混合制得所得涂料。

【注意事项】 所述碱溶增稠剂选自 RM—8W、WT—105A 中的一种或者它们的混合物；所述成膜助剂选自十二碳醇酯、乙二醇甲丁醚中的一种或者它们的混合物；所述分散剂选自 P—19、SN5040 中的一种或者它们的混合物。

【产品应用】 本品是一种工业用防锈涂料。

【产品特性】 本品的防锈涂料具有表干速度快、防锈时间长、硬度高、光泽高、耐候性好等优点。能够满足石油钢管等大型管材或型材自动化流水线生产及长期露天存放防锈的需要。

实例17 氟磷酸钙水性防锈涂料

【原料配比】

原料	配比(质量份)				
	1#	2#	3#	4#	5#
氟磷酸钙	0.4	0.6	0.5	0.6	0.5
有机硅氧烷	0.3	0.5	0.4	0.5	0.4
BK—887A	0.05	—	0.15	—	0.15
二苯乙醇丁醚	3	1	3	1	3
丁二醇	4	2	3	2	3
羧酸	0.3	0.5	0.4	0.5	0.4
磷酸铝	8	6	7	6	7
氧化锌	1	3	2	3	2
钛白粉	9	7	8	7	8
滑石粉	10	8	9	8	9
丙烯酸酯乳液	40	50	45	50	45
醇酯—12	1	3	2	—	—
脂肪醇聚氧乙烯醚—5035	0.5	0.3	—	—	—
WT—105A	—	0.25	—	0.25	—
SN5040	—	—	0.4	0.3	0.4
乙二醇甲丁醚	—	—	—	3	2
去离子水	加至100	加至100	加至100	加至100	加至100

【制备方法】 将氟磷酸钙、有机硅氧烷、碱溶增稠剂、二苯乙醇丁醚、丁二醇、羧酸、磷酸铝、氧化锌、钛白粉、滑石粉、丙烯酸酯乳液、成膜助剂、分散剂、去离子水按上述配比混合均匀即可。

【注意事项】 所述碱溶增稠剂选自 BK—887A、WT—105A 中的一种或者它们的混合物。

所述成膜助剂选自醇酯—12、乙二醇甲丁醚中的一种或者它们的混合物。

所述分散剂选自 SN5040 中的一种或者它们的混合物。按照上述比例制备的产品其 pH 值是 8.5 ~9.5。

【产品应用】　本品是一种氟磷酸钙水性防锈涂料。

【产品特性】　本品不含有机溶剂，防锈性能好、性价比高、环保、无毒。

实例 18　工业防锈涂料

【原料配比】

原料		配比(质量份)		
		1#	2#	3#
丁二醇		3	2	4
钛白粉		9	8	7
分散剂羧酸盐		0.3	0.4	0.5
磷酸铝		7	6	8
氧化锌		17	3	2
滑石粉		10	8	9
丙烯酸酯乳液		40	50	45
防腐剂	K－10	0.05	—	—
	P－840	—	0.25	0.15
消泡剂	F－111	0.3	0.04	—
	NXZ	—	—	0.5
成膜助剂乙二醇甲丁醚		2	1	3
石油磺酸盐类复合防锈剂		0.4	0.6	0.5
去离子水		加至 100	加至 100	加至 100

【制备方法】　将丁二醇、钛白粉、分散剂、磷酸铝、氧化锌、滑石粉、丙烯酸酯乳液、防腐剂、消泡剂、成膜助剂、石油磺酸盐类复合防锈剂、去离子水按上述质量份混合均匀制得所得涂料。

【注意事项】　所述石油磺酸盐类复合防锈剂含有石油磺酸钾、石油磺酸钡。

【产品应用】 本品主要用作防锈涂料。

【产品特性】 本品不使用有机溶剂,环保、无毒,防锈性能好、成本低廉。

实例19 硫脲水性防锈涂料

【原料配比】

原料	配比(质量份)					
	1#	2#	3#	4#	5#	6#
硫脲	0.4	0.6	0.5	0.4	0.6	0.5
有机硅氧烷	0.3	0.5	0.4	0.3	0.5	0.4
碱溶增稠剂	0.05	0.25	0.15	0.05	0.25	0.15
二苯乙醇丁醚	3	1	3	3	1	3
乙二醇甲丁醚	—	—	2	1	1~3	—
丁二醇	4	2	3	4	2	3
羧酸	0.3	0.5	0.4	0.3	0.5	0.4
磷酸铝	8	6	7	8	6	7
氧化锌	1	3	2	1	3	2
钛白粉	9	7	8	9	7	8
滑石粉	10	8	9	10	8	9
丙烯酸酯乳液	40	50	45	40	50	45
成膜助剂	1	3	—	—	—	—
分散剂	0.5	0.3	0.4	0.5	0.3	0.4
醇酯—12	—	—	—	—	—	2
去离子水	加至100	加至100	加至100	加至100	加至100	加至100

【制备方法】 将硫脲、有机硅氧烷、碱溶增稠剂、二苯乙醇丁醚、丁二醇、羧酸、磷酸铝、氧化锌、钛白粉、滑石粉、丙烯酸酯乳液、成膜助剂、分散剂、去离子水按配比混合均匀制得所得涂料。

【注意事项】 所述碱溶增稠剂选自 RM—8W、WT—105A 中的一种或者它们的混合物；

所述成膜助剂选自醇酯—12、乙二醇甲丁醚中的一种或者它们的混合物。

所述分散剂选自 P—19、SN5040 中的一种或者它们的混合物。

【产品应用】 本品是一种硫脲防锈涂料。

【产品特性】 本涂料具有水溶性、室温成膜的特点，可隔绝空气中的氧和水汽，具有卓越的防锈防蚀功能。

实例 20 水性丙烯酸酯乳液防锈涂料

【原料配比】

原料		配比(质量份)				
		1#	2#	3#	4#	5#
石油磺酸盐类复合防锈剂		0.4	0.6	0.5	0.4	0.4
有机硅氧烷		0.3	0.5	0.4	0.3	0.3
丙烯酸酯共聚物		0.05	0.25	0.15	0.05	0.05
二苯乙醇丁醚		3	1	3	3	3
丁二醇		4	2	3	4	4
羧酸		0.3	0.5	0.4	0.3	0.3
磷酸铝		8	6	7	8	8
氧化锌		1	3	2	1	1
钛白粉		9	7	8	9	9
滑石粉		10	8	9	10	10
丙烯酸酯乳液		40	50	45	40	40
丙二醇苯醚		1	—	2	1	—
分散剂	P—19	0.5	0.3	0.4	—	—
	SN5040	—	—	—	0.5	0.5
成膜助剂苯甲醇		—	3	—	—	1
去离子水		加至100	加至100	加至100	加至100	加至100

【制备方法】 将石油磺酸盐类复合防锈剂、有机硅氧烷、丙烯酸酯共聚物、二苯乙醇丁醚、丁二醇、羧酸、磷酸铝、氧化锌、钛白粉、滑石粉、丙烯酸酯乳液、成膜助剂、分散剂、去离子水混合均匀制得涂料。

【注意事项】 所述成膜助剂选自苯甲醇、丙二醇苯醚中的一种或者它们的混合物;所述石油磺酸盐类复合防锈剂为石油磺酸钠和二壬基石油磺酸钡。

【产品应用】 本品是一种水性丙烯酸酯乳液防锈涂料。

【产品特性】 本品成本低,配制简便安全,除防锈效果好,无"三废"污染,可广泛用于金属构件涂装前的预处理。

实例21 水性带锈涂料

【原料配比】

原料		配比(质量份)		
		1#	2#	3#
转化剂	单宁酸	5	—	5
	没食子酸	—	8	—
转化促进剂	苯三酚	2	2	—
	邻苯二酚	—	—	4
水		10	13	5
成膜助剂	乙二醇丁醚	2	—	—
	乙二醇乙醚	—	3	1
冻融稳定剂乙二醇		2.2	2.5	3
乳液乙丙乳液		70.2	65	72.5
增稠剂聚丙烯酸钠水溶液(14.2%)		7	5	8
消泡剂	磷酸三丁酯	0.8	0.5	—
	水性硅油	—	—	1
防腐剂苯甲酸钠(5%)		0.8	1	0.5

其中 乙丙(乙酸乙烯酯—丙烯酸酯)乳液配比为:

原　料	配比(质量份)
蒸馏水	240
碳酸氢钠	1
阴离子表面活性剂	2.2
丙烯酸丁酯	93
乙酸乙烯酯	65
引发剂过硫酸铵	0.17
亚硫酸氢钠	0.2
丙烯酸	2

【制备方法】

(1)乙丙(乙酸乙烯酯—丙烯酸酯)乳液的制备:把蒸馏水、碳酸氢钠和阴离子表面活性剂加入反应器中,再将第一步单体即5份丙烯酸丁酯和35份乙酸乙烯酯分散于上述水溶液中,升温至70℃,加入引发剂即过硫酸铵和亚硫酸氢钠,使之在30min内融合,保温20min,得到粒径为0.155μm的粒度分布均匀的乳液;然后以2~3mL/min的速度滴加第二步单体,即88份的丙烯酸丁酯、30份的乙酸乙烯酯和2份丙烯酸,约1h加完,保温1h,得到层状结构的复合聚合物乳液,其粒径为0.25μm,pH值为4~5,最低成膜温度5℃。

(2)水性带锈涂料的制备:把转化剂、转化促进剂、水、成膜助剂和冻融稳定剂混合在一起,稍加热,使其完全溶解。再边搅拌,边把溶解好的上述溶液加入乙丙乳液之中,然后再边搅拌边加入增稠剂,最后加入其他助剂,包括消泡剂和防腐剂。这里需注意,不可把转化液或增稠剂一下子加入乳液中,以免局部浓度过高,使乳液破乳凝胶。

【注意事项】 所述乙丙乳液为由分步聚合法合成的核壳结构的乙酸乙烯酯—丙烯酸酯乳液。

【产品应用】 本品主要应用于船舶制造工业、石油工业、机械工业、建筑行业及其他需要钢铁防锈保护的各个行业的防锈保护要求。

【产品特性】 本品水性带锈涂料具有成膜温度低、储存稳定性和涂膜性能好、涂膜耐水性高等特点,完全满足船舶制造工业、石油工业、机械工业、建筑行业及其他需要钢铁防锈保护的各个行业的防锈保护要求。

实例22　水性无机铁红防锈涂料

【原料配比】

原　　料	配比(质量份)			
	1#	2#	3#	4#
云母粉	90	80	100	85
聚丙烯酸乳液	270	290	250	265
滑石粉	270	250	290	285
复合磷酸锌A	110	120	100	105
1805 代白粉	11	8	15	13
铁红色浆	455	470	435	465
复合无机硅酸盐	755	740	770	765
氯偏乳液	255	270	240	260

【制备方法】

(1)铁红色浆的配制:将铁红颜料和水按比例(水占36%,铁红颜料占64%)混合配置,利用分散机混合均匀,将混合后的配料用三辊机研轧,使其符合一定细度,并控制固含量在64%以上。

(2)涂料的配制:将基料云母粉、聚丙烯酸乳液、滑石粉、复合磷酸锌A、1805 代白粉、氯偏乳液、复合无机硅酸盐和铁红色浆按配比混合,用分散机搅拌均匀,然后用三辊机研轧使细度达到60μm,过滤,检验成品合格后入库。

【注意事项】　所述的复合硅酸盐由硅酸钾和硅酸钠复合而成,所述的铁红色浆是指将铁红颜料(购于绍兴兴华氧化铁有限公司)和水按体积比为4:5 的比例配制而成。

【产品应用】　本品是一种水性无机铁红防锈涂料。

【产品特性】　本品所制备的防火涂料具有绿色环保,超耐水性、耐盐水性、耐油性、耐碱性、附着力和可靠性的特点。

实例23　无溶剂环氧防锈涂料

【原料配比】

<table>
<tr><th colspan="3">原　　料</th><th>配比(质量份)</th></tr>
<tr><td rowspan="9">甲组分</td><td colspan="2">低分子量环氧树脂</td><td>35</td></tr>
<tr><td rowspan="2">活性稀释剂</td><td>丁基缩水甘油醚</td><td>10</td></tr>
<tr><td>苯基缩水甘油醚</td><td>5</td></tr>
<tr><td>分散剂</td><td>甲氧基醋酸丙酯溶液</td><td>0.6</td></tr>
<tr><td rowspan="3">无毒颜、填料</td><td>磷酸锌</td><td>12</td></tr>
<tr><td>三聚磷酸铝</td><td>4</td></tr>
<tr><td>硫酸钡</td><td>6</td></tr>
<tr><td colspan="2">流平剂</td><td>0.8</td></tr>
<tr><td>防沉剂</td><td>有机膨润土</td><td>0.2</td></tr>
<tr><td rowspan="4">乙组分</td><td colspan="2">腰果壳改性酚醛胺</td><td>35</td></tr>
<tr><td colspan="2">改性脂环胺(改性的异佛尔酮二胺 IPDA)</td><td>35</td></tr>
<tr><td rowspan="2">颜、填料</td><td>氧化铁红</td><td>8</td></tr>
<tr><td>硫酸钡</td><td>2</td></tr>
</table>

【制备方法】

(1)甲组分的制备:依次加入环氧树脂,活性稀释剂,分散剂,颜、填料,进行搅拌、高速分散成漆浆后,砂磨机研磨至60μm;后缓慢加入防沉剂、流平剂进行混合分散,测试密度、黏度、细度后过滤包装得到甲组分。

(2)乙组分的制备:将复合固化剂和颜填料一起调配均匀得到乙组分。

(3)环氧防锈涂料的制备:甲组分和乙组分按照5∶1(质量比)组合而成。

【产品应用】　本品主要应用于化工、机械、船舶、冶金等行业中的钢结构、管道、储罐、槽车及设备作内表面防腐涂装。

【产品特性】　该产品双组分,作为防腐底漆使用。其性能特点为:

(1)该涂料具有突出的耐腐蚀性能,可耐弱酸、碱、油水和有机溶剂。

(2)涂料中不含有机溶剂,使用安全方便。

(3)不含有毒颜料,有利于环境安全。

(4)一道成膜厚,一般只需涂装1~2道即可完成施工,涂装不受季节限制,在低温条件下(-55℃以上)均可正常固化。

(5)具有极强的附着力和优良的力学性能,柔韧性好、抗冲击强度高,耐磨性能独特。

(6)可采用手工刷涂和滚涂的方式施工,也可采用高压无气喷涂。

实例24 稀土防腐防锈涂料

【原料配比】

原料		配比(质量份)		
		1#	2#	3#
树脂液	醇酸树脂液	34	—	—
	环氧树脂液(50%)	—	30	—
	高氯化树脂液	—	—	48
催干剂		0.25	—	—
有机膨润土		0.4	0.5	0.5
防结皮剂		0.15	—	—
镧铈复合磷酸盐		27	24	24
轻钙		10	6	6
滑石粉		12	9	6
硫酸钡		7	7	6
氯化石蜡		—	—	4
溶剂	环氧稀料	—	5.35	—
	200#汽油	9.2	—	—
	二甲苯	—	—	5.5

【制备方法】 将树脂液、有机膨润土进行预分散，然后将颜料、复合稀土粉加入后进行分散，分散均匀后，分散合格粒度≥80μm，进入研磨，当研磨细度≤50μm 时，进行调兑，加催干剂、溶剂，用涂 -4 杯 25℃测黏度值为 100 ~ 110s，再加防结皮剂，过滤，包装，入库。

【注意事项】

所述复合稀土粉为镧铈复合磷酸盐。

所述溶剂为 200# 汽油、环氧稀料或二甲苯中的一种。

所述催干剂为环烷酸钴、环烷酸锰、环烷酸铅、环烷酸锌或环烷酸钙中的一种或一种以上混合。

【产品应用】 本品主要用作防腐防锈涂料。

【产品特性】 本品由于采用了稀土粉、轻钙、滑石粉、硫酸钡作为稀土复合颜料的主要防锈颜料，具有无毒，耐高温，可用于轻金属，使用范围广，防锈性能强的特点，不但提高了涂料的防锈性能，而且提高了涂料的品质，同时具备了环保性。

(1)性能：使用稀土复合盐防锈颜料其防锈、防腐性表现在干性比用红丹粉的干性好，耐弯曲性比用红丹粉的小，固含量比用红丹粉的高 2%。

(2)使用成本：由于用稀土复合盐颜料代替红丹防锈颜料，在技术配方中用量少加 4%，因此成本比用红丹粉降低 10% 左右。

第二章 塑料橡胶胶黏剂

实例1 单组分湿固化聚氨酯胶黏剂

【原料配比】

原料	配比(质量份)			
	1#	2#	3#	4#
聚醚二元醇	47.04	58	45	47.8
聚醚三元醇	—	—	—	2.6
4,4′-二苯基甲烷二异氰酸酯	32.96	42	55	49.6
溶剂	20	—	—	—

【制备方法】 将聚醚二元醇和聚醚三元醇加热脱水(聚醚多元醇的脱水方法采用真空脱水或者用苯、甲苯或二甲苯为溶剂回流脱水)至含水量≤0.05%,降温至≤50℃,搅拌下加入4,4′-二苯基甲烷二异氰酸酯,加完再升温至50~85℃并保温反应,直至测定异氰酸酯基含量在5%~10.5%的范围内,降温至≤60℃,即得成品。

【注意事项】 4,4′-二苯基甲烷二异氰酸酯选用改性的液体4,4′-二苯基甲烷二异氰酸酯,或者是纯固体4,4′-二苯基甲烷二异氰酸酯和溶剂。聚醚二元醇可选用一种聚醚二元醇,也可选用两种以上的不同的聚醚二元醇。溶剂可选用邻苯二甲酸二辛酯、邻苯二甲酸二丁酯、液体石蜡、醋酸丁酯或二甲苯。

【产品应用】 本品可用于黏结各种橡胶颗粒制作塑胶跑道、弹性胶垫、弹性防滑路面,还可与颜料、填料混合制作建筑密封胶。

【产品特性】 本品原料易得,反应过程容易控制,无须用催化剂;干性好,黏结力强,使用方便,储存稳定性好;无毒无污染,不损害人体健康,对环境无污染。

实例2　聚氯乙烯薄膜胶黏剂

【原料配比】

原料		配比(质量份)			
		1#	2#	3#	4#
有机溶剂	甲苯	40	—	40	40
	石油醚	—	78	—	20
增黏树脂	酒精	—	—	—	10
	松香	—	83	45	45
	酚醛树脂	25	—	30	30
乳化剂	脂肪醇聚氧乙烯醚	7	12	6	10
	十二烷基硫酸钠	—	—	4	5
增塑剂	邻苯二甲酸二丁酯	3	5	4	6
增稠剂	聚乙烯醇	2	5.25	7.5	—
	羟甲基纤维素	—	—	—	7.5
	醋酸乙烯—乙烯共聚乳液(固含量30%~40%)	200	400	200	230
水		98	204.75	142.5	142.5

【制备方法】

(1)将增黏树脂与有机溶剂混合并溶解,然后加入乳化剂和增塑剂,搅拌混合均匀。

(2)将增稠剂和水混合溶解后,在1200~4000r/min的搅拌条件下以10~200mL/min的速度加入步骤(1)所得混合物中,先形成W/O型乳液,后反相得到O/W型乳液。

(3)将步骤(2)所得混合物加入醋酸乙烯—乙烯共聚乳液中,搅拌混合均匀,即可得到成品。

【产品应用】　本品适用于家具行业中聚氯乙烯(PVC)薄膜饰面材料与木质基材的粘贴。

【产品特性】　本品成本低,原料广泛易得,投资少,生产工艺简单,操作方便;黏结强度高、效果好,黏结平整、均匀,施工性能优异,不流淌、施胶量小;稳定性好、长期放置不分层,对环境污染小。

实例3 耐高温蒸煮胶黏剂

【原料配比】

原料		配比(质量份)
A组分	月桂酸	6
	苯二甲酸	25
	丙三醇	10.25
	乙二醇	12.5
	三羟甲基丙烷	4.75
	乙酸乙酯	加至100
B组分	精制蓖麻油	36.5
	混合二元酸聚酯	39.5
	甲苯二异氰酸酯	11.5
	乙酸乙酯	加至100
固化剂	甲苯二异氰酸酯	15.5
	三羟甲基丙烷	58.5
	乙酸乙酯	加至100

【制备方法】

(1)A组分的合成。将除乙酸乙酯外的物料加入反应釜中,加热搅拌使其充分反应;在8h内使反应温度由室温均匀升至280℃,保温反应3h,蒸出反应生成的水;停止加热,冷却釜内物料;当釜内的混合二元酸聚酯冷却至50℃时,将物料转移至混合釜中,加入乙酸乙酯,搅拌均匀备用。

(2)B组分的合成。将蓖麻油和混合二元酸聚酯加入反应釜中,升温至50~65℃,加入甲苯二异氰酸酯,充分搅拌反应;当温度升至80~90℃时,保温反应5h;然后降温至50℃,加入乙酸乙酯,搅拌均匀备用。

(3)固化剂的合成。将甲苯二异氰酸酯和乙酸乙酯加入反应釜中,开动搅拌加热升温;当温度达到60~70℃时,加入三羟甲基丙烷,继续搅拌,使之充分反应;在70~80℃下维持反应3h后停止加热,降至室温,即得固化剂。

(4)将A、B组分按1:1加入反应釜中,充分搅拌使之混合均匀,即得胶黏剂主胶。然后按主胶:固化剂=8:1的比例将两者加到容器中(必要时可加入部分乙酸乙酯稀释),充分搅拌均匀后即得成品。

【产品应用】 本品用于聚酯膜、涤纶膜、真空镀铝膜、聚丙烯、聚乙烯以及它们之间的复合,广泛适用于软塑包装行业。

【产品特性】 本品用途广泛,性能优良,黏合强度高,在高温下蒸煮不开裂,耐酸碱,耐油盐,不含金属离子,无毒,符合食品卫生要求;工艺流程简单,反应过程中不产生有害生成物,有利于环境保护。

实例4　热熔胶黏剂(1)

【原料配比】

原　料	配比(质量份)		
	1#	2#	3#
多元共聚酯	60	46	23
有机溶剂	20	27	50
氯乙烯—醋酸乙烯—顺丁烯二酸酐三元共聚树脂	15	20	20
乙烯—醋酸乙烯共聚酯	3	5	5
乙烯—丙烯酸乙酯共聚酯	2	2	2

【制备方法】 在有机溶剂中加入氯乙烯—醋酸乙烯—顺丁烯二酸酐三元共聚树脂,控制温度在40~60℃范围内,搅拌至完全溶解,然后加入乙烯—醋酸乙烯共聚酯、乙烯—丙烯酸乙酯共聚酯和多元共聚酯,使其溶解并混合均匀即得成品。

【注意事项】 多元共聚酯是二元酸(或酯)与二元醇的缩聚物,采用普通聚酯反应工艺、以钛酸丁酯为催化剂合成。具体方法如下:

先加入一缩二乙二醇、1,6-己二醇、新戊二醇、对苯二甲酸二甲酯、2/3量的乙二醇和钛酸丁酯催化剂,在140~180℃和常压下,进行酯交换反应,通过冷凝装置除去副产物甲醇后,将温度降至120~140℃,再加入1/3量的乙二醇以及己二酸、间苯二甲酸和一定量的钛酸丁酯催化剂,升温至140~200℃反应,除去副产物水和过量的醇,将温度升至200~260℃,压力从常压降为20~200Pa进行聚合反应,时间为3~5h,聚合完毕后,降温至130~160℃,此后可以再降温至50℃以下,即可制得多元共聚酯。在此后也可以根据需要加入有机溶剂,搅拌,并保持温度70~120℃,在常压下充分溶解、混合,然后降温至50℃以下,即制得多元共聚酯溶液。

多元共聚酯中各组分质量份配比范围如下:二元酸(或酯)30~70,二元醇30~70,有机溶剂0~80。

二元酸(或酯)可选用对苯二甲酸、对苯二甲酸二甲酯、间苯二甲酸、间苯二甲酸二甲酯、己二酸、壬二酸、丁二酸、癸二酸中的一种或几种,最佳为对苯二甲酸二甲酯、间苯二甲酸、己二酸中的一种或几种。

二元醇可选用乙二醇、一缩二乙二醇、1,6-己二醇、1,4-丁二醇、1,2-丙二醇或新戊二醇中的一种或几种,最佳为乙二醇、一缩二乙二醇、1,6-己二醇、新戊二醇中的一种或几种。

二元酸(或酯)和二元醇的同时最佳物及配比范围如下:对苯二甲酸二甲酯5~25,间苯二甲酸2~5,己二酸5~15,乙二醇5~20,一缩二乙二醇0.5~15,1,6-己二醇0.5~8,新戊二醇0.5~15。

有机溶剂可选用酮类、酯类、芳香烃类溶剂中的一种或几种,最佳为丙酮、甲乙酮、醋酸丁酯、醋酸乙酯、甲苯、二甲苯中的一种或几种。

【产品应用】 本品适用于铝箔与PVC塑料的复合粘接。

【产品特性】 本品性能优良,粘接强度高,固化时间短,成膜快,热封强度高。

实例5　热熔胶黏剂(2)

【原料配比】

原料		配比(质量份)		
		1#	2#	3#
聚丙烯		60	67.9	74.5
不饱和接枝单体	马来酸酐(MAH)	3	3.5	3
	甲基丙烯酸缩水甘油酯(GMA)	1	—	2.5
	苯乙烯(St)	—	2.1	—
引发剂		0.4	0.4	0.4
弹性体	乙烯—醋酸乙烯共聚物(EVA)	5	4	—
	无定形态聚烯烃(POE)	14	10	9
	APP	5	4	—
增黏树脂	APAO	—	—	5
	石油树脂	10	7	4
无机填料	滑石粉	—	—	1.4
	碳酸钙	1.4	0.9	—
抗氧剂		0.2	0.2	0.2

【制备方法】 将聚丙烯、不饱和接枝单体、引发剂、弹性体、增黏树脂、无机填料和抗氧剂用高速混合机混合均匀,然后通过挤出机在150~250℃的温度下熔融挤出,最后水冷拉条切粒即得成品。

【注意事项】 不饱和接枝单体可选用马来酸酐(MAH)、丙烯酸(AA)、甲基丙烯酸缩水甘油酯(GMA)、苯乙烯(St)。

引发剂可选用过氧化二异丙苯(DCP)、过氧化苯甲酰(BPO),最佳为过氧化二异丙苯。

增黏树脂可以由无定型态聚丙烯、无定形态聚-α-烯烃、石油树脂、改性松香、松香脂、萜烯树脂和萜酚树脂中的至少两种组成;最佳为无定形态聚丙烯、无定形态聚-α-烯烃和石油树脂中的任意两种。

无机填料可选用滑石粉、水滑石和碳酸钙等,最佳为滑石粉和碳酸钙。

弹性体可选用苯乙烯—丁二烯—苯乙烯嵌段共聚物(SBS)、氢化苯乙烯—丁二烯—苯乙烯嵌段共聚物(SEBS)、无定形态聚烯烃(POE)、乙烯—醋酸乙烯共聚物(EVA)和高抗冲聚苯乙烯(HIPS),最佳为POE和EVA。

抗氧剂可选用1010、168、DLTP或BHT264的抗氧剂复配物。

【产品应用】 本品主要用于PP/钢复合板、PP/钢复合管、PP/铝复合管、防腐钢管的粘接,还可用于铝蜂窝板的粘接。

【产品特性】 本品成型加工稳定,耐候性优异,粘接强度高,初黏性好,长期粘接稳定性高,界面粘接均匀性优良。

实例6 软塑复合包装材料胶黏剂

【原料配比】

原料		配比(质量份)							
		1#	2#	3#	4#	5#	6#	7#	8#
聚合物溶液	丙烯酸酯	143.3	128.6	159.6	98.8	90.5	154.5	161.5	186
	乙烯基单体	—	25.1	9.5	26.7	62.7	—	—	—
	不饱和酸酐	4.6	6.7	1.9	2.7	13.9	5	5.9	6
	活性单体	4.3	6.7	19	5.4	7	6.6	1.7	8
	环氧树脂	46	33	10	66.6	26	34	31	—
	叔胺催化剂	0.14	0.17	0.05	1	0.26	0.017	0.031	—
	引发剂	0.62	0.67	0.76	0.53	0.7	0.66	0.68	0.8
	有机溶剂	590	590	590	590	590	590	590	590
	有机多胺	2	0.41	0.24	1.2	0.92	0.64	0.85	—

【制备方法】

(1)在装有恒温水浴、搅拌装置、温度计、回流冷凝管、氮气导入管以及滴液漏斗的四口烧瓶中,先通入氮气,然后将水浴升至70~110℃,加入有机溶剂,待内温度升至所需温度时,开始滴加由丙烯酸酯、乙烯基单体、不饱和酸酐、活性单体、引发剂组成的混合溶液，单体滴加时间为 2 ~ 5h，总反应时间为 10 ~ 20h，滴加完毕继续保温，得共聚物溶液。

(2)在制成的共聚物溶液中(或在制备共聚物前的单体中)加入环氧树脂以及叔胺催化剂，所得聚合物溶液作为第一组分。

(3)将第一组分聚合物溶液和第二组分有机多胺混合均匀为成品，即可使用。

【注意事项】 第一组分中丙烯酸酯(或与其他乙烯基单体)的共聚物溶液中各组分质量份配比范围如下：丙烯酸酯 50 以上，其他乙烯基单体适量，不饱和羧酸(酐)1 ~ 8，活性单体 1 ~ 10。环氧树脂与总单体的配比关系为(5:100) ~ (50:100)，叔胺催化剂与环氧树脂的配比关系为(0.05:100) ~ (1.5:100)，引发剂与单体的配比关系为(0.1:100) ~ (0.5:100)。有机溶剂与共聚单体及环氧树脂总量的配比关系为(1:1) ~ (6:1)，最佳为(1.5:1) ~ (5:1)。

丙烯酸酯选用酯基碳原子数为 1 ~ 8 的(甲基)丙烯酸酯。具体可选用(甲基)丙烯酸甲酯、(甲基)丙烯酸乙酯、(甲基)丙烯酸丁酯、丙烯酸正丁酯、丙烯酸 - 2 - 乙基己酯等。

其他乙烯基单体可选用醋酸乙烯、苯乙烯、氯乙烯、偏二氯乙烯、丙烯腈等。

不饱和羧酸(酐)选用含有一个 α、β - 不饱和双键的一元或二元羧酸(酐)，具体可选用(甲基)丙烯酸、马来酸(酐)、衣康酸、富马酸等。

活性单体可选用 *N* - 羟甲基丙烯酰胺、*N* - 丁氧基亚甲基丙烯酰胺、*N* - 甲氧基亚甲基丙烯酰胺、(甲基)丙烯酸羟乙酯、(甲基)丙烯酸羟丙酯、甲基丙烯酸缩水甘油酯等单体中的一种或几种。

环氧树脂为含有二个环氧基团的环氧树脂，具体可选用 E—51、E—44、E—42、E—33、E—20 环氧树脂。

叔胺催化剂可选用三乙胺、三乙醇胺、*N*，*N* - 二甲基苄胺、2，4，6 - (*N*，*N* - 二甲基氨甲基) - 苯酚。

有机溶剂可选用乙酸乙酯、乙酸丁酯、苯、甲苯、二甲苯、丁醇、丙酮、甲乙酮、异丙醇等溶剂中的一种或几种。

引发剂为中温油溶性引发剂,具体可选用过氧化二苯甲酰、偶氮二异丁腈、过氧化二异丙苯、异丙苯过氧化氢、过氧化十二酰、偶氮二异庚腈;也可选用低温的氧化还原体系,如过氧化二苯甲酰 - *N*,*N* - 二甲基苯胺。

有机多胺为含有至少两个伯胺或仲胺基团的脂肪胺、改性脂肪胺、低分子聚酰胺。具体可选用二乙烯三胺、三乙烯四胺、四乙烯五胺、β - 羟乙基乙二胺、环氧树脂 T31 固化剂等。

【产品应用】 本品适用于软塑复合包装材料的生产,如聚丙烯薄膜、聚乙烯薄膜、聚酯薄膜、尼龙薄膜、聚偏二氯乙烯薄膜、玻璃纸以及铝箔和纸等。

使用本品时,可根据使用需要用各种有机溶剂(包括酒精、异丙醇等醇类溶剂)稀释,聚乙烯、聚丙烯薄膜在使用前须先经电晕处理。

【产品特性】 本品性能优良,初黏性好,终强度高,可在室温下实现交联;成本较低,设备投资小,可代替溶剂型聚氨酯胶黏剂。

实例 7 食品袋复合膜胶黏剂

【原料配比】

原　　料	配比(质量份)
松香	30
苯酚	0.5
甲醛	0.5
乌洛托品	0.035
氧化锌	0.04
甘油	2
苯乙烯—丁二烯—苯乙烯(SBS)热塑性弹性体	20
甲苯	40
醋酸乙酯	8
萜烯树脂	9
香精	0.005

【制备方法】

(1)将松香置于反应锅内,加热,控制温度100～110℃,使之熔化,再分别加入苯酚、甲醛,用乌洛托品作催化剂,升温至80～100℃,保温2～3h,待完全脱水后,分别加入氧化锌和甘油,再加热升温至250～270℃,保温3～5h,所得反应物为松香改性树脂。

(2)将苯乙烯—丁二烯—苯乙烯(SBS)热塑性弹性体和甲苯加入醋酸乙酯中,搅拌2～4h,溶解后,继续搅拌并依次加入萜烯树脂、步骤(1)所得松香改性树脂及香精,搅拌3～5h,溶解完全后即得成品。

【产品应用】　本品适用于聚乙烯、聚丙烯、聚氯乙烯、聚酯、铝膜、热合膜、共挤膜、玻璃纸、塑料编织布复薄膜复纸张等复合膜制成的食品、药品包装袋,以及美术装潢印刷品等。

【产品特性】　本品成本低,能耗小,生产时也可使用低温干燥设备;黏合力强,自干性能好、干燥快,耐温性能好,透明度高,使用寿命长;成品为单组分,不需混合,使用方便;无毒无异味,符合食品卫生要求;生产过程中不产生有害物质,对环境无污染。

实例8　塑料胶黏剂(1)

【原料配比】

原　　料	配比(质量份)		
	1#	2#	3#
环氧树脂	100	100	100
重体碳酸钙	110	90	100
邻苯二甲酸二丁酯	2	4	3
乙二胺	6	6	6
添加剂	6	5	3

【制备方法】　将环氧树脂、重体碳酸钙、邻苯二甲酸二丁酯和添加剂混合在一起,一边加热一边搅拌,直到加热至80℃并搅拌均匀,然

后静置片刻,使内部气体逸出,气泡消失后,再加入乙二胺,搅拌均匀即得成品。

【注意事项】 添加剂可选用三乙醇氨、二乙氨基乙醇、氧化锌等。

【产品应用】 本品可用于金属、塑料、化纤等不同材料之间的黏合。

【产品特性】 本品原料易得,工艺流程简单,性能优良;适用温度范围宽,在常温下固化快(20~30min 即可固化),进行黏合操作时,对被黏合物不必进行酸性或碱性处理,也不必加热和加压,简单方便;对各种材料均无破坏作用,而且耐酸、耐碱、耐油。

实例9 塑料胶黏剂(2)

【原料配比】

原料	配比(质量份)		
	1#	2#	3#
天然松香	30	40	35
合成地蜡和白蜡	10	20	15
乙烯—醋酸乙烯共聚物	50	30	40
轻质碳酸钙	8	12	10
紫外线吸收剂	0.5	—	0.5

【制备方法】 按配比组分加入一定量的蜡,增黏树脂,升温130℃以上,待物料熔化后,在搅拌下加入乙烯—醋酸乙烯共聚物,填料和紫外线吸收剂,同时缓慢升温于160℃保持1h左右,待物料熔融均匀后,压入冷水槽中,经冷却、牵引、切粒得到浅黄色至黄色的产品。

【产品应用】 本品用于聚烯烃管、板材的粘接。

【产品特性】 本产品具有对聚烯烃管、板材的表面不经处理可直接进行粘接,且粘接强度高效果好的优点。

实例10　复膜胶黏剂

【原料配比】

原　　料	配比(质量份)
聚丙烯酸酯乳液(33%)	40
丙酮	6
松香树脂	14
十二醇烷基硫酸钠	10
水	30

【制备方法】　将所述原料简单地混合均匀即可。

【注意事项】　本胶黏剂含有聚丙烯酸酯乳液、改性剂、表面活性剂和水。其中改性剂为丙酮和松香树脂,表面活性剂优选十二醇烷基硫酸钠。聚丙烯酸酯乳液优选含30%~35%(质量分数)聚丙烯酸酯,所述乳化剂可为任何能使聚丙烯酸酯乳化的制剂。

【产品应用】　本复膜胶可用于拉伸聚丙烯、聚乙烯、聚酯薄膜与彩色印刷纸的复合,粘接强度高,成膜韧性好,复膜制品外观平整,亮度极佳,具有很好的装饰效果。

【产品特性】　该复膜胶不燃烧、不易爆、无毒、无刺激性气味,成本低,易于储存和运输。解决了现有的有机溶剂复膜胶的高毒、易燃易爆、污染环境等问题。

实例11　双组分室温固化胶黏剂(1)

【原料配比】

原　　料		配比(质量份)			
		1#	2#	3#	4#
A组分	甲苯	48	—	36	47.5
	二甲苯	—	52.5	—	—
	醋酸乙酯	—	—	39.6	—
	乙基苯溶剂	43.2	46.5	55.8	70.3

续表

原料		配比(质量份)			
		1#	2#	3#	4#
A组分	聚苯乙烯	9.6	24	18	3.8
	聚甲基丙烯酸甲酯	16.8	21	28.8	30.4
	过氧化苯甲酰	4.8	—	—	3.8
	过氧化甲乙酮	—	4.5	—	—
	过氧化环己酮	—	—	5.4	—
B组分	甲苯	48	45.6	39	26.4
	二甲苯	—	26.4	—	—
	醋酸丁酯	—	—	29.9	—
	克环己酮	—	—	—	47.3
	甲基丙烯酸甲酯	49	45.6	58.5	35.2
	二甲基苯胺	3	—	—	4.4
	环烷酸钴	—	2.4	—	—
	辛酸钴	—	—	2.6	—
	二乙基苯胺	—	—	1.3	

原料		配比(质量份)		
		1#	2#	3#
胶黏剂	A组分	50	50	50
	B组分	15	45	25

【制备方法】

(1) A组分的制备:在溶解釜中加入有机溶剂,搅拌状态下加入聚苯乙烯及聚甲基丙烯酸甲酯颗粒料,待固体料全部溶解后,加入有机过氧化物引发剂,再次搅拌均匀,制得A组分;

(2)B组分的制备:在另一溶解釜中加入有机溶剂、甲基丙烯酸甲酯,搅拌均匀后再加入促进剂,继续拌匀,制得B组分。

【产品应用】 本品专用于PS板材与PVC薄膜之间的粘接,以及这两种材料各类型材的自粘与互粘。

【产品特性】　本产品具有制备工艺简单,使用方便,用户可根据对固化速度的要求及气候变化调整两组分配比,黏合接头牢固,破坏性试验发生在基材上。

实例 12　双组分室温固化胶黏剂(2)

【原料配比】

原料			配比(质量份)			
			1#	2#	3#	4#
A组分	甲苯		48	—	36	47.5
	二甲苯		—	52.5	—	—
	乙基苯溶剂		43.2	46.5	55.8	70.3
	醋酸乙酯		—	—	39.6	—
	聚苯乙烯		9.6	24	18	38
	聚甲基丙烯酸甲酯颗粒料		16.8	21	28.8	30.4
B组分	有机过氧化物引发剂	过氧化苯甲酰	4.8	—	—	3.8
		过氧化甲乙酮	—	4.5	—	—
		过氧化环己酮	—	—	5.4	—
	有机溶剂	甲苯	48	45.6	39	26.4
		二甲苯	—	26.4	—	—
		环己酮	—	—	—	47.3
		醋酸丁酯	—	—	29.9	—
	甲基丙烯酸甲酯		49	45.6	58.5	35.2
	促进剂	二甲基苯胺	3	—	—	4.4
		二乙基苯胺	—	—	1.3	—
		环烷酸钴	—	2.4	—	—
		辛酸钴	—	—	2.6	—
甲组分:乙组分			10:(3~10)			

【制备方法】

(1)A 组分的制备:在溶解釜中加入有机溶剂,在搅拌条件下加入聚苯乙烯及聚甲基丙烯酸甲酯颗粒料,待固体料全部溶解后,加入有机过氧化物引发剂,再次搅拌均匀,制得 A 组分。

(2)B 组分的制备:在另一溶解釜中加入有机溶剂、甲基丙烯酸甲酯,搅拌均匀后再加入促进剂,继续搅匀,制得 B 组分。

【产品应用】 本品是一种双组分室温固化胶黏剂。应用范围广,适合于 PS、PVC 各类型材的自粘和互粘,经本产品复合的装饰板材,具有优异的外观质量和极高的黏合强度。

【产品特性】

(1)双组分,室温固化速度可调。本品采用氧化—还原引发体系制成两个组分,其配比可根据用户对固化速度快慢和不同季节温度变化进行调整,便于大型材料自动化流水作业。

(2)固化速度快。流水作业 PS 板材与 PVC 薄膜复合,经压辊温度 70~80℃滚压后立刻即可定位,8h 以内黏合牢固,24h 可达到最大黏合强度。

(3)制造工艺简单,不需要反应釜,只需混合釜将各组分混合均匀即可。

(4)胶黏剂与被粘物界面产生的缠绕和接枝,加强了粘接界面的物理键结合力,使粘接强度提高,破坏性试验发生在基材上。

(5)应用范围广,适合于 PS、PVC 各类型材的自粘和互粘,经本产品复合的装饰板材,具有优异的外观质量和极高的黏合强度。

实例 13 水性丙烯酸复合胶黏剂

【原料配比】

原料	配比(质量份)				
	1#	2#	3#	4#	5#
丙烯酸异辛酯	—	—	40	—	40
丙烯酸乙酯	41	—	5	—	5
丙烯酸丁酯	20	50	10	50	10

续表

原　料	配比(质量份)				
	1#	2#	3#	4#	5#
丙烯酸甲酯		6	10	—	10
甲基丙烯酸甲酯	33	41	30	30	30
甲基丙烯酸丁酯	2.5	—	—	10	—
甲基丙烯酸乙酯	—	—	—	5	—
丙烯酸	2	—	—	1	—
甲基丙烯酸	—	1	1	—	1
甲基丙烯酸羟乙酯	—	—	2	—	—
甲基丙烯酸羟丙酯	—	—	—	—	4
丙烯酸羟丙酯	1.5	—	2	4	—
丙烯酸羟乙酯	—	2	—	—	—
去离子水	150	120	100	110	100
异丙基萘磺酸钠	0.3	—	—	0.5	—
丁基萘磺酸钠	—	0.25	—	—	—
亚甲基双甲基萘磺酸钠	—	—	0.5	—	0.5
丁二酸二异辛酯磺酸钠	0.1	—	0.05	—	0.05
丁二酸二戊酯磺酸钠	—	0.1	—	—	—
丁二酸二辛酯磺酸钠	—	—	—	0.5	—
$(NH_4)_2S_2O_3$	0.6	0.8	0.8	0.6	0.8
$NaHCO_3$	0.25	0.30	0.30	0.25	0.30
十二烷基硫醇	0.3	0.25	0.5	0.01	0.5

【制备方法】 将总量50% ~90%的去离子水、50% ~90%的乳化剂搅拌乳化,投入总量40% ~90%的混合单体进行预乳化得到预乳化液Ⅰ,将剩余的去离子水、将剩余的去离子水、乳化剂和反应单体投到聚合釜中进行乳化得到乳化液Ⅱ,将乳化液Ⅱ升温至70 ~75℃,加入总量20% ~50%的过硫酸铵溶液进行聚合反应,反应20 ~30min后加入分子量调节剂调节相对分子质量,然后开始滴加预乳化液Ⅰ,3 ~4h滴加完毕,并不断补充剩余的过硫酸铵溶液,同时用碳酸氢钠溶液

来调节 pH 值在 3~5 之间,滴加完毕后在 80~85℃保温 1~2h,然后降温到 50℃以下用氨水调节 pH 值为 6~7,得到水性丙烯酸复合胶黏剂。所述乳化剂为烷基萘磺酸钠盐和二酸烷基酯磺酸钠盐两种阴离子型乳化剂的混合物,两者混合的质量比为 10:(1~10),乳化剂的用量为反应单体总质量的 0.1%~1.0%;所述的分子量调节剂为十二烷基硫醇,用量为单体总质量的 0.01%~0.5%。

【注意事项】 所述的乳化剂为烷基萘磺酸钠盐和二酸烷基酯磺酸钠盐两种阴离子型乳化剂的混合物,两者混合的质量比例为(10:1)~(10:10),乳化剂的用量为反应单体总质量的 0.1%~1.0%;所述的分子量调节剂为十二烷基硫醇,用量为单体总质量的 0.01%~0.5%。各组分质量份配比范围为:甲基丙烯酸酯类 30~45,丙烯酸酯类 50~65,(甲基)丙烯酸 1~5,丙烯酸羟酯类 1~5。

【产品应用】 本产品用于各种塑料膜或镀铝膜之间的复合,在食品包装用薄膜复合应用上完全可以替代溶剂型胶黏剂。

【产品特性】 该制备方法采用低皂乳液聚合的方法,先对部分聚合单体进行预乳化另一部分单体制备种子,有效降低了乳化剂的用量,同时结合种子聚合和预乳化的工艺,使用两种阴离子混合乳化剂,乳液反应稳定,得到产品稳定性高、粘接强度高。

实例 14 水性聚氨酯胶黏剂

【原料配比】

原料	配比(质量份)		
	1#	2#	3#
水性聚氨酯分散体	100	100	100
增稠剂丙烯酸共聚物	0.25	0.10	0.15
流平剂聚醚改性聚有机硅氧烷	0.08	0.25	0.15
消泡剂甘油聚氧乙烯—聚氧丙烯共聚物	0.05	0.02	0.03
抗氧剂三(2,4-二叔丁基苯基)亚磷酸酯	0.02	0.05	0.03
多元胺	2.5	2.8	12

【制备方法】 将多元胺化合物滴加到水性聚氨酯分散体中，在10～25℃下反应15～30min，脱去水性聚氨酯分散体中的有机溶剂，再加入增稠剂、流平剂、消泡剂和抗氧剂后混合均匀，得到水性聚氨酯胶黏剂。

【注意事项】 所述的多元胺化合物选自乙二胺、己二胺、二乙烯三胺、三乙胺四胺、3,3′-二氯-4,4′-二氨基二苯基甲烷或其混合物。所述的脱去水性聚氨酯分散体中的有机溶剂优选为采用真空减压脱溶法。所述的增稠剂优选为萜烯树脂、酚醛树脂、丙烯酸共聚物、松香树脂，或其混合物；流平剂优选为丙烯酸型流平剂，有机硅型流平剂，或其混合物；消泡剂优选为聚硅氧烷、聚氧化乙烯二醇、聚氧化丙烯二醇，或其混合物；抗氧剂优选为胺类抗氧剂、酚类抗氧剂，或其混合物；水性聚氨酯分散体是由如下方法制备而成：

(1)第一多元醇在100～120℃真空干燥1～3h，降温到60～100℃，加入辛酸亚锡催化剂，其与第一多元醇的质量比为(0.00001∶1)～(0.001∶1)，滴加二异氰酸酯，聚合1～1.5h，然后加第二多元醇和第三多元醇，继续聚合1～1.5h；其中第一多元醇∶二异氰酸酯∶第二多元醇∶第三多元醇的质量比为1∶(0.5～1.5)∶(0.1～0.5)∶(0.1～0.5)；再加入二异氰酸酯，聚合1～1.5h，与其第一多元醇的质量比为(0.5∶1)～(1.5∶1)；最后加入第三多元醇完成扩链作用，其与第一多元醇的质量比为(0.1∶1)～(0.5∶1)，反应2～5h得到NCO%=1～10聚氨酯预聚体。

(2)将三乙胺滴加到聚氨酯预聚体中，同时加入丙酮降低黏度，在35～45℃反应0.5～1h后得到离子型聚氨酯预聚体，中和度为90%～100%。

(3)将得到的离子型聚氨酯预聚体滴加到去离子水中，其两者的质量比为离子型聚氨酯预聚体∶去离子水=(1∶1.2)～(1∶1.7)，在乳化机的高速剪切作用下均匀分散，控制乳化体系温度为10～25℃，乳化时间为15～30min后得到水性聚氨酯分散体。

所述的第一多元醇选自聚己二酸丁二醇酯二醇、聚己二酸己二醇酯二醇、聚己二酸丁新戊二醇酯二醇、聚己二酸环己烷二甲醇酯二醇、聚己二酸乙二醇酯二醇、聚己二酸丙二醇酯二醇、聚己内酯二醇、聚碳

酸—1,6—己二醇酯二醇、聚氧化丙烯二醇、聚氧化乙烯二醇、聚四呋喃二醇或其混合物,数均分子量为500~3000;

所述的第二多元醇选自二羟甲基丙酸、二羟甲基丁酸,3-双(羟基乙基)氨基丙烷磺酸钠或其混合物。

所述的第三多元醇选自己二醇、丁二醇、丙三醇、三羟甲基丙烷、二甘醇、山梨醇或其混合物。

所述的二异氰酸酯单体选自1,6-己二异氰酸酯、异佛尔酮二异氰酸酯、甲基环己基二异氰酸酯、二环己基甲烷二异氰酸酯或其混合物。

所述的第二多元醇先与2~3倍质量的*N*-甲基-2-吡咯烷酮在60~85℃溶解后再加入。

【产品应用】 本品对PVC、SBS、PU、帆布、EVA等树脂基材有非常好的黏结性能。

【产品特性】 本产品具有固含量高,干燥速度快,黏结强度大、抗张强度大、弹性好、耐水、耐溶剂、耐高低温性能十分优异的特点。

实例15 橡胶用丙烯酸乳液胶黏剂

【原料配比】

原料		配比(质量份)						
		1#	2#	3#	4#	5#	6#	7#
核组分	丙烯酸丁酯	45	45	45	40	40	25	50
	甲基丙烯酸甲酯	35	35	35	35	35	40	30
	苯乙烯	20	20	20	25	25	30	20
	甲基丙烯酸	3	3	3	3	3.0	3.0	3.0
	甲基丙烯酸羟乙酯	1.5	1.5	1.5	1.5	2.0	2.0	2.0
	脂肪醇聚氧乙烯醚	1.0	1.0	1.0	1.0	2.5	1.5	2.5
	十二烷基苯磺酸钠	1.5	1.5	1.5	2.0	4.0	3.0	4.0
	过硫酸铵	0.6	0.6	0.6	1.0	0.3	0.3	0.6
	碳酸氢钠	0.5	0.5	0.5	0.5	0.2	0.4	0.5
	去离子水	130	130	130	130	130	140	150

续表

原　料		配比(质量份)						
		1#	2#	3#	4#	5#	6#	7#
壳组分	丙烯酸丁酯	60	60	60	65	65	65	65
	甲基丙烯酸甲酯	15	15	15	15	15	15	10
	苯乙烯	15	15	15	10	15	15	15
	甲基丙烯酸	5	5	5	5	1.0	1.0	1.0
	甲基丙烯酸羟乙酯	2.5	2.5	2.5	2.5	1.0	1.0	1.0
	四氢呋喃甲基丙烯酸酯	8	—	—	5	3	10	—
	含氟丙烯酸	—	8	—	—	—	—	5
	十二烷基苯磺酸钠	0.5	0.5	0.5	2.0	3.5	3.0	3.5
	脂肪醇聚氧乙烯醚	0.5	0.5	0.5	1.0	2.0	2.0	2.0
	过硫酸铵	0.3	0.3	0.3	0.6	0.1	0.2	0.3
	去离子水	70	70	70	70	70	80	80

【制备方法】

(1) 先将核组分中的部分单体、部分去离子水、部分乳化剂进行预乳化得到预乳液。

(2) 将预乳液移入反应釜中,100 ~ 150r/min 的转速下,升温至 70 ~ 80℃,加入核组分中的部分引发剂,反应得到种子乳液。

(3) 将核组分的剩余单体缓慢地滴加入步骤(2)得到的种子乳液中,反应过程中补加核组分的剩余乳化剂、去离子水和引发剂,反应得到乳液的核部分。

(4) 再将壳组分的单体缓慢加入步骤(3)制备的乳液的核部分中,反应过程中补加壳组分的乳化剂、去离子水、引发剂,反应完毕,调 pH 值至 7 ~ 8 即得到橡胶用丙烯酸乳液胶黏剂。

【注意事项】 所述的引发剂优选阴离子引发剂过硫酸钾和/或过硫酸铵,引发机理为自由基引发。所述的乳化剂优选阴离子乳化剂与非离子型乳化剂的复合乳化剂。阴离子乳化剂优选十二烷基苯磺酸钠、十二烷基磺酸钠、十二烷基硫酸钠中的一种或一种以上。非离子乳化剂为脂肪醇聚氧乙烯醚等。

【产品应用】 本产品可以用在橡胶、金属、镀铝金属、PE 等材料,在很多场合可以替代溶剂型胶黏剂。

【产品特性】 本产品具有低 VOC、低成本等优点。

实例 16 用于橡胶地砖的聚氨酯胶黏剂

【原料配比】

原 料	配比(质量份)
聚醚二元醇	9
聚醚三元醇	78
甲苯二异氰酸酯	13
苯甲酰氯	0.2
二甲基乙醇胺	0.15

【制备方法】 首先将聚醚二元醇、聚醚三元醇加入反应釜中,开动搅拌,然后升温至 40~50℃,继续搅拌 15~30min 后加入甲苯二异氰酸酯掺入量的 90% 及苯甲酰氯,将反应釜中混合料继续升温至 (80±2)℃反应 90min,加入剩余甲苯二异氰酸酯掺入量的 10%,升温至(90±2)℃,搅拌 0.5h,降温至 50℃加入二甲基乙醇胺、搅拌 20min,检测胶黏剂异氰酸酯基含量在 6%~8%,黏度在 900MPa·s 时。最后在搅拌状态下,抽真空至 0.08MPa、30min;在静止状态下,抽真空至 0.08MPa、10min、放气出料。

【产品应用】 本品用于橡胶地砖的聚氨酯胶黏剂。

【产品特性】 本产品拉伸强度和断裂伸长率都有显著提高,无污染、施工方便、属于一种符合环保要求的粘接剂。

实例17　适用于软聚氯乙烯电气胶黏带的乳液压敏胶黏剂

原　料	配比(质量份)		
	1#	2#	3#
聚醋酸乙烯乳液	45	—	—
乙烯—醋酸乙烯共聚乳液	—	45	75
天然橡胶胶乳	—	30	—
丙烯酸酯共聚乳液	300	300	300
氨水	适量	适量	适量

其中丙烯酸酯共聚乳液的配比为:

原　料		配比(质量份)		
		1#	2#	3#
A	丙烯酸丁酯(BA)	50	30	50
	醋酸乙烯	—	69	—
	甲基丙烯酸甲酯(MMA)	50	—	50
	丙烯酸羟乙酯(HEA)	4.5	6	4.5
	丙烯酸(AA)	2.8	4	2.8
	N－羟甲基丙烯酰胺(*N*－MAM)	8.0	—	4.5
B	丙烯酸异辛酸(2－EHA)	20	123	121
	顺丁烯二酸二丁酯(DBM)	60	69	60
	丙烯酸羟乙酯(HEA)	3	3	3.5
	丙烯酸(AA)	1.7	0.5	—
	甲基丙烯酸甲酯(MMA)	—	—	1.5
乳化剂 Cops—1		—	4.5	3.2
碳酸氢钠		1.6	1.6	1.6
乳化剂 Co—436		0.78	0.78	0.78
过硫酸铵		0.4	0.4	0.4
去离子水		160	160	160

【制备方法】

(1)丙烯酸酯共聚物乳液的合成:将配方A、B两组分分别进行混合并制成预乳化液。

(2)在1000mL的三口圆底烧瓶中加入去离子水,缓冲剂碳酸氢钠,乳化剂,搅拌均匀后加热升温。待温度升至78℃后加入引发剂过硫酸铵的水溶液。然后维持温度在82~84℃匀速加入组分A单体的预乳化液进行第一阶段的乳液共聚合,1.5h加完,加完后继续维持在该温度范围内匀速加入组分B单体的预乳化液,进行第二阶段的乳液共聚合,2.5h加完。

(3)维持在83~85℃继续搅拌反应1.oh,冷却后过滤出料,即得到可用于进一步配制成本品之乳液压敏胶的丙烯酸酯共聚物乳液。

(4)压敏胶黏剂的制备:将配方中的各乳液混合,用氨水调节pH值至7~8,得到产品。

实例18 室温固化氟橡胶胶黏剂

【原料配比】

原料		配比(质量份)
A组分	氟橡胶生胶	100
	吸酸剂	10
	增强填料	12
	硫化剂	6
	环氧树脂	15
	聚氨酯乳液	12
	有机溶剂	350
B组分	有机胺固化剂	3
	硅烷偶联剂	3
	有机溶剂	30

【制备方法】

(1)A 组分的制备：将氟橡胶生胶、吸酸剂、增强填料和硫化剂在橡胶混炼机上混炼均匀得到混炼氟橡胶，再将混炼氟橡胶溶于有机溶剂中，再加入环氧树脂和聚氨酯乳液，然后搅拌均匀，即得到室温固化氟橡胶胶黏剂的 A 组分。

(2)B 组分的制备：将有机胺固化剂、硅烷偶联剂和有机溶剂搅拌均匀，即得室温固化氟橡胶胶黏剂的 B 组分。

【注意事项】 上述的氟橡胶生胶选用偏氟乙烯—六氟丙烯二元共聚物、偏氟乙烯—四氟乙烯—六氟丙烯三元共聚物之一或者两者的组合物。

上述的吸酸剂为氧化镁、氧化锌、氧化铅、氧化钙及氢氧化钙中的一种或其中几种的组合。

上述的增强填料为二氧化钛、二氧化硅、石棉、炭黑、高岭土及硅酸钙中的一种或其中几种的组合。

上述的硫化剂为六亚甲基二胺氨基甲酸盐、*N*,*N* - 双次肉桂基 - 1,6 - 己二胺或 4,4′ - (六氟次异丙基)双酚。

上述的环氧树脂为双酚 A 型环氧树脂 E—54、双酚 A 型环氧树脂 E—51、双酚 A 型环氧树脂 E—44、双酚 A 型环氧树脂 E—42、双酚 A 型环氧树脂 E—35、双酚 A 型环氧树脂 E—31、双酚 A 型环氧树脂 E—20、双酚 A 型环氧树脂 E—14、双酚 A 型环氧树脂 E—12、双酚 A 型环氧树脂 E—06、双酚 A 型环氧树脂 E—04、双酚 A 型环氧树脂 E—03、线型酚醛环氧树脂 F—51、线型酚醛环氧树脂 F—44、线型酚醛环氧树脂 F—46、双酚 F 型环氧树脂、双酚 S 型环氧树脂、四溴双酚 A 型环氧树脂 EX—28、四溴双酚 A 型环氧树脂、间苯二酚二缩水甘油醚环氧树脂 680#、乙二醇缩水甘油醚环氧树脂、一缩二乙二醇缩水甘油醚环氧树脂、聚乙二醇缩水甘油醚环氧树脂 600E、聚丙二醇缩水甘油醚环氧树脂 663、四氢化邻苯二甲酸二缩水甘油酯环氧树脂、邻苯二甲酸二缩水甘油酯环氧树脂、间苯二甲酸二缩水甘油酯环氧树脂、内次甲基四氢化邻苯二甲酸缩水甘油酯环氧树脂、三聚氰酸三缩水甘油胺环氧树脂、有机硅环氧树脂 665、脂环族环氧树脂 CER—107、有机钛环氧树脂

670、有机硅硼改性环氧树脂中的一种或其中几种的组合。

上述的有机溶剂为乙酸乙酯、乙酸丁酯、丙酮或丁酮有机溶剂中的一种或其中几种的组合。

上述的有机固化剂为芳香族二胺类固化剂、脂环族胺类固化剂、脂肪族胺类固化剂、胺络合物、双氰胺、聚酰胺和酚醛胺固化剂中的一种或其中几种的组合。

所述的芳香族二胺类固化剂为间苯二胺、二氨基二苯基甲烷或二氨基二苯砜。所述的脂环族胺类固化剂为 *N* - 氨乙基哌嗪、异佛尔酮二胺、1,3 - 双(氨甲基)环己烷或4,4′ - 二氨基二环己基甲烷。所述的脂肪族胺类固化剂为二亚乙基三胺、三亚乙基四胺、乙二胺、己二胺、二乙氨基丙胺或间二甲苯二胺。所述的胺络合物为三氟化硼乙胺、三氟化硼苯胺或三氟化硼对甲基苯胺;所述的酚醛胺固化剂为环氧树脂固化剂 T—31、酚醛改性胺固化剂 JD—701、腰果酚改性胺环氧固化剂 FHC—4010C、腰果酚改性胺环氧固化剂 FHC—4020C、腰果酚改性胺环氧固化剂 FHC—4030C、腰果酚改性胺环氧固化剂 FHC—3010、腰果酚改性胺环氧固化剂 FHC—3020 或腰果酚改性胺环氧固化剂 FHC—3030。

上述的硅烷偶联剂为 γ - 氨丙基三乙氧基硅烷、γ - 环氧丙基醚丙基三甲氧基硅烷、γ -(甲基丙烯酸酯基)丙基三甲氧基硅烷、γ - 巯丙基三甲氧基硅烷、乙烯基三叔丁基过氧化硅烷、γ - 乙烯基三乙氧基硅烷、苯胺甲基三乙氧基硅烷或 γ - 氨乙基 - β - 氨丙基三甲氧基硅烷。

所述 B 组分中的有机溶剂为乙酸乙酯、乙酸丁酯、丙酮或丁酮有机溶剂中的一种或其中几种的组合。

【产品应用】 本品主要用于氟橡胶和金属材料的粘接。

【产品特性】 本品的胶黏剂具有初粘力高、室温固化速度快、粘接强度高的优点,通过实验进行测试,本产品在室温下固化 10min,其室温剥离强度达到 0.54kN/m 以上。本品水性聚氨酯与环氧树脂、硅烷偶联剂与氟橡胶相互协同作用,使室温硫化速度加快,自黏性和互黏性变强,从而提高了初粘力、固化速度、粘接强度。本品制备工艺简单、成本低廉。

实例19　塑塑复合材料用水性胶黏剂

【原料配比】

原　　料	配比(质量份)		
	1#	2#	3#
丙烯酸甲酯	10	—	8
甲基丙烯酸甲酯	26	32	22
丙烯酸乙酯	20	28	25
丙烯酸丁酯	36	—	40
丙烯酸异辛酯	—	33	—
丙烯酸	—	—	2
甲基丙烯酸羟丙酯	—	—	1
甲基丙烯酯	3	3	—
丙烯酸羟乙酯	2	2	—
邻苯二甲酸二乙二醇二丙烯酸酯	—	1	—
二乙二醇二丙烯酸酯	2	—	—
二乙二醇二甲基丙烯酸酯	—	—	1
丙烯酸缩水甘油酯	—	—	1
三羟甲基丙烷三丙烯酸酯	1	1	—
乳化剂 A—103(上海忠诚化工公司)	1.0	1.2	0.8
乳化剂 EFS—310(上海忠诚化工公司)	1.0	1.2	0.8
乳化剂 UCAN—1(上海忠诚化工公司)	0.8	0.6	0.8
引发剂过硫酸铵	0.6	0.8	0.4
缓冲剂碳酸氢钠	0.2	0.3	0.3
pH 值调节剂氨水	1.6	1.4	1.2
去离子水	145	120	110

【制备方法】

(1)制备水性丙烯酸乳液:将原料中包括丙烯酸硬单体、丙烯酸软单体和丙烯酸功能单体的全部丙烯酸单体、60% ~80% 的乳化剂、50% ~70% 的水加入预乳化釜中,乳化 30 ~40min ,得到不分层的乳化液;然后在聚合反应釜中加入剩余的水、剩余的乳化剂、缓冲剂,升温到 78 ~80℃ ,投入 5% ~15% 的上述制得的乳化液,加入 25% ~35% 的引发剂,反应 20 ~30min ,滴加剩余的上述制得的所述乳化液与剩余的引发剂,3 ~4h 滴完;接着将聚合反应釜升温至 85 ~90℃ 保温反应 1 ~2h ,降温至 45 ~50℃ 加入 pH 值调节剂调节反应体系的 pH 值为 6 ~7 之间,即制得水性丙烯酸乳液。

(2)制备水性胶黏剂:取 98.5% ~99.5% 的上述制得的水性丙烯酸乳液和 0.5% ~1.5% 的助剂;将所述水性丙烯酸乳液与所述助剂混合后得到固含量为 40% ~50% 的胶黏剂,即为塑塑复合材料用水性胶黏剂。

【产品应用】 本品主要用作塑塑复合胶黏剂。

【产品特性】 本品实例中通过将由丙烯酸硬单体、丙烯酸软单体、丙烯酸功能单体在水、乳化剂、引发剂、缓冲剂和 pH 值调节剂的作用下聚合而成的水性丙烯酸乳液,该水性丙烯酸乳液中的成膜物质(丙烯酸酯共聚物)分子链段上具有—OH、—COOH、—NH 等多种化学基团,它们能够形成多种化学键以及氢键作用力,对各种复合基材(塑料膜、镀铝膜、金属箔等)均表现出较好的粘接力;通过软、硬单体恰当的搭配,并采用相应的功能单体参与共聚,提高了胶黏剂对低表面张力的塑料膜的亲和性,既提高了胶水在塑料膜表面的润湿性,又提高了复合强度。另一方面,采用乳液聚合方法得到的聚合物既具有较高的相对分子质量,又具有较低的涂布黏度和较好的流平性,使得聚合物具有较高的剪切强度和初始强度,无须长时间熟化即可达到最佳粘接强度。利用该水性丙烯酸乳液与助剂配合制得的水性胶黏剂是一种单组分胶黏剂,具有使用简单、粘接强度高、安全环保的特点,可用在塑塑复合材料制备中使用,是溶剂型复合胶的较好替代产品。

实例20 塑料用紫外光固化胶黏剂

【原料配比】

原料	配比(质量份)				
	1#	2#	3#	4#	5#
环氧丙烯酸酯	10	20	15	30	10
聚氨酯丙烯酸酯	40	30	35	40	20
单体稀释剂1,6-己二醇二丙酸酯	45	45	45	25	65
光引发剂	4.5	4.5	4.5	4.7	4.0
促进剂	0.4	0.4	0.4	0.1	0.9
阻聚剂2,6-二叔丁基对甲酚	0.1	0.1	0.1	0.2	0.1

【制备方法】 向环氧丙烯酸酯中加入聚氨酯丙烯酸酯和单体稀释剂,于50~55℃恒温搅拌3~4h,加入光引发剂、促进剂和阻聚剂调节温度至60~70℃,恒温搅拌1~2h,出料,制得一种新型的紫外光固化胶黏剂。

【产品应用】 本品主要属于固化胶黏剂的制备应用领域,特别是涉及一种塑料用紫外光固化胶黏剂。主要应用于PVC、ABS、PC、PMMA等塑料的黏结方面,无溶剂,操作简单易行,适合大批量的生产。

【产品特性】

(1)本品的紫外光固化胶黏剂的固化效果符合国家标准,对人体及环境无任何危害影响。

(2)环氧丙烯酸酯综合性能优良,但其具有固化膜较脆,韧性差的缺点;采用柔韧性较好的聚氨酯丙烯酸酯进行共混使用,使得整个体系的机械强度、硬度都有所增加,柔韧性也非常良好。

(3)这种新型的紫外光固化胶黏剂通过两种预聚体的复合使用,相互补充不足,使得整个体系固化速度快、黏结强度大,充分地发挥了两种预聚体之间的协同效果。

实例21 无卤素环氧胶黏剂

【原料配比】

原料	配比(质量份)							
	1#	2#	3#	4#	5#	6#	7#	8#
无卤素环氧树脂ACE	30	30	30	35	35	30	37	37
丁腈橡胶	15	13	10	10	15	20	15	13
FAR-03阻燃剂	17	19	22	17.5	12.5	7.5	10.2	12.2
固化剂	1.88	1.88	1.88	1.41	1.41	1.41	1.69	1.69
促进剂	0.12	0.12	0.12	0.09	0.09	0.09	0.11	0.11
溶剂	36	36	36	36	36	36	36	36

【制备方法】

(1)将无卤素环氧树脂和21份溶剂加入容器内,用搅拌机搅拌至完全溶解,记录为A组分。

(2)将增韧剂和15份溶剂加入容器中,用搅拌机搅拌至其完全溶解,记录为B组分。

(3)将以上A组分、B组分、阻燃剂、化剂、促进剂、溶剂加入混合罐中,经搅拌均匀后,制得本品的无卤素环氧胶黏剂。

【注意事项】 所述无卤素环氧树脂的环氧当量(*EEW*)=180~850,无卤素环氧树脂采用双酚A型无卤环氧树脂、双酚F型无卤环氧树脂、酚醛环氧树脂及其他无卤素改性环氧树脂中的一种或一种以上的混合物。

所述溶剂采用丙酮、丁酮、乙二醇甲醚、丙二醇甲醚、*N'*,*N*-二甲基甲酰胺等一种或一种以上的混合物。所述增韧剂采用丁腈橡胶或羧基丁腈橡胶,其中凝胶渗透色谱(GPC)测得的分子量M_w=5000~1000000中的一种或一种以上的混合物。所述阻燃剂采用氢氧化铝、磷酸盐、磷酸酯和有机磷化物中的一种或一种以上的混合物。

所述固化剂采用芳香胺类、无水酸类固化剂。所述促进剂采用咪唑类、叔胺盐及其他改性促进剂的一种或一种以上的混合物。

【产品应用】 本品主要涉及一种适用于PET保护膜或绝缘层的无卤素环氧胶黏剂。

【产品特性】 本品采用无卤素环氧树脂，更能满足市场对无卤化材料的需求，对环境更安全；环氧树脂作为主树脂，较聚酯树脂更具耐热性能，更能适应FPC、FFC在耐温性能方面的应用；本品除具有无卤化、优良的耐热性同时具有良好的难燃效果，对终端应用达到难燃等级，更安全。

实例22 异氰酸酯改性双组分硅橡胶胶黏剂

【原料配比】

<table>
<tr><th colspan="3" rowspan="2">原　料</th><th colspan="2">配比（质量份）</th></tr>
<tr><th>1#</th><th>2#</th></tr>
<tr><td rowspan="10">A组分</td><td rowspan="2">α,ω-二羟基聚二甲基硅氧烷(23℃时黏度为700～100000mPa·s)</td><td>20000mPa·s</td><td>100</td><td>—</td></tr>
<tr><td>3000mPa·s</td><td>—</td><td>100</td></tr>
<tr><td rowspan="6">固体填料</td><td>重质碳酸钙</td><td>50</td><td>—</td></tr>
<tr><td>硅微粉</td><td>100</td><td>—</td></tr>
<tr><td>氧化钛</td><td>10</td><td>—</td></tr>
<tr><td>轻质碳酸钙</td><td>—</td><td>30</td></tr>
<tr><td>白刚玉</td><td>—</td><td>100</td></tr>
<tr><td>三氧化二铁</td><td>—</td><td>10</td></tr>
<tr><td colspan="2">气相法二氧化硅</td><td>10</td><td>—</td></tr>
<tr><td colspan="2">水</td><td>0.8</td><td>4</td></tr>
<tr><td rowspan="2">B组分</td><td rowspan="2">甲基硅油(23℃时黏度为100～10000mPa·s)</td><td>1000mPa·s</td><td>40</td><td>—</td></tr>
<tr><td>500mPa·s</td><td>—</td><td>40</td></tr>
</table>

续表

原料		配比(质量份)	
		1#	2#
交联剂	四丙氧基硅烷	15	15
固体填料	轻质碳酸钙	10	20
	硅微粉	10	—
硅烷偶联剂γ-氨丙基三乙氧基硅烷		4	—
异氰酸酯改性的硅烷偶联剂		35	50
催化剂二月硅酸二丁基锡		0.6	0.3
气相法二氧化硅		6	4
A组分:B组分(体积比)		4:1	4:1

其中异氰酸酯改性硅烷偶联剂配比为:

原料		配比(质量份)	
		1#	2#
聚丙二醇二元醇	相对分子质量1000	100	—
	相对分子质量2000	—	100
脂肪族多异氰酸酯	异佛尔酮二异氰酸酯	24.4	—
	六亚甲基二异氰酸酯	—	84
偶联剂	γ-氨丙基三甲氧基硅烷的氨基硅烷	41	—
	γ-氨丙基三乙氧基硅烷	—	165

【制备方法】

(1)制备A组分。

①将100份α,ω-二羟基聚二甲基硅氧烷、0~500份固体填料和

0～20份颜料加入搅拌釜中，在真空度＞－0.09MPa，温度4～30℃的条件下以相同搅拌速率充分搅拌。

②搅拌均匀后加入0～5份水，在真空度＞－0.09MPa，温度4～30℃条件下以相同的搅拌速率充分搅拌。

③搅拌均匀后分批次加入0～50份气相法二氧化硅，在真空度＞－0.09MPa，温度4～30℃条件下以相同的搅拌速率充分搅拌，得到体系均一的A组分。

(2)制备B组分。

①B组分中的异氰酸酯改性的硅烷偶联剂的制备。

a.取100份低聚物多元醇与3～100份多异氰酸酯完全反应得到长链或者具有交联度的聚氨酯预聚物。

b.向一步产物中逐渐加入共6～200份氨基硅烷偶联剂，完全反应得异氰酸酯改性的硅烷偶联剂。

②将10～50份甲基硅油、2～20份交联剂和经过高温干燥脱水处理0～35份固体填料加入反应釜中，在真空度＞－0.09MPa，温度4～30℃条件下以相同的搅拌速率充分搅拌。

③接着加入0～10份硅烷偶联剂、10～40份异氰酸酯改性的硅烷偶联剂和0～3份催化剂，在真空度＞－0.09MPa，温度4～30℃条件下以相同的搅拌速率充分搅拌。

④搅拌均匀后分批次加入0～10份气相法二氧化硅，在真空度＞－0.09MPa，温度4～30℃条件下以相同的搅拌速率充分搅拌，得到体系均一的B组分。

【注意事项】 所述A组分和B组分体积比为4∶1混合使用。

【产品应用】 本品是一种双组分硅橡胶胶黏剂。

【产品特性】 本品利用异氰酸酯改性硅烷偶联剂，在与其他硅烷偶联剂的配合使用下，具有更好的粘接性能；异氰酸酯改性硅烷偶联剂可以作为交联剂使用，可以显著地增加硅橡胶的本体强度；A组分和B组分的生产工艺简单，适于大批量生产，可以生产具有灌封作用的胶黏剂。

实例23 用于PVC软板与海绵黏合的胶黏剂

【原料配比】

原料	配比(质量份)		
	1#	2#	3#
糊状PVC树脂	100	100	100
邻苯二甲酸二辛酯	70	72	68
二碱式亚磷酸铅	1.2	1.5	1.5
三碱式硫酸铅	2.4	3.4	4.1
聚乙烯蜡	2.0	1.2	1.5
炭黑	1.0	1.0	1.3
防老剂	1.2	1.3	—

【制备方法】 将各组分混合均匀即可。

产品应用:本品主要应用于PVC软板与海绵黏合的胶黏剂及其施工方法。

本品胶黏剂的施工方法,包括下述步骤:

(1)在海绵的一个表面均匀涂布胶黏剂。

(2)将PVC软板加热到软化温度,将受热后的PVC软板与海绵涂胶面贴合,并对贴合部分施加压力至PVC软板冷却即可。

【产品特性】

(1)彻底解决车用PVC软板与海绵复合黏结用胶黏剂的有毒有机挥发物。采用与PVC软板成分几乎完全相同的材料,无毒且不含有机挥发物。

(2)只要在海绵材料的被黏合面上涂胶,采用滚筒滚涂的方法涂胶胶量容易控制,且黏结强度高。

(3)本品胶黏剂的材料成本为现有常用胶黏剂(如聚氨酯胶黏剂)的1/5~1/4。

(4)现有PVC软板与海绵黏合的胶黏剂,在用于复合成型时工艺流程烦琐,制造费用高。而本胶黏剂在用于复合成型时工艺简单,制造费用低。

实例24　用于橡胶和金属粘接的水性胶黏剂

【原料配比】

原料		配比(质量份)		
		1#	2#	3#
软单体	丙烯酸丁酯	67.3	52.5	75
	丙烯酸异辛酯	—	10	15
硬单体	甲基丙烯酸丁酯	16.5	5.0	5.0
	甲基丙烯酸甲酯	10	10	5
	苯乙烯	32.5	35	35
甲基丙烯酸羟基乙酯		—	1.2	1.2
羟基甲基丙烯酸乙酯		1.1	—	—
功能性单体	丙烯酸	2.34	2.25	3.0
阴离子乳化剂	乙氧基化壬基酚磺基琥珀酸半酯二钠	3.0	3.2	5.2
	十二烷基硫酸钠	1.0	1.1	1.1
引发剂	过硫酸钾	0.65	0.70	0.70
pH缓冲剂	氨水(25%)	1.45	1.45	1.45
	碳酸氢钠	0.65	0.70	0.70
防腐杀菌剂		1.10	0.10	0.10
去离子水		100	100	100

【制备方法】

(1)将1/2~2/3总量的乳化剂溶于1/4总量的去离子水或蒸馏水中,再在高速乳化机800~1000r/s转速的搅拌下加入软单体、硬单体和功能性单体、甲基丙烯酸羟基乙酯、羟基甲基丙烯酸乙酯,搅拌25min制成预乳化液。

(2)将3/5总量的引发剂和3/5总量的pH缓冲剂,以及剩余的乳化剂溶于1/2总量的去离子水或蒸馏水后投入反应釜,再加入1/6的上述预乳化液,在50Hz搅拌速度下搅拌20min混匀;

(3)将反应釜升温70~75℃引发反应,同时将搅拌速度降至10Hz至釜内反应液的温度稳定后均匀加入剩余预乳化液、剩余的引发剂、剩余的pH缓冲剂和剩余的去离子水或蒸馏水。滴加过程的搅拌速度视反应液的黏度而定,搅拌均匀,速度适当,反应液温度优选维持在75~80℃之间;滴加于4~5h完成。

所述加入剩余预乳化液时将1/10总量的引发剂在所述均匀滴加的最后阶段进行。

(4)加完后升90℃保温1h,然后冷却至室温,用剩余的pH缓冲剂将pH值调至6.5,再加入防腐杀菌剂,混匀,过滤,即得成品。

【产品应用】 本品是一种用于橡胶和金属粘接的水性胶黏剂。

【产品特性】 本品提供的是一种丙烯酸类的水性乳液胶黏剂,有着不燃不爆、无挥发溶剂、无毒、对人和环境无害、生产和使用安全等许多优点,而且对橡胶没有腐蚀,在粘接后不会使其形变,不影响外观;经过在180℃F剥离强度测试证明其对金属和橡胶都有较好的附着力,能有效地实现橡胶和金属的粘接。本品提供的胶黏剂适用范围广泛,所粘接的橡胶和金属没有特殊限制,橡胶包括丁苯橡胶、丁腈橡胶、丁基橡胶、氯丁橡胶或其他本技术领域中的橡胶,金属包括不锈钢、铁、铝、铜以及电镀和烤漆的金属表面。本品所述的上述胶黏剂的制备方法采用种子乳液聚合的制备方法,制备工艺简单,生产效率高,有利于工业化生产。

实例25 紫外光固化胶黏剂

【原料配比】

原料	配比(质量份)				
	1#	2#	3#	4#	5#
聚酯型聚氨酯二丙烯酸酯(黏均分子量4000~5000)	25	28	30	32	35
N,N-二甲基丙烯酰胺	10	12	15	18	20
丙烯酸异冰片酯	10	13	16	18	20

续表

原　　料	配比(质量份)				
	1#	2#	3#	4#	5#
己二醇二丙烯酸酯	6	9	12	14	16
乙氧基乙氧基乙基丙烯酸酯	1	2	3	4	5
氯乙烯与醋酸乙烯共聚树脂黏均分子量(16000~19000)	5	6	7	8	10
2-羟基-2-甲基-1-苯基-1-丙基酮	1	2	3	4	5
1-羟基环己基苯甲酮	1	2	3	4	5
2,4,6-三甲基苯甲酰基二苯基氧化膦	0.5	0.8	1.2	1.6	2
乙烯基三叔丁基过氧硅烷	1	1.3	1.5	1.7	2

【制备方法】

(1)将 *N*,*N*-二甲基丙烯酰胺、己二醇二丙烯酸酯、丙烯酸异冰片酯、乙氧基乙氧基乙基丙烯酸酯,加入容器内混合均匀。

(2)将氯乙烯与醋酸乙烯共聚树脂缓慢加入所述容器中,同时搅拌至所述氯乙烯与醋酸乙烯共聚树脂完全溶解成为无色透明液体。

(3)向所述容器中再加入聚酯型聚氨酯二丙烯酸酯及2-羟基-2-甲基-1-苯基-1-丙基酮、1-羟基环己基苯甲酮、2,4,6-三甲基苯甲酰基二苯基氧化膦、乙烯基三叔丁基过氧硅烷,继续搅拌0.5~1h。

(4)静置1~2天熟化后,过滤即制成紫外光固化胶黏剂。

【产品应用】 本品主要应用于聚氯乙烯、聚碳酸酯、聚酯、聚甲基丙烯酸甲酯、聚氨酯、聚苯乙烯、玻璃等的黏结。

【产品特性】 本胶黏剂可用于多种有机底材及玻璃、金属等,可实现中等黏度、可紫外光或可见光固化并满足光学粘接要求,弥补了现有光固化胶黏剂的不足。

第三章　发用洗涤剂

实例1　药物洗发香波

【原料配比】

原　料	配比(质量份)		
	1#	2#	3#
脂肪醇聚醚硫酸钠	900	1100	1000
烷基醇酰胺	250	350	300
甜菜碱系两性洗涤剂 BS—12	300	400	350
尼泊金乙酯	3	5	4
丙二醇	150	250	200
氯仿	50	150	100
氯化钠	50	150	100
樟脑	350	450	400
水杨酸	200	300	250
曲安缩松	1	3	2
维甲酸	5	15	10
氮酮	150	250	200
柠檬酸	5	15	10
酸性绿色素	1	3	2
乙醇	450	550	500
去离子水	加至10000	加至10000	加至10000

【制备方法】

(1)将脂肪醇聚醚硫酸钠、烷基醇酰胺、甜菜碱系两性洗涤剂BS—12溶入去离子水中,用氯化钠调稠。

(2)分别将樟脑用95%乙醇、曲安缩松用氯仿、水杨酸用95%的乙醇、维甲酸用氯仿溶解。

(3)将步骤(2)所得溶解后的物料加入步骤(1)所得物料中，加入尼泊金乙酯，再加入丙二醇、氮酮，用酸性绿色素调色后，再用柠檬酸调节 pH≤6，放置 24h 可得产品。

【产品应用】 本品对头部单纯糠疹、头部湿疹、脂溢性皮炎、头部银屑病、石棉状糠疹、白癣等疾病具有良好的预防与治疗效果。

【产品特性】 本品工艺简单，配方科学，各成分之间具有协同作用，使用效果显著，显效率可达 90%，并且无毒副作用，安全可靠。

实例 2 草珊瑚洗发香波

【原料配比】

原　　料	配比(质量份)
十二烷基醇硫酸钠(35%)	25
草珊瑚提取物	1
月桂基硫酸钠(40%)	15
氯化钠	2
遮光剂月桂酸二乙醇酰胺	1.5
珠光剂乙二醇酯	0.3
薄荷油	0.2
香料	适量
染料	适量
柠檬酸	适量
精制水	加至 100

【制备方法】

(1)制备草珊瑚提取物。将草珊瑚全草粗粉放入 8 倍量的浓度为 80% ~95% 的乙醇中，回流提取 2h，将乙醇提取物回收乙醇，得到草珊瑚浸膏，再对浸膏用乙酸乙酯回流萃取，然后回收乙酸乙酯得到总提取物。

(2)将十二烷醇硫酸钠、月桂基硫酸钠、月桂酸二乙醇酰胺及草珊瑚提取物溶解于热精制水中,在不断搅拌下加热至70℃,然后加入氯化钠、乙二醇酯、继续搅拌溶解,待温度下降至35℃左右时,加入香料、染料、薄荷油,用柠檬酸调节 pH 值为 6.5 ~ 7,即可灌装、检验,得成品。

【产品应用】 本品不仅具有漂洗头发的作用,而且具有活血祛淤、去屑止痒、杀菌消炎等功效,能够防止脱发及头发早白,促进头发生长。

【产品特性】 本品原料易得,配比科学,工艺简单,质量容易控制;使用方便,效果显著,无毒副作用及刺激性,安全可靠。

实例3 胆素洗发香波

【原料配比】

原料	配比(质量份)
水	75
脂肪醇聚氧乙烯醚硫酸盐	10
椰油酸二乙醇酰胺	3
树脂液	1
乙氧基化双烷基磷酸酯	1
猪胆汁	2
柠檬酸	0.2
香精	0.2
防腐剂	0.2

【制备方法】

(1)树脂液的处理:树脂液是一种香皮树的木材浸出液。将木材刨成很薄的刨木花,再用清水迅速漂洗干净,然后加入其质量 15 倍的水,浸泡 0.5h,同时用手揉搓,以便树脂液全部搓出,取出木花,将取出木花的胶状液用滤布过滤,即得所需树脂液。

(2)胆汁的处理:取新鲜猪苦胆汁(其他动物胆汁亦可),放入不锈钢或陶瓷、玻璃等容器中，加入等量的95%的食用酒精，许多黄色黏附状物不溶于酒精，会慢慢沉入底部，取上层酒精液于加热釜中加热，沸腾少许，使酒精液中的某些悬浮物凝固沉淀，然后趁热用滤布过滤，得到清澈的酒精液，使用前，再用蒸馏装置除掉酒精即可。除掉酒精的胆汁应当天使用，以防变质。

(3)向反应釜中加入水，开启搅拌并用蒸汽加热，然后加入脂肪醇聚氧乙烯醚硫酸盐、椰油酸二乙醇酰胺，升温至75℃时搅拌2.5h，待脂肪醇聚氧乙烯醚硫酸盐完全溶解后降温至65℃，再加入树脂液、乙氧基化双烷基磷酸酯、猪胆汁，恒温65℃下搅拌1h，然后降温至45℃后加入柠檬酸调节pH值至7～7.5，加入香精、防腐剂，再搅拌0.5h即得产品。

【产品应用】 本品主要用于洗发和护发，具有一定的定发作用及优良的梳理作用，经常使用胆汁，其慢性药效还会使头发更加乌黑、光亮，并具有止痒、减少头皮屑和白发的作用。

【产品特性】 本品工艺简单，配方科学，选用性能温和的表面活性剂为主要洗涤成分，并附以具有辅助调理、降低洗涤成分刺激、增加黏度的化学物质，特别是添加了动物胆汁，因而使产品具有独特的洗涤护发效果，并且无毒副作用。

实例4　去屑洗发香波

【原料配比】

原料	配比(质量份)		
	1#	2#	3#
盐酸布替萘芬	1	5	10
瓜耳胶	0.2	0.2	0.2
脂肪醇聚醚硫酸钠(AES)	10	10	10
脂肪醇硫酸钠(K12)	7	7	7
聚氧乙烯山梨糖醇酐月桂酸单酯	1.5	1.5	1.5

续表

原　料	配比(质量份)		
	1#	2#	3#
珠光浆	3.5	3.5	3.5
柠檬酸	0.05	0.05	0.05
乙二胺四乙酸二钠	0.05	0.05	0.05
丙二醇	1.5	1.5	1.5
十八醇	1	1	1
乳化硅油	4	4	4
茶树油	0.8	0.8	0.8
橄榄油	0.2	0.2	0.2
卡松	0.05	0.05	0.05
香精	0.01	0.01	0.01
色素	0.03	0.03	0.03
氯化钠	0.14	0.14	0.14
纯化水	加至100	加至100	加至100

【制备方法】

(1)将盐酸布替萘芬溶于丙二醇和/或其他助溶剂中得盐酸布替萘芬溶液。

(2)将纯化水加入搅拌锅中,边搅拌边加入瓜耳胶,充分分散均匀后加入脂肪醇聚醚硫酸钠、脂肪醇硫酸钠,蒸汽加热至80~85℃,搅拌使完全溶解,恒温20min。

(3)将步骤(2)所得物料降温,使温度控制在70~73℃,依次加入聚氧乙烯山梨糖醇酐月桂酸单酯、十八醇、珠光浆、柠檬酸、乙二胺四乙酸二钠,充分搅拌均匀,恒温10min。

(4)将步骤(3)所得物料降温,温度控制在50~55℃,加入步骤(1)所得盐酸布替萘芬溶液,充分搅拌均匀。

(5)将步骤(4)所得物料降温,控制温度在40~45℃,加入乳化硅油、茶树油、橄榄油，充分搅拌均匀。

(6)将步骤(5)所得物料降温，控制温度在35℃以下，加入卡松、香精、色素、氯化钠，充分搅拌均匀。

(7)当温度达到32℃以下，经黏度检测合格后出料，封装。

【产品应用】 本品在清洁头发的同时，能去除由脂溢性皮炎或各种真菌引起的头皮屑。

【产品特性】 本品配方科学，工艺简单，适合工业化生产，产品稳定性好，去屑作用显著，不易复发，并且对皮肤刺激作用小，使用安全。

实例5 去屑止痒护发洗发香波

【原料配比】

原料	配比(质量份)	
	1#	2#
远红外离子粉	5	8
脂肪醇醚硫酸盐	8	15
椰子油烷醇酰胺	3	6
水杨酸	2	3
液体K12	3	6
净洗剂209	5	6
BS—12	3	5
氯化钠	0.5	1.2
防腐剂	0.2	0.5
香精	0.1	0.3
珠光剂	1	2
丝肽	0.2	1
去离子水	69	46

【制备方法】 向去离子水中加入远红外离子粉、脂肪醇醚硫酸盐、椰子油烷醇酰胺、水杨酸、液体K12、净洗剂209、BS—12，加热溶

解,然后待降温至40℃时,加入水杨酸、氯化钠、防腐剂、珠光剂、丝肽,搅溶后再加入香精即成。

【产品应用】 本品对于去屑止痒护发具有特别的效果。

【产品特性】 本品配方新颖独特,在洗发香波中加入了远红外离子特效成分,外形美观,泡沫丰富,使用方便,用后头发更加柔润光亮。

实例6 天然洗发香波

【原料配比】

原料		配比(质量份)									
		1#	2#	3#	4#	5#	6#	7#	8#	9#	10#
香皮树		20	25	30	40	50	60	70	80	70	80
去污剂	茶皂素	60	50	40	30	16	10	28	—	20	10
	皂角素	15	21	29	28	30	27	—	20	8	5
增效剂	甘松	1.5	1.2	0.15	0.1	1.36	0.6	0.6	—	0.8	1.5
	首乌	1.5	1.2	0.2	0.3	2	0.6	1	—	0.6	1
	丁香	1.5	1.2	0.5	0.5	0.6	1.5	0.3	—	0.5	2
	茴香	0.5	0.4	0.15	0.2	0.04	0.3	0.1	—	0.1	0.5

【制备方法】

(1)将香皮树粉碎、过筛,选取100目以上筛得微粒,备用。

(2)提炼增效剂:将甘松、首乌、丁香、茴香等用水煎煮两次,每次煮沸时间为0.5~1h,将两次药液合并后蒸发掉大部分水分,过滤去掉药渣取药液,备用。

(3)将去污剂稀释成40%的水溶液,备用。

(4)将步骤(2)所得增效剂与步骤(3)所得去污剂水溶液混合,用喷雾干燥法将混合物干燥成粉状。

(5)将步骤(1)所得香皮树微粒与步骤(4)所得粉状物混合,用球磨机磨细、过筛,取100目以上筛的微粒,即为成品洗发粉。

本品也可配制成洗发液,方法是将洗发粉用水稀释成糊状即可。

【产品应用】　本品用于洗发、护发及调理头发，男女老少各类人群均适用。

洗发粉的使用方法：每小袋使用一次（一般10g为一袋），使用时撕开袋口，将袋中灌水摇匀，放置1～2min，倒在头上揉洗即可。

【产品特性】　本品原料易得，配比科学，工艺简单，质量稳定；产品性能优良，使用时感觉舒适，用后头发柔软、易于梳理；无毒副作用，不刺激皮肤，安全可靠。

实例7　无泡洗发香波

【原料配比】

原　料	配比（质量份）	
	1#	2#
脂肪醇醚硫酸盐	100	100
烷醇酰胺	30	30
十二烷基甜菜碱	30	30
乙二醇双硬脂酸酯	—	15
聚乙二醇(6000)双硬脂酸酯	—	20
脂肪醇聚氧乙烯醚磷酸酯	30	30
二甲基硅油	15	15
护发素JR—400	—	50
甘油	30	30
止痒去头屑剂PM	—	10
颜料	—	5
香精	—	5
人体复合蛋白	10	10
水	785	650

【制备方法】

（1）将脂肪醇醚硫酸盐、烷醇酰胺、十二烷基甜菜碱、乙二醇双硬脂酸酯、聚乙二醇双硬脂酸酯、脂肪醇聚氧乙烯醚磷酸酯、二甲基硅油、护发素 JR—400 加入容器 A 中,搅拌并加热至 70~85℃,恒温 10~20min。

(2)将水和甘油在容器 B 中混合,搅拌并加热至 40~50℃,恒温 10~20min。

(3)将容器 A 中的原料与容器 B 中的原料混合均匀,加热至 55~65℃,恒温 10~30min 并搅拌。

(4)将止痒去头屑剂 PM 加入步骤(3)所得混合液中并搅拌均匀,然后使其冷却降温至 30~40℃时,再加入香精、颜料、人体复合蛋白,搅拌均匀,冷却后即得成品。

【产品应用】 本品兼有护发、护肤、去污、去头屑的功能。

【产品特性】

(1)本品配方科学,组成中以无泡或微泡的表面活性剂为主要成分,并含有降低对皮肤刺激的成分及其他营养成分,集多种功效于一体,无毒副作用,洗后头发光滑、手感好,并且在使用后容易漂洗干净。

(2)本品工艺简单,成本低,质量容易控制。

实例 8 中草药洗发香波

【原料配比】

原料	配比(质量份)	
	1#	2#
女贞子	0.5	0.6
首乌	0.5	0.8
皂荚子	0.25	0.3
木槿叶	0.5	0.6
铁马鞭	0.9	1
百部	0.3	0.4
槐枝	0.7	0.8
千里光	0.3	0.4
芦荟(制)	0.06	0.08
斑蝥	0.01	0.01

续表

原　料	配比(质量份)	
	1#	2#
僵蚕	—	0.2
菟丝子	—	0.03
蒺藜	—	0.6
川芎	—	0.4
桂枝	—	0.4
白丁香	—	0.08
蛇床子	—	0.2
脂肪醇聚氧乙烯醚	1.5	2
烷基醇酰胺	1.1	1.4
聚乙二醇(6000)双硬脂酸酯	—	1.2
聚乙二醇(6000)双软脂酸酯	—	1.3
十二烷基甜菜碱	1	1.3
乙二醇单硬脂酸酯	—	0.6
十二醇硫酸钠	1.8	2
十二烷基硫酸钠	—	0.6
食用柠檬酸	0.7	0.8
四硼酸钠	—	0.1
对羟基苯甲酸甲酯(丙酯)混合物	—	0.02
水杨酸甲酯	—	0.02
医用水杨酸	—	0.01
植酸	0.0045	0.005
斯盘-60	—	0.05
香料(白玉兰香、檀香、茉莉花香等混合香)	—	0.16
丙二醇	—	0.05
脲	—	0.3
去离子水	加至100	加至100

【制备方法】

(1)用离子交换器制得去离子水。

(2)将木槿叶以4倍去离子水浸泡3~5h,搓出黏汁过滤得提取液(药液)A。

(3)将斑蝥以9倍量的98%食用酒精浸泡20~26h,得提取液(酊)B。

(4)将女贞子、首乌、芦荟、菟丝子、白丁香、川芎以4倍量的98%食用酒精浸泡8~10h,然后水浴加热回收酒精,所剩液过滤得提取液(浸膏汁)C。

(5)将剩余的中草药以4倍去离子水分两次煎汁,两次过滤,除药渣得提取液(药液)D。

(6)将提取液A、B、C、D混合,得中草药总液M。

以下为"一锅煮工艺",即用去离子水将化工原料加温、搅拌、混合中草药总液M制成产品;去离子水的用量为产品总质量减去中草药总液M和全部化工原料质量的差额部分。

(7)用搪瓷反应桶将去离子水加热至75~85℃,加入四硼酸钠、脲,搅拌至溶(若不用此两种化工原料,则此步骤可省去)。

(8)加入脂肪醇聚氧乙烯醚、烷基醇酰胺、聚乙二醇(6000)双硬脂酸酯、聚乙二醇(6000)双软脂酸酯、十二醇硫酸钠、十二烷基硫酸钠,搅拌至溶,温度控制在90~95℃。

(9)将以上化工原料倒入装有搅拌器的乳化瓷桶内,继续搅拌(20r/min),当化工原料液冷却至75~85℃时,加入十二烷基甜菜碱、乙二醇单硬脂酸酯以及斯盘-60,待充分乳化后,且液温冷却至65~70℃时加入中草药总液M,同时加入对羟基苯甲酸甲酯(丙酯)混合物、水杨酸甲酯、医用水杨酸、植酸,继续搅拌3~5min。

(10)加入柠檬酸,调节产品pH值为6~6.2。

(11)当温度降至40~50℃时加入丙二醇为溶解剂溶解的香料,继续搅拌3~5min。

【产品应用】 本品具有净发、护发、秀发等功能,又能够防止脱发和须发早白。

【产品特性】　本品原料配比及工艺科学合理，使有效成分得到充分提取，香波乳化充分，协同作用好，质地细腻，质量标准高；产品性能优良，能够刺激毛囊，有效补充头发所需的铁、铜等金属元素，增加头发内部的黑色素，使用效果显著，并且无任何毒副作用。

实例9　凹凸棒薄荷调理洗发香波

【原料配比】

原料		配比(质量份)
改性后的膏状凹凸棒石黏土	凹凸棒石黏土	30
	水	70
	凹凸棒矿泥浆	98
	氢氧化钠	2
改性后的膏状凹凸棒石黏土	钠化后的凹凸棒矿泥浆	97
	硫酸(98%)	3
	酸化后的凹凸棒矿泥浆	40
	水	60
	凹凸棒石黏土	30
	水	70
改性后的膏状凹凸棒石黏土		35
薄荷		15
芦荟		8
椰油酰胺丙基氧化胺		4.5
聚季铵盐-7		2.5
椰油酸二乙醇胺		1
柠檬酸		0.3

续表

原　料	配比(质量份)
尼泊金甲酯	0.15
尼泊金丙酯	0.05
去离子水	33.5

【制备方法】

(1)凹凸棒矿泥浆生产工艺:将凹凸棒矿输入搅拌机内搅拌,经挤出机挤压成片状后,再次输入搅拌机内搅拌,经挤出机挤压成片状自然晾晒,晒干的凹凸棒矿输送到原料池中浸泡,用气泵冲翻,沉淀后放出浸泡水,筛去杂质,输入半成品池中,重新加水浸泡,用气泵冲翻,沉淀后放出浸泡水,并将沉淀后的泥浆输送到成品池内,即为凹凸棒矿泥浆成品。

(2)所述改性后的膏状凹凸棒石黏土的生产工艺是:

①选用凹凸棒矿泥浆为主要原料,凹凸棒矿泥浆按质量分数由下列组分组成:凹凸棒石黏土15%~35%和水65~85。

②钠化处理:将凹凸棒矿泥浆输送到搅拌机内添加氢氧化钠后进行搅拌,经过搅拌的凹凸棒矿泥浆输送到钠化池中钠化处理1~7天。钠化配料按质量分数由下列组分组成:凹凸棒矿泥浆95%~99.5%和氢氧化钠0.5%~5%。

③酸化处理:将钠化后的凹凸棒矿泥浆输送到搅拌机内,添加浓度为98%的硫酸后进行搅拌,经过搅拌后的凹凸棒矿泥浆输送到酸化池中陈化1~3天;酸化配料按质量分数由下列组分组成:钠化后的凹凸棒矿泥浆92%~99.5%和浓度为98%的硫酸0.5%~8%。

④水洗和筛去杂质:将酸化后的凹凸棒矿泥浆输送到沉淀池中,重新加水浸泡,用气泵冲翻,筛去杂质,沉淀后放出浸泡水,并将沉淀后的泥浆输送到成品池中,沉淀后的泥浆为膏状凹凸棒石黏土;水洗配料按质量分数由下列组分组成:将酸化后的凹凸棒矿泥浆25%~

65%和水35%~75%。膏状凹凸棒石黏土按质量分数由下列组分组成:凹凸棒石黏土5%~40%和水60%~95%。

(3)凹凸棒薄荷调理洗发香波的生产方法:

①将凹凸棒薄荷调理洗发香波的配料加入搅拌机内进行低速搅拌,搅拌混合均匀后为凹凸棒薄荷调理洗发香波的混合物。

②将步骤(1)获得的混合物输入多功能胶体磨中进行研磨为糊状混合物。颗粒细度小于0.015mm。

③将步骤(2)获得的研磨后的糊状混合物,输入高速搅拌机中进行高速强力搅拌为膏状半成品。

④将步骤(3)获得的膏状半成品进行真空脱气工艺处理,罐装为凹凸棒薄荷调理洗发香波的成品。

【产品应用】 本品主要应用于美发护理。

【产品特性】 凹凸棒薄荷调理洗发香波使用改性后的膏状凹凸棒石黏土为主要原料,不需要另外添加增稠剂和保湿剂,不但能提高洗发香波的质量,还能大大降低生产成本。

凹凸棒矿泥浆经过钠化处理、酸化处理、水洗和筛去杂质后,膏状凹凸棒石黏土成为一种触变性和胶黏性特好的天然硅酸镁铝凝胶,pH值呈中性,凹凸棒石黏土的黏度、膨胀容、胶质价、白度、比表面积、吸附性能、悬浮性和去污能力都得到了较大的提高。

凹凸棒薄荷调理洗发香波能加速头皮血液循环,渗透力很强,既有抗静电作用,又能改善头发的手感,使头发易梳理,起到调理、护理和保持头发美观的作用,使用凹凸棒薄荷调理洗发香波洗发后很容易进行漂洗,促使头发更加光滑柔软。

人们在洗发过程中,凹凸棒薄荷调理洗发香波具有细腻而丰富的泡沫,不但能使头发很好地吸收凹凸棒薄荷调理洗发香波中的营养,对眼睛、头发和皮肤比较温和,无刺激性,而且凹凸棒薄荷调理洗发香波还能吸附和清除头发上的汗垢、灰尘、微生物、头屑、异味等杂物,保持头皮和头发的清洁和美观。使用凹凸棒薄荷调理洗发香波后很容易进行漂洗,促使头发更加光滑柔软。

实例10　多功能洗发香波

【原料配比】

原　料	配比(质量份)		
	1#	2#	3#
脂肪醇聚氧乙烯醚硫酸铵	2	5	3
十二烷基硫酸铵	3	7	5
椰油脂肪酰单乙醇胺	0.1	1	0.1
硬脂酸二乙二醇酯	0.5	1.5	1.0
二氧化硒	1	2	2
二甲苯磺酸铵	0.5	1	0.8
对羟基苯甲酸甲酯	0.1	0.5	0.3
柠檬酸	0.01	0.08	0.04
薄荷醇	0.05	0.1	0.07
香精	0.05	0.1	0.081
蒸馏水	8	12	10

【制备方法】　准备以下原料:脂肪醇聚氧乙烯醚硫酸铵、十二烷基硫酸铵、椰油脂肪酰单乙醇胺、硬脂酸二乙二醇酯、二氧化硒、二甲苯磺酸铵、对羟基苯甲酸甲酯、柠檬酸、薄荷醇、香精、蒸馏水。按配方量要求将各物料依次溶于水中,搅拌混合,达到分散均匀即可得到成品。

【产品应用】　本品主要用于日用洗发。

【产品特性】　本品的多功能洗发香波具有除垢、除头屑和止痒功能,而且洗头后能使头发蓬松、亮泽、富有弹性。

本品的多功能洗发香波洗涤时产生大量泡沫且稳定易均匀分布在头发上,淋洗方便。

本品的多功能洗发香波性能温和,对头皮、头发无任何刺激。

实例11 多功能药物护理洗发香波

【原料配比】

原料		配比(质量份)		
		1#	2#	3#
中草药原料药	枯矾	50	45	60
	柳枝	500	550	400
	桑叶	300	350	250
	黄精	250	200	280
	菊花	220	250	170
	薄荷	150	100	180
	人参	300	350	250
	何首乌	250	300	280
	侧柏叶	60	70	60
	松叶	120	150	160
	天麻	100	90	120
	白芷	80	80	60
	川芎	70	90	60
	旱莲草	70	80	70
	桑葚子	180	160	200
	浮萍	300	350	250
	藿香	180	110	120
	辛夷	70	60	60
	青蒿	100	80	80
	火麻仁	70	60	80
	大黄	70	60	70
	玫瑰花	90	160	—
水		6000	6000	6000
中草药原料药汁		5800	5800	5800

续表

原　料	配比(质量份)		
	1#	2#	3#
阳离子瓜尔胶溶液	400	400	400
柔软剂	170	170	170
表面活性剂	400	400	400
调理剂	300	300	300
珠光浆	350	350	350
柠檬酸	400	400	400
食盐	455	—	455
硝酸铵	—	455	—
防腐剂山梨酸钾	350	350	350
香料	5	5	5

【制备方法】

(1)按配比称取各中草药原料药,混合,加1.5~2.5倍质量的水,在70~90℃下煎煮3~4h,过滤,得中草药汁液,备用。

(2)按总质量比,取50%~60%质量的中草药汁液,加入25%~37%的辅料,在温度为50~60℃,转速为1200~1500r/min的条件下,在夹层搪瓷反应器中均质乳化15~20min后,静置,冷却,消泡。

(3)用3%~5%的柠檬酸调节pH值为4~8。

(4)加入食盐3%~5%、防腐剂2%~4%和香料0.02~1.0%,即得成品。

【注意事项】 在制备过程中,还添加少量下列辅料:阳离子瓜尔胶溶液、柔软剂、表面活性剂、调理剂、珠光浆、柠檬酸、食盐、硝酸铵、防腐剂、香料等。其中阳离子瓜尔胶溶液可护理头发,柔软剂可使头发洗涤后柔顺;表面活性剂可调理头发,增加洗涤时的泡沫,去除头发污垢;调理剂可理顺头发;食盐可杀菌消炎;防腐剂可延长产品使用时间;香料可使洗涤后的头发保持清香。

【产品应用】 本品主要用于头发洗涤护理。

【产品特性】 本品之多功能护理洗发香波,其原料来源广泛,制造成本低廉,能有效地激活发际细胞的新陈代谢,促使头部血液良好循环,改善头发发质,去屑止痒效果好,又可防脱发,促进生发、乌发、对头发进行全面的护理,无任何副作用。

本品制备方法使用的设备简单,工艺流程短。

实例12 黑芝麻夏士莲洗发香波

【原料配比】

原料	配比(质量份)			
	1#	2#	3#	4#
黑芝麻	3~8	3	8	4
夏士莲	3~8	3	8	4
菊花	3~8	3	8	4
薄荷	3~8	3	8	4
党参	3~8	3	8	4
乙醇溶液(20%)	30~50	30	50	40
水	30~50	30	50	40
十二烷基硫酸钠	30~60	30	30	45
椰子油二乙醇酰胺	3~7	3	7	5
月桂酸丙基甜菜碱	3~7	3	7	5
聚季铵盐	3~7	3	7	5
橄榄油	2~5	2	5	3.5
乳化硅油	2~5	2	5	3.5
间苯二酸	2~5	2	5	3.5
香精	2~5	2	5	3.5
乙基纤维素	适量	适量	适量	适量

【制备方法】

(1)准备以下原料:黑芝麻、夏士莲、菊花、薄荷、党参、乙醇溶液、水、十二烷基硫酸钠、椰子油二乙醇酰胺、月桂酸丙基甜菜碱、聚季铵盐、橄榄油、乳化硅油、间苯二酸、香精、适量的乙基纤维素。

(2)将所述的植物中药黑芝麻、夏士莲、菊花、薄荷、党参粉碎成20~30目大小的颗粒;将以上所述的中药颗粒混合置于密闭容器中,通以水蒸气热蒸,控制蒸汽压力在400~700 kPa之间,温度120~140℃之间,时间为2h。

(3)然后冷却,将蒸过的中药颗粒浸泡在20%的乙醇溶液中,时间为15~18天。

(4)然后加水,将固态物分离,即得到所述的黑芝麻、夏士莲等中药提取液。

(5)将十二烷基硫酸钠、椰子油二乙醇酰胺、月桂酸丙基甜菜碱、聚季铵盐、橄榄油、乳化硅油、间苯二酸按常规生产方法充分混合搅拌,得到混合物甲。

(6)将上述混合物甲注入黑芝麻、夏士莲等中药提取液中,加入香精和适量的增稠剂,混合搅拌均匀,按所需灌装即可。

【产品应用】 本品主要用于洗发。

【产品特性】 本黑芝麻夏士莲洗发香波,除了一般洗发水除污润发的功能外,还添加了精心配制的中草药组合成分,具有很好营养保健的功效。

实例13 山药多功能洗发香波

【原料配比】

原　　料	配比(质量份)
山药提取的活性物混合液	45
6501表面活性剂	18
甜菜碱	6
养发成分水解蛋白	6

续表

原　　料	配比(质量份)
止痒防腐剂甘宝素	2
外观调节剂叶绿素	0.1
水质稳定剂柠檬酸盐	0.3
蒸馏水或纯净水	30
护发成分乳化硅油	8
黏度调节剂精食盐	0.5
pH 调节剂柠檬酸	0.3
香精	0.02

【制备方法】

(1)制备山药提取的活性物混合液:将山药经水洗脱皮,在2%亚硫酸盐溶液中进行保鲜处理,防止变色,取出山药切成小块,按水与山药1:2.5的质量比加入胶体研磨机中,经充分研磨后,离心分离出淀粉,再减压过滤(常规减压过滤法)进一步分离沉淀物质制成约含山药营养成分1.5%±2%的山药活性物混合液。

(2)然后以质量份数比计,将山药提取的活性物混合液、6501表面活性剂、水解蛋白、精食盐、甘宝素、叶绿素、柠檬酸、柠檬酸盐、香精、甜菜碱和水混合在一起,置入水浴锅或夹层反应釜中,加热至65~85℃使其充分混合成水溶性的乳化液,再把油溶性的乳化硅油在快速搅拌下缓慢加入上述水溶性的乳化液中进行分散乳化,边搅拌边降温,当温度降至45~55℃时,用精食盐调黏度,用涂-4杯黏度计测定为50~70s,用柠檬酸调节pH值为6~7,自然降温到40℃以下时,再缓慢加入香精搅拌均匀,减压脱泡过滤即成本品的山药多功能洗发香波,包装待用。

【产品应用】　本品主要用于洗发。

【产品特性】　本产品在洗发时补充秀发所需的多种活性营养成分,激活秀发原动力,从根本上解决发色发黄、缺乏光泽、产生头皮屑、脱发等问题,令秀发如丝般顺滑光亮、富有弹性达到完美的柔顺效果。

实例14　天然黑发去屑洗发香波

【原料配比】

原　　料	配比(质量份)
芦荟	10
何首乌	10
皂角	5
鸡血藤	10
当归	5
苦参	20
生姜	5
羊蹄	10
木槿根皮	15
花椒	5
甘草	5
薄荷脑	5
精盐	15
硫黄	5
水	47.4
氯化铵	0.2
香精	0.3
苯甲酸	0.1
十二烷基硫酸钠	50
硬脂酸	0.5
硬脂酸镁	1.5

【制备方法】

(1)取芦荟、何首乌、皂角、鸡血藤、当归、苦参、生姜、羊蹄、木槿根皮、花椒、甘草。清洗干净后,一同加入夹层锅中,加入适量的水(以浸没原料为宜)并通入蒸汽加热至沸腾状态,保持30min左右后取煎汁1

次,往滤渣中再加入同样的水进行1次煎煮。共煎煮取汁3次,将3次煎汁混合后进行浓缩,至1/2体积,成中药混合液,然后取薄荷脑、精盐、硫黄加入中药混合液中,搅拌均匀待用。

(2)按配方量取总量一半的水煮沸,边搅拌边加入硬脂酸和硬脂酸镁,然后加入氯化铵、香精和苯甲酸,再将剩余的水用来溶解十二烷基硫酸钠,溶解后再将两种溶液调和在一起搅拌均匀备用。

(3)最后将步骤(1)混合后的中药浓液与步骤(2)的混合液再进行搅拌均匀即得本品。

【产品应用】 本品主要用于洗发护发。

【产品特性】 用本剂洗发后,不仅能使头发蓬松、发亮、乌黑、富有弹性、易于梳洗成型,而且还能促进新陈代谢、综合调理、除去头皮屑、治疗头癣病等。

实例15 牡丹洗发露

【原料配比】

原料	配比(质量份)
牡丹花提取物	0.5
月桂基醚硫酸钠	15
月桂基二乙胺	3
吐温-80	10
牡丹根提取物	1
去离子水	70.5
尼泊金酯	0.01

【制备方法】

(1)牡丹花提取物的制备:取新鲜牡丹花或阴干的牡丹花用水蒸气于100℃蒸馏5h,提取0.6%纯度的提取物,单独存放。

(2)牡丹根提取物的制备:取秋季采收的牡丹根(含水量6%)除去杂质,洗净,水蒸气100℃蒸馏提取5h,提取3%纯度的提取物,单独存放。

(3)将牡丹花提取物、月桂基醚硫酸钠、月桂基二乙胺、吐温-80混合加热至90℃,备用。

(4)将牡丹根提取物、去离子水、尼泊金酯混合加热至90℃时,与步骤(1)所得物料混合,真空均质15min,得乳化膏体,当膏体降至40℃时,分装、包装得半成品,经检验合格入库为成品。

【产品应用】 本品用于洗发可清洁污垢和多余油脂,调节头皮新陈代谢,平衡发丝润泽,使头发健康生长,同时可抑制头皮瘙痒和去除头皮屑。

【产品特性】 本品配方新颖,配方科学,工艺简单;产品使用方便,无毒副作用,安全性高,效果理想。

实例16 天然植物洗发露

【原料配比】

原 料	配比(质量份)
无患子果肉提取液(去水后固体含量28%)	35
木槿叶提取液(去水后固体含量32%)	55
丁香、大黄、胡椒的提取液	8
瓜尔胶	适量
去离子水	加至100

注 丁香、大黄、胡椒提取前各原料的配比分别为:丁香47,大黄47,胡椒6。

【制备方法】 将上述组分投入料槽,搅拌混合均匀即可。

【注意事项】 无患子果肉提取液中含有天然表面活性的物质——无患子皂苷类,可作为天然去污剂,同时此种皂苷用于人体皮肤有抗菌、杀菌和消炎功效;木槿叶提取液中含有天然表面活性物质,可作天然去污剂,减少产品对人体皮肤的刺激性,同时对头发可起到营养、调理和保湿作用;丁香、大黄、胡椒的提取液对细菌、酵母、霉菌等微生物有强烈的抑菌、杀菌作用,可作为天然防腐剂,且有天然香味。

【产品应用】 本品具有去屑止痒功效和营养调理作用,用后使头发自然光泽柔软、乌黑发亮、柔滑易梳理,且散发天然香味。

【产品特性】 本品原料易得,配比科学,工艺简单,成本低廉;使用方便,效果理想,无毒副作用,不损伤发质。

实例17 营养调理洗发露

【原料配比】

原料	配比(质量份)	
	1#	2#
木槿叶提取液(去水后固体含量32%)	95	60
月桂醇硫酸铵	—	5
椰子酰基丙基甜菜碱	3	3
聚季铵盐	—	0.5
其他添加剂	1.5	1.5
去离子水	加至100	加至100

【制备方法】 将上述各组分投入料槽,搅拌混合均匀,调节混合液的pH值为6~7,即得成品。

【注意事项】 木槿叶提取液去水后固体含量为25%~40%。

表面活性剂是以下品种中的一种或两种以上的复配物:脂肪醇硫酸钠盐或铵盐、脂肪醇醚硫酸钠盐或铵盐、α-烯烃磺酸盐、琥珀酸酯磺酸盐、脂肪醇聚氧乙烯醚、烷基糖苷、烷醇酰胺、氧化胺、表面活性甜菜碱、氨基酸类表面活性剂、咪唑啉衍生物。

调理剂是以下品种中的一种或两种以上的复配物:聚季铵盐、硅油。

其他添加剂包括防腐剂、增稠剂、珠光剂、抗氧化剂、螯合剂、pH调节剂、香精等。

【产品应用】 本品用于清洁护理头发,用后可使头发自然光泽柔软,乌黑发亮,柔滑易梳理。

【产品特性】 本品原料广泛易得,配比科学,工艺简单,成本低廉;木槿叶提取液中含有天然表面活性成分和天然营养调理保湿成分,可以替代或部分替代化工合成原料,减轻对人体皮肤的刺激性,同时使产品富含多种氨基酸、维生素、糖类,还含有大量的鞣质和黏液质,使用效果好。

实例18　山茶籽去屑洗发露

【原料配比】

原　料	配比(质量份)	
	1#	2#
脂肪醇聚氧乙烯醚硫酸钠	10	12
十二烷基硫酸铵	8	12
TAB—2	0.5	1.5
十六碳/十八碳脂肪醇	0.3	0.8
瓜耳胶	0.2	0.4
聚季铵盐—10	0.1	0.3
茶皂素	3	6
脂肪酸烷醇酰胺	0.5	3
椰油酰胺丙基甜菜碱	3	6
珠光浆	2	4
GMT	2	4
凯松	0.08	0.08
香精	0.6	0.6
去离子水	57	75

【制备方法】

(1)取35~40份(质量份,下同)去离子水加入乳化罐,升温到75~80℃。

(2)将脂肪醇聚氧乙烯醚硫酸钠和十二烷基硫酸铵加入乳化罐,缓慢搅拌,均质2~5min,然后加入TAB—2和十六碳/十八碳脂肪醇,缓慢搅拌,均质2~5min。

(3)用2~5份去离子水溶解瓜耳胶后将其加入乳化罐,缓慢搅拌,在75~80℃下放置30min,均质5~10min后,温度降至45~55℃。

(4)用10~15份去离子水将聚季铵盐-10湿润成透明胶状,用10~15份去离子水溶解茶皂素,分别加入乳化罐,在45~55℃下缓慢搅拌,均质2~5min,将脂肪酸烷醇酰胺和椰油酰氨基丙基甜菜碱加入乳化罐内,缓慢搅拌,均质2~5min,温度降至35~40℃。

(5)将珠光浆和GMT加入乳化罐,缓慢搅拌,均质2~5min,冷却到30~32℃,加入凯松和香精,缓慢搅拌,均质2~5min,调稠度,25℃时黏度8000~12000mPa·s,pH值为6.2~6.7,自然静置消泡即得洗发露。

【注意事项】 茶皂素是从山茶籽中提取的生物活性物质,茶皂素属于五环三萜皂苷类化合物,是一种非离子型表面活性剂,具有较强的发泡、乳化、分散、湿润作用,且几乎不受水质硬度变化的影响,此外,它还有抗渗、消炎、灭菌、止痒、镇痛、抗癌等生理活性,对多种皮肤瘙痒症有抑制作用。茶皂素用于洗涤用品,泡沫多,去污力强。

调理剂GMT系由高黏度二甲基硅氧烷、硅脂的乳化体,并含有阳离子柔软剂、保湿剂及降刺激等成分。

【产品应用】 本品具有杀菌、止痒、去头屑、护发作用,经常使用可使头发乌黑有光泽。

【产品特性】 本品原料易得,配比科学,工艺简单,适合工业化生产;产品稳定性好,性质温和,使用效果理想,对皮肤无刺激,无过敏反应,安全方便。

实例19 天然植物洗发露

【原料配比】

原料	配比(质量份)		
	1#	2#	3#
米糠提取液	193	177	206
柠檬汁	13	13	13
羊毛脂	5.3	5.3	5

续表

原料	配比(质量份)		
	1#	2#	3#
十二烷基二甲基甜菜碱	8	13	5.3
十二烷基硫酸钠	32	40	24
脂肪醇聚氧乙烯醚硫酸钠	8	11	5.3
羟丙基甲基纤维素	2	2	2
苯甲酸钠	0.5	0.5	0.5
茉莉香型香精	适量	适量	适量
天然栀子蓝色素	适量	适量	适量

【制备方法】

(1)取碾米时第二遍、第三遍的细米糠用5倍量的洁净水在25~35℃温度下,加入适量乳酸菌,浸泡10天,让其自然发酵,届时取上清液过滤,压榨残渣,收集压榨液过滤,与滤过的上清液合并,静置24h,再次过滤即得米糠提取液,备用。

(2)将新鲜柠檬洗净榨汁,挤压残渣,汁液合并过滤,加入防腐剂,静置24h,过滤后备用。

(3)将米糠提取液、柠檬汁与其他原料通过均质搅拌机搅拌成浆状,使其增容、乳化、分散,调节pH值为5~6,密闭7天后过滤,经检验合格后,用灌装机装入符合QB/T1685标准的包装物中,即为成品。

【注意事项】 米糠是禾本科植物稻、糯稻、糜、黍的子实经加工脱出的外壳,特别指稻、糯稻、糜、黍加工时,碾米机碾至第二、第三遍的细米糠。

【产品应用】 本品能够促进头皮、头发毛囊毛细管的血液循环;提高头发毛囊的营养供应;乌黑头发,使白发转黑;促进头发生长,阻止头发非正常脱落。

【产品特性】 本品原料易得,价格低廉,工艺简单,便于工业化生产;产品泡沫丰富、去污力强、香味浓郁,用后头发蓬松、柔顺、黑亮而有光泽;所用原料或是天然物品,或是药品、食品、日化的加工辅料,均无毒,制得的洗发露无刺激性,无过敏反应,使用安全。

实例20　貉油洗发乳

【原料配比】

原　　料	配比(质量份)	
	1#	2#
貉油	15	20
脂肪醇硫酸钠	10	13
脂肪醇聚氧乙烯醚	6	8
尼纳尔	4	6
硬脂酸	8	10
甘油酯	6	8
防腐剂五倍子酸丙酯	0.5	0.6
香精	0.5	0.6
蒸馏水	加至100	加至100

【制备方法】

(1)将生貉油用直火在锅内加热溶解后,加入总量一半的五倍子酸丙酯,将貉油用直接蒸汽加热出臭,冷却后分离貉油,备用。

(2)将貉油、硬脂酸、甘油酯、余下的五倍子酸丙酯混合,搅拌升温至80℃,备用。

(3)将脂肪醇硫酸钠、脂肪醇聚氧乙烯醚、尼纳尔和蒸馏水混合,升温至80℃搅拌溶解,备用。

(4)将步骤(2)和步骤(3)所得物料分别滤过120目筛,混合加热,恒温80℃搅拌30min,继续搅拌降至室温,加入香精,检验合格后分装即可。

【产品应用】　本洗发乳对紫外线有较好的吸收作用,洗头时增加头皮表面血液循环、提供营养,保护头发不断裂、分叉,使头发光亮柔软、易于梳理。

【产品特性】 本品工艺合理,便于操作;配方科学,使用效果显著,不含激素成分,对人体无任何不良影响,安全可靠。

实例21 桑叶洗发乳

【原料配比】

原　　料	配比(质量份)
桑叶浸提液	720
月桂醇聚氧乙烯醚硫酸钠	140
聚乙醇单硬脂酸酯	40
十二烷基二甲基甜菜碱	90
食盐	10
香精	适量

【制备方法】

(1)将新鲜桑叶沸水热烫、沥水后,切成条状,加入蒸馏水,置于恒温水浴锅内,于70~80℃浸提6~7h,过200目滤布得粗液,于常温下静置12~14h,得上层澄清液,为桑叶浸提液。

(2)将月桂醇聚氧乙烯醚硫酸钠、聚乙醇单硬脂酸酯、十二烷基二甲基甜菜碱、食盐混合,置于恒温水浴锅内,于60~65℃下充分搅拌至完全溶解。

(3)将步骤(1)所得桑叶浸提液在水浴锅中加热,倒入步骤(2)所得混合表面活性剂中,在60~70℃下迅速充分搅拌至糊状。

(4)将步骤(3)所得糊状半成品置于常温下冷却后,加入香精,搅拌均匀后加盖密闭24h,即得成品。

【产品应用】 本品能对头发进行全面的平衡护理,对去头屑、生发、乌发具有一定功效,适用于各类人群。

【产品特性】 本品工艺先进,配方独特,产品外观好,泡沫丰富,去污力强,使用效果理想;对皮肤无刺激,无毒副作用。

实例22 金银花洗发浸膏

【原料配比】

原料	配比(质量份)		
	1#	2#	3#
脂肪醇聚氧乙烯醚硫酸三乙醇胺	15	20	15
脂肪醇硫酸钠	8	10	12
烷醇酰胺	2	2	4
咪唑啉	2	3	2
椰子油酰胺丙基甜菜碱	6	4	6
阳离子瓜尔胶	1	1	2
水溶性硅油	2	2	2
珠光剂	1	1	1
金银花浸膏	2	2	3
香精	适量	适量	适量
防腐剂	适量	适量	适量
去离子水	加至100	加至100	加至100

【制备方法】

(1)所述金银花浸膏可通过以下方法制得:将中草药金银花用40%的酒精溶液(金银花与酒精溶液的比例可以是1:2.5)浸泡24～48h,移入带搅拌器的反应釜中加热搅拌回流2～4h,冷却至室温,过滤去渣,再移入蒸馏釜中加热至80～110℃,除去酒精及水分即得。

(2)先将脂肪醇聚氧乙烯醚硫酸三乙醇胺、脂肪醇硫酸钠、烷醇酰胺、咪唑啉、椰子油酰胺丙基甜菜碱、阳离子瓜尔胶、水溶性硅油、珠光剂投入带有搅拌器及加热器的搅拌釜中,加热搅拌2～4h,停止加热,加入金银花浸膏,边搅拌边加入去离子水,然后继续搅拌0.5～1.5h,降温至40℃时加入香精及防腐剂,继续搅拌均匀即为成品。

【产品应用】 本品具有杀菌、消炎、去头屑、止痒、清洁和保护头发及头皮健康的功效,适用于各种发质头发的洗涤,用后头发飘逸自然。

【产品特性】 本品配方科学,工艺简单,质量稳定,性质温和,对皮肤、眼睛无刺激,不损害发质,使用安全方便。

实例23 墨旱莲洗发润膏

【原料配比】

原料	配比(质量份)			
	1#	2#	3#	4#
墨旱莲提取物	45	70	55	60
尿囊素	0.2	0.3	0.26	0.25
瓜耳胶	0.3	0.4	0.3	0.3
硅油 DC—1679	2	5	3.5	3.5
净洗剂脂肪醇聚乙烯醚硫酸钠	15	20	18	18
助溶剂 403	3	5	4	4
助洗剂烷基醇酰胺	3.5	5	5	5
羊毛脂—75	0.6	1.3	0.8	1
表面活性剂十二烷基甜菜碱	3	5	3.5	3.8
珠光剂	0.7	0.9	0.8	0.7
卡松	0.2	0.3	0.2	0.25
蛋白质胶原	1.5	2.9	1.9	2
保湿剂透明质酸钠盐	0.6	1.5	0.8	1
水	适量	适量	适量	适量

【制备方法】

(1)将经过检选、清洗的墨旱莲投入提取罐,加入7~9倍量的水提取、煮沸2.5~3.5h,将提取物经离心机分离后取分离液,备用。

(2)将瓜耳胶搅拌分散在去离子水中,分散均匀后再加热搅拌,直至无胶粒。

(3)将步骤(1)所得墨旱莲提取液与脂肪醇聚乙烯醚硫酸钠、烷基醇酰胺、十二烷基甜菜碱、羊毛脂—75、蛋白质胶原、透明质酸钠盐加入步骤(2)所得物料中,加热搅拌溶解,搅拌速度50~70r/min,调节pH值为6左右,至85~95℃恒温0.5h,然后加入尿囊素混匀。

(4)将硅油DC—1679加入步骤(3)所得物料中混匀,且过滤备用。

(5)将步骤(4)制备的产品降温至70℃左右,加入珠光剂、助溶剂403搅拌溶解均匀,冷却降温至50℃左右搅拌均匀后加入香精、卡松混合均匀。

(6)用NaOH调节pH值为6左右,经均质机均质后打入储罐,然后灌装并包装得成品。

【注意事项】 蛋白质胶原加入洗发润膏使用后留有一层明显的胶膜,使头发更加光滑柔顺,增强头发的抗静电效果和梳理作用。

在本品中,如有必要,还可加入一些其他添加剂,包括人工合成或天然产物,这些人工合成或天然产物是普通洗发产品常用或经常添加的,如人参、首乌、维生素等,还可以加入总量10%以下(优选5%以下)的食醋。

【产品应用】 本品使用后可使头发更加滋润柔软、乌黑亮泽,头皮屑明显减少,止痒效果可达3~5天。

【产品特性】 本品原料配比及工艺科学合理,产品起泡迅速,用量省,无毒副作用,安全可靠。

本品针对国内消费者干、中性发质较多、发质干燥和头皮干裂性瘙痒较为普遍的特点,采用天然原料洗、护、润,显著减少洗发品中化学添加剂对皮肤和头发的刺激和伤害,使发质真正得到"黑而润"的效果。

实例24　速溶膏状香波浓缩物

【原料配比】

原　　料	配比(质量份)
十二烷基苯磺酸三乙醇胺	20
脂肪醇聚氧乙烯醚硫酸盐(AES)	15
椰油酰胺丙基甜菜碱(CAB)	40
椰油酰胺丙基氧化胺(CAO)	10

续表

原　　料	配比(质量份)
护发护肤硅油	7.5
半乳甘露聚糖丙基季铵盐(C—13—S)	3
甘宝素	2
卡松	0.3
珠光剂	0.6
EDTA 二钠	3
香精	1.5
柠檬酸	适量
色素	适量

【制备方法】

(1)合成十二烷基苯磺酸三乙醇胺时保持温度60℃调入硅油、AES、C-13-S、珠光剂,搅拌均匀得物料Ⅰ。

(2)将市售CAB、CAO浓缩至35%~40%,在常温下将甘宝素、卡松、香精、色素、EDTA二钠与其混合均匀得物料Ⅱ。

(3)取少量物料Ⅱ与物料Ⅰ按比例混匀后测试pH值,测算出调节pH值至6.5±0.3所需的柠檬酸(或碱)的用量,按比例加入物料Ⅱ搅匀,得到物料Ⅲ。

(4)将物料Ⅲ与物料Ⅰ混匀(控制温度不超过50℃),即得速溶膏状香波浓缩物,降至室温后包装。

【产品应用】 本品适用于人体毛发、皮肤的去污洗涤护理。

使用方法:取速溶膏状香波浓缩物适量,先加入少量水使用小棒调成粥状再逐步加入总量为4~5倍的水稍加搅拌,全过程约需3min,即复原得具一定黏度的市售通常使用的液状香波,装入闲置空瓶备用。一次使用量5~10mL。

【产品特性】 本品工艺简单,新颖独特,减轻了传统液状香波出厂时产品质量约80%的运输、储存量,节省了包装费用,节约能源,降低成本,降低塑料包装瓶废弃对环境的污染;产品性质温和,去污力强,不刺激皮肤,不损害发质,使用方便安全。

第四章 疗效化妆品

实例1 粉刺膏

【原料配比】

原料	配比(质量份)
人参	15
白芷	15
白芨	25
皂角	25
芦荟	50
白术	15
山甲	25
白果	25
香附	25
角霜	50
乳香	25
草果	25
黄芪	25
三七	15
凡士林	150
甘油	50

【制备方法】

(1)将黄芪、白芷、芦荟、白果、乳香、三七、白芨、白术、香附、草果放入高压药釜中,加入水煎熬,烧至沸腾后,文火煎熬4h,将药液澄出装入容器中。

(2)将人参、皂角、山甲、角霜研成细末,放入盛装药液的容器中。

(3)再将药液文火煎1h,倒入容器内沉淀后,将上面液体倒掉,冷却即成稠膏状药品制剂。

(4)向药品制剂中加入凡士林、甘油,搅拌均匀即得成品。

【产品应用】 本品用于治疗粉刺、酒刺、风刺、酒糟鼻、血丝脸、面部瘀癍等症,同时具有护肤养颜、增白皮肤、消除疤痕的作用。

使用方法:将本品敷于患处,每日1~2次,7天见效。

【产品特性】 本品配方合理,使用方便,起效迅速,疗程短,治愈率高(可达95%以上),愈后不易复发,无毒副作用。

实例2 痤疮粉刺乳膏

【原料配比】

原料	配比(质量份)		
	1#	2#	3#
黄柏	150	140	160
黄芩	150	160	140
大黄	150	140	160
泽兰叶	150	160	140
珍珠	150	140	160
芙蓉叶	200	210	190
红粉	20	15	25
轻粉	20	25	25
麝香	12	10	14
硼砂	50	60	40
芝麻油	150	140	160

【制备方法】 将以上各原料去杂除尘,清洗后粉碎,用胶体磨研磨,制成200~300目乳膏,分装即可。

【产品应用】 本品具有祛斑生肌、脱脂消炎、活血化瘀等功效,可用于治疗粉刺、痤疮、雀斑、黄褐斑、色素沉着、鼻赤、酒糟鼻、痤疮留下的红印、黑斑及各种皮炎。

使用方法:每晚用药1次,擦于患处,保持10h。

【产品特性】 本品成本低,工艺便于实施;采用纯中药配方,配比科学,使用方便,效果显著,不易复发,对人体无毒副作用。

实例3 护肤粉刺膏

【原料配比】

原　　料	配比(质量份)
黄芪	20
川芎	20
白术	10
白果	10
冰片	5
麦冬	5
半夏	5
银花	15
滑石	5
利菌沙	5

【制备方法】 将以上各中药原料经干燥、粉碎后,用95%乙醇浸提,过滤后,再将药粉用水煎煮;合并以上提取液,充分搅拌后,加入利菌沙,配制成膏剂即可。

【产品应用】 本品为外用擦剂,具有调节皮脂腺分泌,保持皮脂腺导管通畅,恢复皮肤正常代谢的功效,可以在对面部皮肤粉刺进行治疗的同时,对局部皮肤进行嫩肤保养。

【产品特性】 本品原料易得,工艺简单,中西药配伍合理,使用效果显著,远期疗效好,且用后不易导致皮肤毛孔变粗大及皮肤粗糙等。

实例4 粉刺痤疮乳

【原料配比】

原料		配比(质量份)
水相	银花	100
	连翘	80
	生石膏	10
	防风	100
	荆芥	100
	白鲜皮	15
	王不留行	15
	白芨	15
	芦荟	100
	蜂蜜	5
	珍珠粉	5
	过氧化苯甲酰	0.01~15
	维生素 B_1	0.2
	维生素 B_2	0.2
	维生素 A	50000 单位
	维生素 D	5000 单位
油相	凡士林	10
	羊毛脂	10
	硬脂酸	15
	十八醇	20
	单硬脂酸甘油酯	10
	甘油	15
	香料(精)	0.5
	十二烷基硫酸钠	5
	尼泊金乙酯	0.5

【制备方法】

(1)制备中草药提取液：将银花、防风、荆芥加水后浸泡12～24h，用水蒸气蒸馏法得蒸馏液。

另将连翘、生石膏、白鲜皮、王不留行、白芨、芦荟加水煎煮，提取水提取液；将水提取液浓缩至每毫升含中草药2g，加4倍量的乙醇，使药液中含乙醇量达到80%左右，此时蛋白质、淀粉等不溶物、杂质可产生沉淀，静置24h使沉淀完全，取其上清液，低温回收乙醇，然后加入注射用水，使其产生沉淀；过滤以分离不溶于水的杂质，取其过滤液备用；然后提取蒸馏液，将以上两种方法获得的蒸馏液按比例提取，共计670(体积份)备用。

(2)将中草药提取液加入蜂蜜、珍珠粉、维生素B_1、维生素B_2、维生素A、维生素D、过氧化苯甲酰，所得作为水相。

(3)将十二烷基硫酸钠加入步骤(2)所得水相中，再加入甘油，加热至80℃时加入油相其他固体原料并搅拌，当温度达到100℃时停止加热，继续搅拌，冷却至60℃时加入香精，充分搅拌，放置冷却后，得乳白色奶液，灌装即可。

【产品应用】　本品具有活血化瘀、清热解毒的功效，能够抑制细菌的生长繁殖，溶解已角化的毛囊，使皮脂易于排出，并能降低皮脂腺的泌脂功能。主要用于治疗粉刺、痤疮，同时具有美容护肤作用。

【产品特性】　本品原料易得，工艺便于实施；配方合理，使用效果显著，并且对人体无毒副作用，安全可靠。

实例5　粉刺霜

【原料配比】

(1)基质：

原　　料	配比(质量份)		
	1#	2#	3#
十六醇或十八醇或硬脂酸	38	45	50

续表

原　　料	配比(质量份)		
	1#	2#	3#
对羟基苯甲酸乙酯	0.03	0.01	0.05
单硬脂酸甘油酯	14	10	7
白油	27	32	17
甘油	20.97	12.99	25.95

(2)粉刺霜:

原　　料	配比(质量份)		
	1#	2#	3#
基质	29	45	35
2,6,6-三甲基-1-环己烷	0.07	0.15	0.2
氯霉素	0.5	0.08	0.3
己烯雌酚	0.009	0.007	0.006
水	70.421	54.763	64.494

【制备方法】

(1)将制备基质所需的各组分混合,搅拌制成基质。

(2)将基质、2,6,6-三甲基-1-环己烷、氯霉素、己烯雌酚混合搅拌均匀,加入水,混合搅拌均匀即得成品。

【产品应用】 本品主要用于治疗粉刺、痤疮。

【产品特性】 本品工艺简单,配方合理,使用效果显著,不易复发,安全可靠。

实例6 换肤粉刺霜

【原料配比】

原 料		配比(质量份)
油相	硬脂酸	10
	单硬脂酸甘油	0.8
	十六醇	1
	白油	1
	壬二酸	0.6
	维甲酸	0.1
	地塞米松	0.08
	氯霉素	0.2
水相	甘油	4
	果酸	10
	苛性钠	0.5
	三乙醇胺	0.5
	防腐剂	适量
	精制水	加至100

【制备方法】

(1)将水相各原料混合加热。

(2)将油相各原料混合加热。

(3)将水相与油相进行乳化均质,冷却、储藏、灌装即为成品。

【注意事项】 以上述组分为基础,适当调整其成分配方,可配制成粉刺霜B,主要使用熊果苷和抗生素,可当作护肤品长期使用,预防和巩固治疗,防止复发。

壬二酸、维甲酸、果酸均具有使皮肤角质细胞粘连性减弱,使过多堆积的角质细胞脱落的功效。

【产品应用】 本品具有改变皮肤 pH 值,去除皮肤油脂,剥脱过多的角质细胞,降低皮肤黏度,杀菌以及调节人体内分泌的功效。主要用于治疗并预防粉刺、消除疤痕和色素沉着,使皮肤光洁细腻、富有弹性及青春活力。

使用方法:家庭使用时,每天晚上用换肤粉刺霜擦脸,晚上保留12h;早晨洗脸后使用粉刺霜 B。5 天后皮肤下颌部有少许脱皮,7 天左右粉刺逐渐消退。美容院使用时,给病人 1 袋换肤粉刺霜,每晚睡前擦,每天白天到美容院或医院用粉刺霜 B 作底霜,上粉刺面膜,连续使用 7 天。粉刺治愈后,坚持用粉刺霜 B 每天擦脸 1 次,连续使用 3 个月。

使用本品治疗期间,病人应停止使用其他任何粉刺外用药和化妆品,少吃刺激性食物,忌烟酒,3 个月内不间断用药。个别病人会出现过敏反应,一般为皮肤红、痛。

【产品特性】 本品工艺无特殊要求,便于规模化生产;配方科学,集美容与治疗作用于一体,使用效果显著,不易复发。

实例 7　草珊瑚粉刺露

【原料配比】

原　　料	配比(质量份)	
	1#	2#
草珊瑚提取物	2	2
硼砂	3	2
聚乙烯醇	—	12
甘油	10	4
乙醇	—	5
蒸馏水	87	75
薄荷脑	1	1
植物香精	适量	适量

【制备方法】 将蒸馏水加热至 80℃,依次加入草珊瑚提取物、薄荷脑、硼砂、聚乙烯醇,使它们溶解,冷却至 38 ~ 45℃,然后加入甘油、

植物香精,冷却至25～35℃,再加入乙醇,搅拌均匀,过滤即可。

【注意事项】　草珊瑚提取物是用于面部化妆品的良好添加剂。对金黄色葡萄球菌及耐药菌株、痢疾杆菌、伤寒杆菌、副伤寒杆菌、大肠杆菌、绿脓杆菌等均有不同程度的抑制作用,具有杀菌、活血、去淤、促进血液循环、减少细菌感染等功效。

【产品应用】　本品用于治疗和预防面部粉刺,并能够滋养皮肤。

【产品特性】　本品工艺简单,配方合理,将美容与医疗保健功能有机结合,使用效果显著;不含铅、汞、砷等有害物质,无任何毒副作用,安全可靠。

实例8　粉刺液

【原料配比】

原　　料	配比(质量份)		
	1#	2#	3#
金银花	26	20	30
栀子	4	7.5	2.5
蒲公英	—	4	6.26
千里光	5	3	–
野菊花	4	—	6
白鲜皮	2.5	2	3
蛇床子	2.5	2	3
泽兰	2.5	2	3
白芷	2.5	2	3
细辛	2.5	2	3
冬瓜子	2.5	2	3
苍术	2.5	2	3
薄荷	2.5	—	3
升麻	2.5	2	3

【制备方法】

(1)将栀子、白鲜皮切厚片、干燥;千里光切段、干燥;泽兰润透,切段、干燥;白芷、苍术润透,切厚片、干燥;细辛喷淋水稍润,切段阴干;薄荷喷淋水稍润,切段并及时低温干燥;冬瓜子碾碎; 升麻略泡润透,切厚片、干燥。

(2)将各种中药原料混合后加入2倍量水浸泡2h,再进行水蒸气蒸馏,得馏出液,然后对蒸馏液进行第2次重蒸馏,在最后所得的馏出液中加入0.5%苯甲酸钠防腐剂,静置、过滤,所得的无色液体即为成品。

【产品应用】 本品主要用于治疗粉刺。

使用方法:用温水洗净患处后,将本药液局部涂抹患处,每日3~5次。使用期间停用化妆品,少食油腻及辛辣食物。

【产品特性】 本品原料易得,工艺简单;配方合理,易于吸收,起效迅速,效果显著,总有效率92.5%,痊愈显效率72.9%;用后感觉舒适,无明显的不良反应,使用方便安全。

实例9 粉刺痤疮液

【原料配比】

原　　料	配比(质量份)
白花舌草	8
败酱草	7
黄芩	8
黄柏	8
苦参	7
玄参	7
荆芥	7
百部	8
三七	7
山慈姑	8
防风	8
蛇床	8

【制备方法】 将药材筛选、水洗、粉碎后浸泡5~7天,均匀混合后即可使用。

【产品应用】 本品为外用搽剂,用于治疗各种类型的痤疮、粉刺及皮疹。一般使用3~5天即可收到明显效果,有效率达100%。

【产品特性】 本品工艺简单,使用方便;产品为纯中药制剂,配方科学,针对性强,效果显著,无毒副作用,对人体无不良影响。

实例10 粉刺痤疮粉

【原料配比】

原料	配比(质量份)
珍珠母	34
西瓜霜	4
山豆根	14
浙贝母	10
黄连	11
黄芩	4
黄柏	10
冰片	3
白芨	10
胆汁	适量

【制备方法】

(1)将山豆根、浙贝母、黄连、黄芩、黄柏、白芨进行清洁纯净处理,在40℃的烘箱内烘10min,用粉碎机粉碎至100目。

(2)将西瓜霜、珍珠母、冰片研成粉末。

(3)将猪苦胆晾干,研成粉末,即为胆汁。

(4)将以上各药粉在消毒锅内充分搅拌均匀,放入40℃的烘箱内烘焙5min,出箱后冷却,经紫外线灯照射10min后包装即可。

【注意事项】 西瓜霜是指西瓜皮表面白霜,珍珠母选用上乘海珍珠层粉。

【产品应用】 本品具有去风消炎、清热散结、消肿生肌等功效，主要用于治疗粉刺、痤疮以及由粉刺、痤疮引起的皮肤炎症、溃疡、囊肿等皮肤疾患，并可使皮肤洁白细腻。

【产品特性】 本品工艺简单，配方合理，使用方便，效果好，对人体无任何毒副作用。

实例11 粉刺外用粉

【原料配比】

(1)粉刺外用粉：

原料	配比（质量份）									
	1#	2#	3#	4#	5#	6#	7#	8#	9#	10#
冰片	1	1.5	2	1	1	1	1.5	1.5	1.5	2
红花	6	7.5	8	7	7	7	6	6	6	6
益母草	4.5	6	7	8	7	6.5	4.5	4.5	4.5	4.5
大黄	3	4	5	3	3	3	4	4	4	5
丹皮	4.5	5.5	6.5	6	7	6.5	4.5	4.5	4.5	4.5
枇杷叶	4.5	6	7.5	4.5	4.5	4.5	8	7	7.5	4.5
茯苓	3	4.5	6	3	3	3	4.5	5.3	6	3
白附子	3	4.5	6	3	3	3	3	3	3	3
香附	2	2.5	3	3	3	3	2	2	2	2
川芎	2	2.5	2.5	3	3	3	2	2	2	2
石膏	10	12	13	10	10	10	11	11	11	13
生黄芪	10	12	12	12	12	12	10	10	10	10
皂角	4.5	6	6	4.5	4.5	4.5	6	6.5	7	5
甘草	1	1.8	2	1	1	1	1	1	1	1

(2)粉刺愈后色印外用粉：

原　　料	配比(质量份)		
	16#	17#	18#
冰片	1	1	1
红花	8	7	6
益母草	4.5	4.5	4.5
大黄	3	3	3
丹皮	6	6	6
枇杷叶	4.5	4.5	4.5
茯苓	3	3	3
白附子	6	6	6
香附	2	2	2
川芎	2	2	2
石膏	10	10	10
生黄芪	12	12	12
皂角	4.5	4.5	4.5
甘草	1	1	1
白茯苓	4	4.6	5
白果	6	5	5.5

【制备方法】 将以上各中药原料去除杂质及变质部分，晒干后，分别研磨成粉末，过200目筛，混匀后密封包装即可。

【产品应用】 本品主要用于治疗粉刺及祛除粉刺愈后色印。

治疗粉刺的药物使用方法如下：每1.5～2g药粉加入3～5mL浓茶水，混合均匀后放置20～30min，涂敷即可。每天晚上涂药1次，7天为一疗程。

治疗粉刺愈后色印的药物使用方法如下：将10～13g生鸡蛋黄、4～6g蜂蜜、2～3mL酸奶混合，加入2g药粉，混合均匀后涂敷即可。

【产品特性】 本品成本低，工艺简单；疗效确切，不易复发；无任何毒副作用及不良反应,使用安全。

实例12 养颜粉刺粉

【原料配比】

原料	配比(质量份)			
	1#	2#	3#	4#
珍珠	1.5	5	3	15
川贝母	10	40	12	8
天花粉	6	30	8	8
白茯苓	8	20	10	5
半夏	7	20	8	8
金银花	10	50	10	5
白芨	8	30	12	—
黄柏	7	30	8	6
黄连	4	10	7	1
白附子	6	20	8	8
人参	—	4	—	—
麝香	—	—	2	—
红花	—	—	—	2
白芷	—	—	—	3
黄芪	—	—	—	5

【制备方法】 将以上药物洗净,晒干后将其研成粉末,混合,装袋即可。

【产品应用】 本品具有清热解毒、灭菌消炎、消肿止痒等功效。主要用于治疗粉刺,可使长粉刺后增厚的皮肤减薄,多余的脂肪得以顺利排出。适用于各个年龄段的患者。

使用方法：每晚临睡前洗净患部并擦干净，取本品3g置于掌心或容器内，用温开水或米醋或蜂蜜调成糊状涂抹于患部，早晨起床后洗去。15天为一疗程。

用药期间忌食高脂肪、高糖、烟、酒等刺激性食物，忌用手挤压搔抓患部，忌滥用药物尤其是激素类药物。粉刺消失后尚需继续每周用药1~2次，以预防粉刺复发及消除色素沉积。

【产品特性】 本品成本低，工艺简单，使用方便，效果显著。

实例13　面部痤疮美容化妆品

【原料配比】

（1）消痤超声波导入液。

原　料	配比（质量份）
抗粉刺活性剂	3
维生素C磷酸酯镁	2
氨基酸美白剂	2
氮酮	1
防腐剂	适量
蒸馏水	加至100

（2）消痤面膜。

原　料	配比（质量份）
聚乙烯醇	25
丙二醇	5
氮酮	1
防腐剂	适量
中草药提取物	加至100

(3)消痤霜。

原　料	配比(质量份)
羟乙基纤维素250HR	0.1
1,3-丁二醇	2.5
EDTA二钠	0.05
抗粉刺活性剂	3
维生素C磷酸酯镁	2
氨基酸美白剂	2
氮酮	1
防腐剂	适量
蒸馏水	加至100

【制备方法】

(1)消痤超声波导入液的制备方法:先将蒸馏水加热至70~80℃,然后将抗粉刺活性剂、氨基酸美白剂加入溶解;待温度降至30~35℃时再加入维生素C磷酸酯镁、氮酮、防腐剂混合均匀,用二乙醇胺调节pH值至6.5~7即得成品。

(2)消痤面膜的制备方法:先把聚乙烯醇加入常温的中药提取液中混匀,自然膨胀30min后,用蒸汽加热至70℃,15~20min后停止加热,待冷却至40~50℃时分别加入丙二醇、氮酮、防腐剂,混匀后灌装即可。

(3)消痤霜的制备方法:先把抗粉刺活性剂、氨基酸美白剂兑入蒸馏水中加热至70~80℃,待其完全溶解后,再兑入温度为70~80℃的1,3-丁二醇油相溶液,均质乳化搅拌15min,待其冷却至50~60℃时,兑入羟乙基纤维素、EDTA二钠,再待温度降至30~35℃时,兑入维生素C磷酸酯镁、氮酮、防腐剂,经搅拌后出料分装即可。

【产品应用】 本品具有清热凉血,杀菌消炎,化淤消斑,加速局部血液循环,抑制皮脂分泌和杀灭厌氧痤疮棒状杆菌的作用,并能够使机体得到整体调节，主要用于治疗痤疮。使用本品3天内消除痤疮，20天消除红、青、黑色素沉着。

【产品特性】 本品配方合理，加工精细；疗程短，见效快，治愈率高，效果持久，无反弹；无刺激性，对人体无不良影响，使用安全。

实例14　祛痘润肤乳

【原料配比】

原料		配比(质量份)		
		1#	2#	3#
蜂蜡		3	3.5	3.5
茶籽油		4	4.5	5
白油		3.3	3	3
羊毛脂		1	1.5	1
聚氧乙烯(2)硬脂基醚		2.22	2.33	2.42
聚氧乙烯(21)硬脂基醚		1.78	1.85	2
保湿剂	聚乙二醇400	3	3	3
	甘油	5	5.86	5.5
硼砂		0.25	0.3	0.3
茶树油		0.52	0.98	1.52
吐温-80		1	1.2	1.2
尼泊金甲酯		0.2	0.18	0.2
水		74.73	71.8	71.36

【制备方法】

(1)将蜂蜡、茶籽油、白油、羊毛脂混合，将聚氧乙烯(2)硬脂基醚和聚氧乙烯(21)硬脂基醚乳化剂加入搅匀混合为A相；甘油、聚乙二醇400、硼砂、水混合为B相;尼泊金甲酯溶于少量乙醇中后加入B相中;茶树油溶于吐温-80中为C相。

(2)将A、B相分别加热至90℃,维持20min灭菌,将剪切乳化搅拌机灭菌。

(3)当B相降至74~76℃,A相降至69~71℃时,将A相慢慢加入B相中并不断搅拌,维持温度为70~75℃下剪切乳化25min。

(4)乳化后搅拌冷却至50℃加入C相。

(5)继续搅拌冷却至40℃包装产品。

【产品应用】 本品用于治疗青春痘、粉刺等,同时可使皮肤细腻,富有光泽及弹性。

使用方法:洁肤后,取适量本品均匀涂抹于脸部,一般早晚各一次,持续使用。

注意:使用本品期间尽量少吃辛辣食物,皮肤过敏者慎用。

【产品特性】 本品原料易得,配比科学,所含茶树油具有广谱抗菌性,对很多致病菌和真菌都有良好的杀菌能力,其杀菌能力比苯酚强11~13倍,能安全在皮肤上外用,对皮肤渗透性好;产品使用方便,功效显著,无毒副作用,不损伤皮肤,长期使用不复发。

实例15 祛痘霜

【原料配比】

(1)祛痘霜:

原　料	配比(质量份)
乳糖红霉素	2500
甲硝唑	2500
维生素 B_2	2500
胡萝卜素	2500
草本精华素	80000
雪花膏	10000

(2)草本精华素：

原　料	配比(质量份)
白芷	15
黄芩	10
白人参	10
白茯苓	15
金银花	10
连翘	10
葛根	10
当归	10
黄芪	10

【制备方法】

(1)将设备清洗、消毒，进行无菌操作。

(2)制取草本精华素：将白芷、黄芩、白人参、白茯苓进行除杂、切制、粉碎、纯净处理，制成粒度为1400目的粉末状药物；取金银花、连翘、葛根、当归、黄芪，加纯净水煮制，加水量为药物：水=1∶20(质量比)，升温至100℃，煮制4～6h，过滤提取滤液；将制得的粉末状药物加入滤液中，充分混合后制成草本精华素。

(3)将乳糖红霉素、甲硝唑、草本精华素、雪花膏、维生素B_2、胡萝卜素放入容器中充分均化、搅拌，制成膏体。

(4)质检、灌装、包装。

【产品应用】　本品能够改善面部微循环，平衡油脂分泌，调整皮肤酸碱度，清除皮脂炎症，对痤疮、青春痘有很好的消退作用，令肌肤光泽、柔嫩、滋润、富有弹性。

【产品特性】　本品原料易得，配比科学，工艺简单，成本较低，质量稳定。

产品使用方便，作用迅速，能活血化瘀，根据痤疮的形成机理对皮肤进行生物活性调整，能迅速渗透至真皮，调节皮肤细胞的新陈代谢，促进 RNA、DNA 蛋白质合成,增加皮肤的活力与再生机能,清除皮脂潴留和引发痤疮的丙酸杆菌产生的毒素,祛痘迅速不留疤痕。

实例16 美白祛斑霜

【原料配比】

原　料	配比(质量份)
当归	1
牡丹皮	1.5
桑白皮	1.5
麻油	28
医用凡士林	68

【制备方法】 将当归、牡丹皮、桑白皮干燥品粉碎至50目后,浸入麻油,常温浸泡7天;压榨过滤(机械化生产时采用离心机离心),取溶汁与基质医用凡士林搅拌均匀,搅拌温度不超过40℃;装入20g微晶石玻璃包装中,紫外线灯灭菌12h,即得成品。

【产品应用】 本品主要用于治疗面部雀斑、黄褐斑、蝴蝶斑、老龄斑及妊娠斑,也可用于皮肤养护。

使用方法:用药前洗净面部,将本品1g放于手心搓散后,均匀涂抹于面部,可每日1次在晚上睡前使用,或每日2次早、晚使用,40天为1疗程。轻度色斑1个疗程治愈,中度色斑3个疗程治愈,重度色斑3~4个疗程治愈。

注意事项:本品外用,不宜内服;不适用黑色色素痣的治疗。

【产品特性】 本品成本低,工艺及配方科学合理,克服了煎煮浓缩膏剂的不足,避免了药物有效成分的损失;采用中药以胃经俞穴治疗头面疾病,运用内病外治原则,克服了现行祛斑治疗内服药药量大、副作用多,剥脱外治易留瘢痕的不足,疗效显著持久,无毒副作用,对皮肤无刺激,安全可靠。

实例17　蚕丝蛋白祛斑美白霜

【原料配比】

原　　料	配比(质量份)		
	1#	2#	3#
去离子水	64.9	65.7	65.3
辛酸癸酸三甘油酯	5	7	6
26#白油	5	6	5.5
十六~十八醇	4	4.5	4.25
丙三醇	5	4	4.5
熊果苷	4	3	3.5
吐温-20	2	2.5	2.25
单硬脂酸甘油酯	2	2.2	2.1
棕榈酸异丙酯	3	2	2.5
蚕丝肽蛋白	3	2	2.5
维生素E醋酸酯	1	0.5	0.75
尼泊金乙酯	0.3	0.2	0.25
尼泊金丁酯	0.2	0.1	0.15
卡波尔940	0.2	0.1	0.15
三乙醇胺	0.2	0.1	0.15
香精	0.2	0.1	0.15

【制备方法】

(1)将卡波尔940加入去离子水中,再加入三乙醇胺后分散均匀,抽入已加热到80~85℃的乳化锅中,慢速搅拌;然后加入吐温-20、尼泊金乙酯、蚕丝肽蛋白、丙三醇,加热至80~85℃,搅拌均匀。

(2)将辛酸癸酸三甘油酯、26#白油、十六~十八醇、单硬脂酸甘油酯、棕榈酸异丙酯、维生素E醋酸酯、尼泊金丁酯加入油相锅中,加热到80~85℃,搅拌均匀。

(3)在快速搅拌下,缓缓将油相物料抽入乳化锅中,继续搅拌

10min;真空均质乳化5min;慢速搅拌,冷却至45~55℃,加入熊果苷、香精,搅拌均匀,出料,灌装,包装为成品。

【产品应用】 本品能够有效防止皮肤黑色素形成,具有很好的美白祛斑作用。

【产品特性】 本品配方科学,工艺简单,成本较低,适合工业化生产;采用的天然蚕丝蛋白与人体肌肤构成相近,和人体皮肤具有极强的亲和性、安全性和良好的生物相容性,可帮助肌肤锁住水分,增进皮肤细胞的活力,防止皮肤衰老并促进新陈代谢,用后感觉舒适,无任何副作用及刺激性。

实例18 复合美白祛斑液(1)

【原料配比】

(1)植物水溶性提取物。

原料	配比(质量份)		
	1#	2#	3#
白芷	5	15	10
甘草	5	25	20
人参	15	5	10
桑树皮	20	5	15
熊果	35	10	22
川芎	10	25	18
防风	30	5	24
芥末花	5	35	20
芦荟	10	30	23
丹参	25	5	18
黄芩	40	10	25
松树皮	8	25	15
当归	5	25	16

续表

原　料	配比(质量份)		
	1#	2#	3#
灵芝	20	5	15
白果	10	30	20
银杏	5	18	16
栀子	25	10	20
何首乌	15	5	10
葛根	5	15	11
五味子	20	5	15
天麻	5	15	8
乳香	18	5	14
黄连	5	15	10
党参	8	20	15

(2)复合美白祛斑液。

原　料	配比(质量份)		
	1#	2#	3#
植物水溶性提取物	10	25	20
曲酸	5	1	2
维生素 A	1	5	3
咖啡酸	5	1	2
左旋维生素 C	5	0.5	3
阿魏酸	0.5	5	3
维生素 B_3	0.5	5	2
丙二醇	10	1	6
透明质酸	0.05	0.5	0.2
氨基酸保湿剂三甲基甘氨酸	1	10	5

续表

原 料	配比(质量份)		
	1#	2#	3#
水溶性神经酰胺	0.5	5	2
尼泊金甲酯	0.2	0.6	0.4
吐温-40	0.2	0.8	0.6
去离子水	40	60	50

【制备方法】

(1)植物水溶性提取物的制备:将白芷、甘草、人参、桑树皮、熊果、川芎、防风、芥末花、芦荟、丹参、黄芩、松树皮、当归、灵芝、白果、银杏、栀子、何首乌、葛根、五味子、天麻、乳香、黄连、党参以(1:5)~(1:7)的比例浸泡于55%~65%的乙醇中,浸泡时间为25~35天,然后进行煎熬,先武火沸腾后改为文火,当煎熬浓缩到锅中的溶液可以挂掌(溶液液滴可以附在一个平面物体表面而不滴落)时停止,冷却后过滤,收集所得的滤液为植物水溶性提取物,其有效成分浓度为80%以上。

(2)将植物水溶性提取物、曲酸、维生素A、咖啡酸、左旋维生素C、阿魏酸、维生素B_3、丙二醇、透明质酸、氨基酸保湿剂、水溶性神经酰胺依次边搅拌边加入去离子水中,之后再搅拌10~20min。

(3)向步骤(2)所得物料中加入尼泊金甲酯、吐温-40,充分搅拌均匀,经紫外线灭菌40~60min,过滤,静置20~24h即得成品。

【产品应用】 本品能够祛除老年斑、黄褐斑、蝴蝶斑、妊娠斑、雀斑等,同时具有修复调理皮肤的功效。

【产品特性】 本品通过中药活性成分与其他美白祛斑活性物相互协同作用,能有效地抑制酪氨酸酶的活性,高效清除自由基,防止黑色素的产生,从而达到全面快速、标本兼治的效果,避免色斑的反复发作;不含对人体有害的物质,无任何毒副作用,安全可靠。

产品外观为琥珀黄色半透明液体,气味轻微,pH值为4.5~6。本品应密封储存于15~25℃阴凉干燥的环境,避免受到光线的直接照射。本品可直接稀释10%左右制成水剂直接涂抹于病患部位,也可以用于制成膏霜、精华液、乳液等。

实例19　复合美白祛斑液(2)

【原料配比】

原料		配比(质量份)		
		1#	2#	3#
中草药	丹参	4	5	6
	川芎	7	8	9
	独活	4	5	6
	黄柏	4	5	6
水剂	甘油	4	5	6
	十二醇硫酸	0.9	1	2
	乙醇(50%)	6	7	8
	抗氧化剂	0.1	0.2	0.3
油剂	橄榄油	3	4	5
	液体石蜡	4	5	6

【制备方法】

(1)将中草药丹参、川芎、独活、黄柏提取药汁备用。

(2)取甘油、十二醇硫酸、50%乙醇、抗氧化剂,配制成水剂。

(3)取橄榄油、液体石蜡,配制成油剂。

(4)将水剂和油剂分别升温至70～85℃后,将水剂缓慢倒入油剂中,再将中草药汁加入,同一方向搅拌均匀,灌装即为成品。

【产品应用】　本品能将已形成的黑色素转化为浅色素,加速黑色素的代谢脱落,避免新色素的形成。

【产品特性】　本品原料易得,配比科学,工艺简单,成本较低,适合规模化生产;产品中不含苯酚、三氯醋酸等成分,用后效果理想,并且不会导致皮肤发红、角质脱落、皮肤抵抗力下降等副作用,安全可靠。

实例20 祛斑霜

【原料配比】

原料		配比(质量份)
油相	白油	18~22
	自乳化单硬脂酸甘油酯	3~7
	聚乙二醇(4000)	3~7
	丙三醇	3~7
	十八醇	1~4
	棕榈酸异丙酯	1~4
	苯甲酸甲酯	0.2~0.5
	香精	0.8~1.2
水相	银杏叶	2~4
	甘草	1~4
	川芎	0.7~1.2
	蒸馏水	加至100

【制备方法】 先将各中药成分清洗,再加水,煎煮120min,然后过滤澄清,收取中药液,抽真空,将水相原料加入真空乳化罐,将油相原料加入油罐,开动搅拌油相原料慢慢加入乳化罐乳化,升温至75~80℃保温30℃,加压出料陈放24h,再检验,然后成品装罐,入库。

【产品应用】 本品用于治疗黄褐斑、色素斑,同时具有活血理气、增白皮肤的功效。

【产品特性】 本品工艺便于操作,配方科学合理,使用效果显著;无毒副作用及不良反应,安全可靠。

实例21 特效祛斑灵

【原料配比】

原料		配比(质量份)
还原剂和抗氧剂抗坏血酸		0.6
还原剂对苯二酚		3.5
还原剂和防腐剂亚硫酸氢钠		1.5
pH 值调节剂柠檬酸		0.2
表面活性剂十二烷基硫酸钠		2
润肤剂和乳化剂	十八醇	15
	单硬脂酸甘油酯	2
润肤剂和表面活性剂硬脂酸		0.6
保湿剂和润肤剂甘油		16
填充剂二氧化钛		0.5
香精		适量
蒸馏水		60

【制备方法】

(1)将甘油投入带有搅拌器和加热装置的釜内,加入二氧化钛粉,开动搅拌器,使二氧化钛粉在甘油中分散均匀,加入水、硬脂酸和单硬脂酸甘油酯,继续搅拌 15min;停止搅拌后,加热至 80℃左右,并加入十二烷基硫酸钠用量的 2/5 左右,开动搅拌器继续搅拌至均匀。

(2)在另一容器中将十八醇熔化,加入剩余的 3/5 十二烷基硫酸钠,充分搅拌均匀后,加入对苯二酚、亚硫酸氢钠、抗坏血酸和柠檬酸,继续搅拌至均匀。

(3)将步骤(2)所得物料倒入步骤(1)所得物料中,搅拌成细膏状物,待降温至 40 ~50℃时,加入香精,搅拌均匀即为成品。

【注意事项】 本品所用原料除香精和蒸馏水外,均选用医药级。

【产品应用】 本品特别适用于祛除面部黑斑。

使用方法:取适量本品外擦于面部有斑部位。

【产品特性】 本品配方科学,原料易得,工艺简单,成本较低,市场前景广阔;使用方便,效果理想,无毒副作用及不良反应,安全可靠。

实例22 解毒祛斑膏

【原料配比】

原料	配比(质量份)		
	1#	2#	3#
土茯苓汁	57	54	56
硬脂酸	4	4	4
十八醇	5	4	4
甘油	8	7	6
蓖麻油	8	7	6
次硝酸铋	4	5	5
三乙醇胺	4	5	5
羊毛脂	2	3	2
水杨酸	2	3	3
樟脑	3	4	4
白降汞	3	4	5

【制备方法】

(1)土茯苓汁按10kg解毒祛斑膏的膏体量放入比例成分,土茯苓不能少于800g,洗净后用蒸馏水或纯净水浸泡1~3h,然后用微火煎制1h,滤汁5~7kg。

(2)将硬脂酸、十八醇、羊毛脂、水杨酸、樟脑放入容器A中;另取甘油、蓖麻油、三乙醇胺、土茯苓汁放入另一容器B中;将A、B两容器中的两相溶液分别加热至70~80℃时,趁热将两相溶液混合,并搅拌至乳化状态为止。

(3)待乳化状态的膏体冷却至30~40℃时,加入次硝酸铋、白降汞并搅拌均匀,再用胶体磨乳化一遍即成。

【产品应用】　本品适用于祛斑、除痘、祛皱纹，可使皮肤光滑嫩白。

使用方法：每天晚间洗脸后搽于面部。

【产品特性】　本品工艺简单，配方科学，药源广泛，使用方便；用土茯苓汁代替膏体里面的水，土茯苓的作用是专门解汞避免中毒，即让汞起到了祛斑作用，又避免身体健康受到损害，用后无任何不良反应，安全可靠。

实例 23　祛斑美容霜

【原料配比】

原　　料	配比（质量份）
茯苓	10
天门冬	10
银杏叶	10
黄芩	10
硬脂酸	11
乙酰化羊毛脂	11
1,3 - 丙二醇	11
乳化剂 HR—S	11
维生素 E	2
水	13
香精	0.5
防腐剂	适量

【制备方法】

（1）将茯苓、天门冬、银杏叶、黄芩洗净，低温烘干后打粉，过 160 目筛，制成细粉备用。

（2）将硬脂酸、乙酰化羊毛脂、1,3 - 丙二醇、乳化剂 HR—S、维生素 E、水、香精和防腐剂在 80℃下加热搅拌制成霜体。

(3)将步骤(1)所得细粉边加入步骤(2)所得霜体边搅拌至混合均匀,制得土黄色或淡黄绿色霜体即为成品。

【产品应用】 本品可用于治疗色素沉着、祛除黄褐斑及痤疮,也可用于防晒增白、防止皮肤干燥粗糙、延缓皮肤衰老,同时具有预防皮肤炎症的作用。

【产品特性】 本品以天门冬为主,辅以茯苓、银杏叶、黄芩等中药制成药物,养阴润燥,清肺生津,黄芩等药物能诱导紫外线并有很强的吸收能力,吸收范围广,是一种天然、优良的紫外线吸收剂;维生素 E 能促进皮肤新陈代谢。本品工艺简单,配方合理,使用效果显著,无毒副作用,安全可靠。

实例 24 祛斑祛刺防皱增白霜

【原料配比】

原料		配比(质量份)	
		1#	2#
组分A	白芷	12	16
	细辛	5	7
	当归	15	20
	红花	4	5
	白术	15	17
组分B	蛇舌草	15	16
	蛇床子	15	16
	野菊花	20	18
	皂角	15	16
	白牵牛	12	13
	白附子	12	15
	白芨	13	12
	冬瓜仁	10	13

续表

原　料		配比(质量份)	
		1#	2#
组分B	黄芪	20	25
	白茯苓	15	18
	白蔹	15	18
	白姜蚕	10	11
组分C	冰片	0.5	0.55
	硼砂	0.6	0.70
	珍珠粉	0.6	0.70
蒸馏水		适量	适量

【制备方法】

(1)将组分A药物浸入适量的蒸馏水中,浸泡湿润后置于蒸馏器中减压蒸馏得蒸馏液,再将蒸馏液蒸馏1次得蒸发油备用。

(2)将组分A蒸馏后的药渣合并组分B药物用煎煮法煎两次,第1次煎3h,第2次煎2h,合并两次煎液,沉淀过滤煎液在80℃以下减压浓缩成黏稠状,并在80℃以下干燥,再粉碎过筛得浸膏粉备用。

(3)将组分C药物研细备用。

(4)按照每100g冷霜基质中加入6～9g的三组分药物提取和制备的蒸发油、浸膏粉及药粉混合成纯中草药组合物比例进行乳化,再用胶体磨充分研磨,搅拌制得成品。

【产品应用】　本品具有活血化瘀、清热解毒、祛风除湿、杀虫止痒等功效,可用于防治色斑和粉刺、防止皱纹、增白护肤。

【产品特性】　本品配方科学合理,加工精细,性能稳定;药效迅速,疗效显著持久,不易复发;无毒副作用及不良反应,安全可靠。

实例25　祛斑增白美容霜

【原料配比】

原料			配比(质量份)
辛夷			10
黄芩			10
白芨			10
僵蚕			10
滑石			10
甘松			5
沙姜			5
白附子			5
香薷			5
基质	水相	甘油	5
		平平加	5
		汉生胶	1
		尼甲	0.5
		氮酮	0.2
		香精	0.2
	油相	白油	2
		单甘酯	3
		白凡士林	5
	去离子水		30

【制备方法】

(1)将以上各药物拣净杂质,用水洗净沥干,粉碎过100目筛,共为粉末,将混合物置于瓷罐中用95%的酒精浸泡5~20天后,抽滤浸液,回收乙醇,得浓缩药物浸膏。

(2)向去离子水中加入汉生胶,充分溶解后再加入水相中其他成分;将上述水相和油相成分分别加热至80℃后,将两相混合并均质,冷却至45℃。

(3)将步骤(2)所得基质与步骤(1)所得药物浸膏合并,乳化1h,再进行均质处理,即得成品。

【产品应用】 本品为外用药,主要用于除痘及治疗痤疮类丘疹、祛除色斑、增白皮肤、延缓衰老。

【产品特性】 本品配方合理,集多功能于一体,使用效果显著;安全性高,对皮肤无刺激性,对人体无不良影响。

实例26　祛痘膏

【原料配比】

原料		配比(质量份)
水相	卵黄油	3
	朱红栓菌	2
	薏米液	10
	三七液	4
	血参液	3
	百部液	3
	药用甘油	5
	去离子水	50.47
油相	硬脂酸	10
	单硬脂酸甘油酯	2
	十六~十八醇	2
	白油	4
	平平加	1
	尼泊金甲酯	0.2
	尼泊金丙酯	0.1
CY—1 防腐剂		0.03
香精		0.2

【制备方法】

(1)将水相物质加热至100℃,恒温20min灭菌。

(2)将油相物质加热至100℃,恒温20min灭菌。

(3)先将油相物质放入乳化搅拌锅内,再放入水相物质,以80r/min的速度搅拌,搅拌时间为20min。

(4)将步骤(3)所得物料用冷却水回流冷却降温,温度降至50℃时加入CY—1防腐剂,温度降至40℃时加入香精。

(5)停机后出料膏,其温度为38℃。

【产品应用】 本品具有清热解毒、消炎抑菌的功效,能够彻底根除痤疮,并且能保护皮肤,改善肤色,使皮肤白嫩细腻。

【产品特性】 本品以天然动植物为原料,结合现代化生物工程技术精制而成,使用效果显著,不留疤痕,愈后不复发,对人体无毒副作用。

实例27 祛斑嫩肤液

【原料配比】

原　　料	配比(质量份)		
	1#	2#	3#
地肤子	3	4	5
乙醇(50%)	8	9	10
卵磷脂	2	2	3
二巯基丙醇	30	40	50
熊果苷	8	10	13
曲酸	3	5	8
L-半胱氨酸	2	3	5
薏仁油	100	150	200

【制备方法】

(1)将地肤子加入乙醇浸泡14天,取上层清液,得A液。

(2)将卵磷脂加入二巯基丙醇混合溶解,得B液。

(3)将熊果苷、曲酸、L-半胱氨酸、薏仁油混合,得C液。

(4)将以上所得A、B、C三种液体独立包装即可。

【产品应用】 本品能够减少黑色素,祛除皮肤黄褐斑,使皮肤嫩滑光泽。

使用方法如下。

(1)先用香皂洁面。

(2)对面部进行离子蒸汽喷雾。

(3)取A液全脸涂1次,用棉棒蘸药顺着肌肉走行方向点按上药,全脸穴位点按3次,目的在于解除激素残留物,疏通皮肤,使药物更容易渗透至深层。

(4)取B液全脸涂1次,用棉棒蘸药顺着肌肉走行方向点按上药,全脸点按1次后,做超声波15min,做完超声波后停留10min吸收,再用纸巾吸干残余液,目的在于解除残留汞、解除毒素、抗氧化和抑制黑色素。

(5)取C液全脸涂1次,目的在于清除重金属残留物,加强抑制酪氨酸酶活性,起祛斑和防止复发的作用,同时养护肌肤。

(6)完成整个程序后,最少保留2h,最好保留8h再洗面。治疗期间禁用一切化妆品、护肤品和洗面奶。

【产品特性】 本品由生物精华素配制而成,能够排解皮肤内毒素、活化细胞、提高再生力、抑制酪氨酸酶的活性,治疗效果显著;不含任何激素,使用后对黑色素细胞不产生毒害,无刺激性,无致敏性,安全可靠,有效率达95%,不易复发。

实例28　祛斑美容护肤品

【原料配比】

原　　料	配比(质量份)	
	1#	2#
芦荟凝胶冻干粉	50	55

续表

原料	配比(质量份)	
	1#	2#
熊果苷	30	25
维生素 B_3	18	17
尿囊素	1	2
亚硫酸氢钠	1	1
食用酒精	100	65
1,3 - 丁二醇	50	60
芦荟香精	1	1
去离子水	838	850
水溶性氮酮	10	20
水溶性红没药醇	2	5

【制备方法】

(1)芦荟凝胶冻干粉的制备:将经处理过的芦荟鲜叶捣浆成芦荟汁后过滤、离心,进行循环浓缩后得芦荟凝胶浓缩汁;将该浓缩汁加入乙醇,常温下充分搅拌,静置 1 ~ 3h,过滤,回收乙醇,收集芦荟汁,再过滤,收集滤液;将滤液通过循环过滤后,收集浓缩液,进一步冷冻干燥,即得成品。所述的芦荟凝胶冻干粉为原有的芦荟汁的 1/20。

(2)粉剂:

①将固体原料熊果苷、维生素 B_3、尿囊素、亚硫酸氢钠分别粉碎。

②将芦荟凝胶冻干粉及步骤①所得粉碎后的原料过 100 ~ 130 目筛,备用。

③在洁净车间称取上述粉剂原料,在混合机中混合均匀,按每支 0.2g 分装。

(3)水剂:

①将食用酒精、1,3 - 丁二醇及芦荟香精在预溶锅中混匀,备用。

②在洁净车间的真空搅拌锅中加入去离子水,将水溶性氮酮和水

溶性红没药醇加入,开启真空搅拌 5 ~ 20min。

③将预溶锅中的料液加入真空搅拌锅中搅拌 20 ~ 40min,转入陈化锅陈化 48h,过滤。

④在自动灌装线上进行分装,每支 2mL。

(4)装盒:按每盒水剂 10 支,粉剂 10 支装。

【产品应用】 本品可用于滋润保湿、美白祛斑、祛除痤疮及粉刺。

使用方法:取水剂、粉剂各 1 支,混匀后均匀涂抹在洗净的脸部,涂抹两遍即可。

【产品特性】 本品芦荟含量高,不含防腐剂,刺激性小,具有良好的涂抹性,用后感觉清爽,美容效果显著。

成品为水剂和粉剂分开包装,可确保芦荟有效成分的保质期达到两年以上,避免出现混浊、分层、长菌现象,同时可提高皮肤对粉剂中有效成分的吸收。

实例 29 祛斑面膜粉

【原料配比】

原 料	配比(质量份)
檀香	10
甘松	8
沙姜	8
苍术	5
艾叶	6
白芷	6
菖蒲	5
麻柳叶	5
香樟叶	4
蓝桉叶	4
广合香	3
苦参	5

续表

原料	配比(质量份)
黄柏	6
荆芥	5
大黄	7
硫黄	10
硼砂	1
皂角	5
丁香	3
薄荷冰	0.3
冰片	1

【制备方法】 将以上各中药原料灭菌处理后加工为30~40μm的超细粉体,分装入铝塑袋中即可。

【产品应用】 本品具有护肤美容等功能,用作护肤面膜。

使用时用营养保湿精华液、牛奶、鸡蛋清或纯净水调匀涂于面部,干燥后用温水洗去即可。可用于粉刺的治疗或祛斑、增白、平皱。

【产品特性】 本品制剂pH值为6左右,为弱酸性,与人体皮肤pH值相似,对皮肤无刺激,用后滑爽舒适;含有丰富的天然芳香挥发油,香味纯正浓郁,无化学品的不良气味及副作用,使用安全,效果好。

实例30 祛斑乳

【原料配比】

原料	配比(质量份)
鲜泽芬	20
鲜山辣	20
鲜苦弥	15
鲜白根	20

续表

原　料	配比(质量份)
鲜甘根	5
鲜白瓜籽	20
鲜简根	20
紫花菘根	80
鲜小辛	10
鲜微茎	5
鲜白菊花	20
鲜越桃	10
九英松	5
真檀	30
鲜僵蚕	20
蒸馏水	500
聚乙二醇	30
牛骨髓	5
十八酸	10
十六醇	10
聚氧乙烯单油酸酯	10
三乙醇胺	10
苯甲酸	5
乳白鱼肝油	50
液体石蜡	5
钛白粉	2
凡士林	3
茉莉型香精	1

【制备方法】

(1)将基础植物药粉碎后混合均匀,放入密闭容器内,加入蒸馏水浸泡制成植物药液,再将植物药液加入聚乙二醇进行渗漉,然后升温至70℃,冷却,待用。

(2)将牛骨髓、十八酸、十六醇、聚氧乙烯单油酸酯、三乙醇胺、苯甲酸、乳白鱼肝油、液体石蜡、钛白粉、凡士林混合后升温至70℃调匀。

(3)将步骤(1)所得物料和步骤(2)所得物料混合调匀,冷却后兑入茉莉型香精,即可制得成品。

【产品应用】 本品能够改善皮肤的营养状态和上皮细胞的代谢功能,主治黄褐斑、妊娠斑、老年斑、雀斑,广泛用于化妆和医药行业。

【产品特性】 本品工艺简单,配方合理,作用迅速,疗效确切,有效率100%,治愈率98%以上,并且无毒副作用及不良反应,安全可靠。

第五章　汽油添加剂

实例1　多功能汽油添加剂

【原料配比】

原　　料	配比(质量份)	
	1#	2#
甲基叔丁基醚	61	55
二甲苯	8	8
异丙醇	10	12
硅油	15	15
甲基丙烯酸十二烷基酯	6	10

【制备方法】　在常温常压条件下,将甲基叔丁基醚、二甲苯、异丙醇、硅油、甲基丙烯酸十二烷基酯加入混合容器中,搅拌15～30min,抽滤除去杂质,得到浅黄色油状液体即为成品。

【产品应用】　本品适用于车用汽油添加剂。

【产品特性】　本品原料易得,设备及工艺简单,使用方便,易于推广;性能优良,能够有效提高汽油的辛烷值,防止汽油氧化沉淀,提高汽油的储存和使用安全性;使用效果显著,耗油率降低25%,HC化合物排放量降低28%,CO排放量降低25%,有利于减轻污染,保护环境。

实例2　高效多功能汽油添加剂

【原料配比】

原　　料	配比(质量份)			
	1#	2#	3#	4#
偏苯三酸酯	2～8	2～8	2～8	2～8

续表

原料	配比(质量份)			
	1#	2#	3#	4#
六亚甲基四胺	3~10	3~10	3~10	3~10
硝基苯	2~6	2~6	2~6	2~6
环烷酸钴	0.5~3	0.5~3	0.5~3	0.5~3
硫酸铜	0.1~1	0.1~1	0.1~1	0.1~1
烷基苯	2~8	2~8	2~8	2~8
正辛醇	3~10	3~10	3~10	3~10
异戊醇	5~15	5~15	5~15	5~15
甲醇(20%~60%)	适量	适量	适量	适量
二茂铁	—	1.5~5	4.5~20	3.5~10
甲基叔丁基醚	—	—	—	10~60
过氧化苯甲酰	—	10~20	—	—
过氧化乙酸叔丁酯	—	—	10~30	5~30

【制备方法】 在带有搅拌加热器的四颈瓶中,加入偏苯三酸酯、六亚甲基四胺、硝基苯、环烷酸钴、硫酸铜、烷基苯、正辛醇、异戊醇,溶于甲醇配制的溶液中,然后加热至20~40℃,保温30~60min,二次加热至60℃,保温20~50min;加入二茂铁、甲基叔丁基醚,溶解后降温至20℃加入过氧化乙酸叔丁酯或过氧化苯甲酰,待完全溶解后降温至20℃以下,出料前过滤。

【产品应用】 本品适用于汽油,加入汽油中时轻轻搅拌均匀即可,添加比例为:添加剂:汽油=(0.2:10000)~(1:10000)。

【产品特性】 本品适于工业化生产,在进行反应时无须特殊条件,只需加热即可,反应完成时只需过滤,产品质量容易控制,并且在生产过程中无三废产生;使用方便,效果好,能够改善汽油在汽油机的燃烧性能,易点火、易启动,热效率高,可降低油耗15%~80.2%,提高汽油机功率5%~28%,降低有害物质排放量10%~30%;能够起到清理发动机积碳、溶解未反应聚合物的油泥与漆膜的作用，无腐蚀性，使发动机润滑系统得到有利的保护，延长汽油机的使用寿命。

实例3　防积碳添加剂

【原料配比】

(1)1#配方。

原　料	配比(质量份)
三乙醇胺	10
油酸	5
丁醇	10
溶纤剂乙二醇—丁醚	8
环烷酸稀土	10
脂肪醇聚氧乙烯醚	2
煤油	55

(2)2#配方。

原　料	配比(质量份)
二乙醇胺	10
亚油酸	5
异丙醇	10
二甘醇—丁醚	10
环烷酸稀土	10
乳化剂脂肪醇聚氧乙烯醚	4
二甲苯	51

【制备方法】

(1)将醇类和乳化剂进行混合。

(2)将有机胺、溶纤剂和脂肪酸进行混合。

(3)将步骤(1)所得物料和步骤(2)所得物料混合，然后加入稀土盐进行混合，再加入烃类进行混合，最后包装即可。

【产品应用】 本品广泛适用于汽油机。

使用方法:将本品按一定的比例(通常为1:100)加入汽油中。

【产品特性】 本品中的有效成分从物理及化学两方面进行除碳作用。其物理方面是有机胺、醇类、乳化剂、羧酸、烃类能松动及溶解一部分积碳层,其化学方面是稀土金属离子的催化活性使积碳层转化为二氧化碳、一氧化碳而从尾气管中排出。

当汽油机在运行时,本品能够防止汽油燃烧时产生碳,并能自动清除已产生的碳沉积,避免缸盖、活塞、火花塞、排气管等处的碳积现象,因而确保汽油机正常运行,节省汽油,延长汽油机使用寿命。

本品对金属无腐蚀现象,在汽油中稳定可靠。

实例4 高清洁汽油添加剂

【原料配比】

原料		配比(质量份)		
		1#	2#	3#
分散剂	聚异丁烯丁二酰亚胺(相对分子质量1100~1300)	7	8	7.5
	聚异丁烯丁二酰亚胺(相对分子质量1800~2200)	7	12	17.5
阻聚剂	3-叔丁基-对羟基茴香醚(Ⅱ)	0.5	0.7	0.8
	叔丁基邻苯二酚(Ⅲ)	0.5	0.3	0.4
光稳定剂	2-羟基-4-甲氧基二苯甲酮(Ⅳ)	0.5	—	—
	双酚A双水氧酸酯(Ⅴ)	—	0.5	—
	双癸二酸酯(Ⅵ)	—	—	0.5
破乳剂	聚氧乙烯醚与聚氧丙烯醚的镶嵌共聚物	0.5	0.8	1

续表

原料		配比(质量份)		
		1#	2#	3#
防锈剂	苯并三氮唑	12	1.5	2
助溶剂	异丙醇	6	8	10
基础液	航空煤油:重芳烃=1:1	76.8	68.2	60.3

【制备方法】 在35~50℃条件下,将两种分散剂混合后溶入基础液中,阻聚剂、光稳定剂、破乳剂及防锈剂溶解于助溶剂中,两者合并,常压下搅拌均匀,经超细过滤除去料液中的机械杂质,得到的棕色液体即为本品的高清洁汽油添加剂产品。

【产品应用】 本品广泛应用于商品含铅汽油和无铅汽油,也能适用于普通柴油。

本品高清洁汽油添加剂在应用时以300~1000mg/kg的添加浓度加入汽油中即可得到高清洁汽油,该高清洁汽油和清净性、阻聚性和排污性均优于普通汽油。

【产品特性】 本品可以大幅度降低油泥、积碳的生成,还可清洗已生成的沉积物,达到节约燃料,有效改善汽车发动机的动力性能,可降低尾气排放中由于燃烧不完全而产生的有害物质含量。

实例5　高效环保节能汽油添加剂

【原料配比】

原料	配比(质量份)
甲基环戊二烯三羰基锰(MMT)	30
二茂铁	45
蜂蜡	23
正丁醇	1.5
乙酸叔丁酯	0.5

【制备方法】 将各原料置于常温、常压下的反应釜中进行搅拌混合3h后,再采用常规工艺制粒即可。

【产品应用】 本品主要用作汽油添加剂。它适用于各种牌号的汽油添加,在汽油中的加入比例为2.5g/50L。

【产品特性】 本品能有效地改善汽油品质,提高汽油辛烷值,提高燃烧性,能随燃料一同完全燃烧而不产生沉淀或残渣;且无副作用,对燃料其他性质无不良影响;性质稳定,在空气中不分解,沸点较高,不易蒸发损失;无毒性,对环境不造成污染。

实例6 高效汽油添加剂

【原料配比】

<table>
<tr><th colspan="2">原料</th><th>配比(质量份)</th></tr>
<tr><td colspan="2">乙醇</td><td>58</td></tr>
<tr><td colspan="2">甲基叔丁基醚</td><td>20</td></tr>
<tr><td colspan="2">硅油</td><td>20</td></tr>
<tr><td rowspan="2">促进剂和催化剂</td><td>正丁醇或异丁醇</td><td>1</td></tr>
<tr><td>乙酸乙酯</td><td>1</td></tr>
</table>

【制备方法】

(1)在常温常压条件下,将促进剂和催化剂加入甲基叔丁基醚中,充分溶解。

(2)将乙醇、硅油加入步骤(1)所得物料中,进行搅拌混合即可。较佳的,还可以进行一次或多次过滤步骤。

【注意事项】 所述促进剂和催化剂可以是正丁醇或异丁醇以及乙酸乙酯。正丁醇或异丁醇可以单独使用,也可以采用两者的混合物。较好的促进剂和催化剂成分及质量配比范围如下:正丁醇或异丁醇0.5~1.5,乙酸乙酯0.5~1.5。

【产品应用】 本品为车用汽油添加剂。

【产品特性】 本品原料易得,工艺简单,使用方便;能够全面改善汽油的质量，明显提高汽油的辛烷值，减少汽车尾气的污染；汽车易于发动，提速性能良好，百公里耗油量降低5%～10%，冬季使用本品能使汽车的行驶性能更佳；对发动机部件无腐蚀作用，清除积碳效果好。

实例7　环保节能汽油添加剂(1)

【原料配比】

原　料	配比(质量份)	
	1#	2#
油酸酯	40	50
环烷酸	15	20
脂肪酸	5	7
碳十二	4	5
多乙烯多胺	3	5
脂肪酸乙酯	1	2
无水乙醇	15	17
优质甲醇	20	25
六亚甲基四胺	15	25
碘化镍	15	25
磷酸三丁酯	5	8

【制备方法】　将原料加入容器中搅拌10min，即可制成环保节能掺水汽油添加剂。

【产品应用】　本品主要用作汽油添加剂。

【产品特性】　本品能使掺水汽油稳定期长。汽油掺水率高，可掺水15%～30%、添加剂7%～20%，节油率达到13%～28%。加添加剂后的掺水汽油对机器无腐蚀，爆发力强，无污染，热值高。操作性能和纯汽油一样,无须改造发动机,能和现有汽油混合使用,也可单独使用。

实例8 环保节能汽油添加剂(2)

【原料配比】

原料		配比(质量份)		
		1#	2#	3#
载体	甲醇	60~67	62	64
	异丙醇	30~37	36	34
配体	草酸亚铁	0.1~1	1	0.5
	草酸铜铵	0.05~1	0.5	1
燃烧助剂	正丁胺	0.05~1	0.5	0.5
次甲基蓝		0.001	0.001	0.001

【制备方法】

(1)在常温条件下,将甲醇、异丙醇放入反应器内,搅拌均匀。

(2)将草酸亚铁和草酸铜铵放入反应器内,进行搅拌。

(3)将30%步骤(1)制得的甲醇和异丙醇加入正丁胺进行混合。

(4)将70%步骤(1)制得的甲醇和异丙醇加入步骤(2)中的草酸亚铁和草酸铜铵进行混合。

(5)将步骤(3)、(4)所得物料混合均匀后,加入次甲基蓝,即可制得成品。

【产品应用】 本品加入汽油中后,CO排放下降20%~30%,HC排放下降1.3%~2%,节油率为8%~15%。

【产品特性】 本品原料易得,成本低,工艺简单,添加量小,易溶于汽油,节油效果显著;稳定性好,携带及使用方便,能明显降低汽车尾气中的有害排放物,符合环保要求。

实例9 混合燃料添加剂

【原料配比】

原料			配比(质量份)	
			1#	2#
表面活性乳化剂	斯盘—80		25~30	25~30
	吐温—20		5~8	5~10
	α-烯烃磺酸钠		10~15	—
	三乙醇胺		5~10	5~10
	燃烧助剂	水分解催化剂	30~40	30~40
		乙酰丙酮	5~10	5~10
		对苯二酚	5~8	—
	苯乙基苯基聚氧乙基醚		—	10~15
	烷基醚硫酸酯钠		—	8~15
重油乳化剂	20#重油		20~40	—
	60#重油		50~100	—
	100#重油		100~280	—
	200#重油		300~500	—
	杂醇油		3~50	—
	羧甲基纤维素		1~10	—

【制备方法】

(1)先将重油乳化剂的成分混合之后用3000r/min的搅拌机搅拌10~15min,制成重油乳化剂。

(2)将表面活性乳化剂与步骤(1)所得重油乳化剂同时加入柴油或重油中制成乳化柴油或乳化重油燃料。

【注意事项】 本品包括表面活性乳化剂和重油乳化剂。

水分解催化剂、乙酰丙酮、对苯二酚为燃烧助剂。

水分解催化剂为改质环烷酸锌、改质环烷酸钡、钼酸稀土中的一种或几种与硝酸戊酯或硝酸异戊酯混合物。

三乙醇胺有助于微乳化体系的形成,对提高燃料的十六烷值、减少 SO_2 对环境的污染都有利,并能保护内燃机及外燃炉不受磨损及腐蚀。

重油乳化剂加在燃油和水中搅拌混合,四处分散引起二次微粒化现象,从而获得稳定的乳化燃料。

燃烧助剂中的乙酰丙酮,可使重油在高温下裂解,产生一定量的 CO 和 H_2。

水分解催化剂在高温下能使水分解成氢和氧,参与燃烧。乳化燃料中的水溶于混合醇后,在0℃不会冻结,其乳化节能效果高于二元乳化节能效果。

聚乙烯基醋酸酯能降低乳化燃料的凝点及冷滤器堵塞点,改进低温冷流性。

对苯二酚可以阻止柴油、重油燃烧结焦。

【产品应用】 将本添加剂添加到柴油或重油之中,可以制成乳化柴油或乳化重油燃料,广泛应用于柴油机和外燃炉。

配制0#柴油的比例为:表面活性乳化剂0.2%,重油乳化剂30%,水30%;配制0~35#柴油的比例为:柴油61.8%,轻质油5%,混合醇3%,表面活性乳化剂0.2%,重油乳化剂余量;配制乳化重油的比例为:重油59.7%,表面活性乳化剂0.1%,重油乳化剂0.2%,水40%。

【产品特性】 本添加剂掺水量高,乳化效果好,可以改善燃料的燃烧性能,减少环境污染。

由本添加剂制得的乳化燃料价廉质优,可以长期静置而保持稳定,油水不分离,凝点及冷滤器堵塞点低,低温冷流动性好;节能效果显著,烟尘减少65%~90%。

实例10 甲醇汽油复合纳米添加剂

【原料配比】

原料		配比(质量份)						
		1#	2#	3#	4#	5#	6#	7#
非水微乳液A	正辛烷	12	14	14	26	26	48	—
	异辛烷	—	—	—	—	—	20	-
	正庚烷	—	—	—	—	—	—	30
	硝酸亚铈的甲醇溶液(0.2mol/L)	3	—	—	—	—	—	7
	硝酸亚铈、硝酸铜混合物的甲醇溶液(0.1mol/L)	—	3	—	—	—	—	—
	硝酸亚铈、硝酸镧、硝酸铜混合物的甲醇溶液(0.1mol/L)	—	—	3	—	—	—	—
	硝酸亚铈、硝酸镧、硝酸铜、硝酸锆混合物的甲醇溶液(0.2mol/L)	—	—	—	4	—	—	—
	硝酸亚铈、硝酸镧、硝酸铜、硝酸锆、硝酸镍混合物的甲醇溶液(0.2mol/L)	—	—	—	—	4	—	—
	硝酸亚铈、硝酸铜、硝酸锌混合物的甲醇溶液(0.2mL/L)	—	—	—	—	—	10	—
	脂肪醇聚氧乙烯醚	—	1.2	1.2	—	—	13	6
	吐温-60	1.4	—	—	2.4	2.4	—	—
	斯盘-80	1.6	0.8	1.4	2.8	2.8	—	—
	正丁醇	1	0.8	0.4	1.6	1.6	4	2.3
	异丁醇	—	—	—	—	—	3	—
	正丙醇	1	—	—	2	2	—	0.9

续表

原料		配比(质量份)						
		1#	2#	3#	4#	5#	6#	7#
非水微乳液B	正辛烷	12	14	14	26	26	48	–
	正庚烷	—	—	—	—	—	—	30
	异辛烷	—	—	—	—	—	20	—
	氨的甲醇溶液(1mol/L)	3	—	—	4	4	10	7
	氨的甲醇溶液(0.5mol/L)	—	3	3	—	—	—	—
	脂肪醇聚氧乙烯醚	—	1.2	1.2	—	—	13	6
	吐温-60	1.4	—	—	2.4	2.4	—	—
	斯盘-80	1.6	0.8	1.4	2.8	2.8	—	—
	正丁醇	1	0.8	0.4	1.6	1.6	4	2.3
	异丁醇	—	—	—	—	—	3	—
	正丙醇	1	—	—	2	2	—	0.9

原料		配比(质量份)						
		8#	9#	10#	11#	12#	13#	14#
非水微乳液A	正辛烷	—	10	30	30	30	28	28
	正庚烷	30	10	—	—	—	—	—
	异庚烷	19	12	—	—	—	—	—
	硝酸亚铈的甲醇溶液(0.2mol/L)	11	—	—	—	—	—	—
	硝酸亚铈的甲醇溶液(0.0025mol/L)	—	—	—	7	—	—	—
	硝酸亚铈、硝酸铜混合物的甲醇溶液(0.1mol/L)	—	—	7	—	—	6	—
	硝酸亚铈、硝酸铜混合物的甲醇溶液(0.0025mol/L)	—	—	—	—	—	—	6

续表

原料		配比(质量份)						
		8#	9#	10#	11#	12#	13#	14#
非水微乳液A	硝酸亚铈、硝酸铜、硝酸锰混合物的甲醇溶液(0.2mL/L)	—	7.5	—	—	—	—	—
	硝酸亚铈、硝酸铜、硝酸锰混合物的甲醇溶液(0.3mL/L)	—	—	—	—	7.5	—	—
	脂肪醇聚氧乙烯醚	5	3.5	3	—	5	2	4
	吐温—60	2	1.5	—	—	1.5	—	—
	斯盘—80	2	1.5	—	7	—	1	—
	正丁醇	3.8	2.5	—	—	—	2	2
	正丙醇	1.5	1	—	—	4	—	—
非水微乳液B	正辛烷	—	10	30	30	30	28	28
	正庚烷	30	10	—	—	—	—	—
	异庚烷	19	12	—	—	—	—	—
	氢氧化钠的甲醇溶液(0.5mol/L)	—	—	—	—	—	6	—
	氢氧化钾的甲醇溶液(0.1mol/L)	—	—	—	—	—	—	6
	氨的甲醇溶液(1mol/L)	11	7.5	—	—	—	—	—
	氨的甲醇溶液(1.2mol/L)	—	—	—	—	7.5	—	—
	氨的甲醇溶液(0.04mol/L)	—	—	—	7	—	—	—
	氨的甲醇溶液(0.5mol/L)	—	—	7	—	—	—	—
	脂肪醇聚氧乙烯醚	5	3.5	3	—	5	2	4
	吐温—60	2	1.5	—	—	1.5	—	—
	斯盘—80	2	1.5	—	7	—	1	—
	正丁醇	3.8	2.5	—	—	—	2	2
	正丙醇	1.5	1	—	—	4	—	—

【制备方法】 将非水微乳液A与非水微乳液B按照体积比1:1混合,搅拌60~150min,将混合物静置,以0.1~0.6L/min的速度通入氧气,20~120h后即得复合纳米添加剂。

【注意事项】 所述掺杂元素硝酸盐甲醇溶液是由以下组分配制而成:将锆、镧、钼、镍、铜、锰、锌中的一种或多种元素的硝酸盐0~40与硝酸亚铈60~100溶于甲醇中,配制成浓度为0.0001~0.5mol/L掺杂元素硝酸盐的甲醇溶液。

【产品应用】 本品主要用作甲醇汽油添加剂。

本品复合纳米添加剂可以直接加入各种牌号的甲醇汽油中,也可以加入各种牌号的汽油中,而不会发生相分离。

【产品特性】 本品采用了非水微乳液这一特殊体系,利用该体系中的纳米级极性液滴进行反应制备复合纳米粒子,确保了纳米粒子粒径的均一性,并可以避免粒子团聚。通过在甲醇汽油中添加该复合氧化铈纳米粒子,利用纳米粒子的润滑修补作用提高气缸运行效率,利用催化燃烧的机理提高甲醇汽油的动力性能,最终实现甲醇燃油的清洁排放。本品的甲醇汽油复合纳米添加剂的制备工艺简单、成本低、较少的添加量就可实现助燃降排的效果。

实例11 甲醇汽油复合添加剂(1)

【原料配比】

原料	配比(质量份)	
	1#	2#
异丙醇	32	40
异丁醇	16	18
异戊醇	18	24
2-乙基-1-己醇	4	5
石油磺酸钡	0.8	—
丁二酰亚胺	—	1
石油醚(沸点30~60℃)	6	9

续表

原　　料	配比(质量份)	
	1#	2#
异丙醚	3	4
四氢化萘	0.6	1
环烷酸锌	0.9	1
二甲基甲酰胺	0.9	1
甲基叔丁基醚	8	12
吐温 -60	3	—
聚四氟乙烯	0.8	—

【制备方法】

(1)将异丙醇、异丁醇、异戊醇、2 - 乙基 - 1 - 己醇加入原料混溶罐中,自然混溶 30min。

(2)向上述混溶料中加入石油醚、异丙醚,在常压下搅拌 30min。

(3)向步骤(2)的混溶料中加入石油磺酸钡或丁二酰亚胺、四氢化萘、环烷酸锌,加热温度为 42℃,搅拌 30min,然后加入加压反应釜内。

(4)将二甲基甲酰胺、甲基叔丁基醚、吐温 - 60、聚四氟乙烯加入加压反应釜内,加压 0.2MPa,搅拌 30min 后静置 24h,排出沉淀物,即得到本品添加剂产品。

(5)甲醇汽油的制备:将 89% ~99% 甲醇、1% ~2% 添加剂混匀,再将上述混匀物 30% 与 90#汽油 70% 混合均匀,即得本品添加剂制得的甲醇汽油。

【产品应用】　本品主要用作甲醇汽油添加剂。

【产品特性】　用本品添加剂制成的 M30 甲醇汽油经使用具有良好的动力性能,燃烧性能、抗腐蚀性能、清洁性能、节油效果好。本品解决了醇类汽油对车用橡胶件有溶胀腐蚀和油箱、管路、发动机的金属腐蚀问题。车辆在使用过程中易启动、提速快,可有效清除燃料系统的积碳、胶质,延长发动机使用寿命,降低噪音,提高动力性,大幅度地减少尾气中的有害气体的排放。

实例12　甲醇汽油复合添加剂(2)

【原料配比】

原料		配比(质量份)			
		1#	2#	3#	4#
正己烷		10	20	15	20
叔丁醇		5	10	15	10
丙酮		15	8	5	8
乙酸乙酯		12	10	20	10
燃烧促进剂	乙基叔丁基醚	10	8	5	8
	乳酸甲酯	5	10	8	10
清净分散剂	石油磺酸钙	10	10	6	10
	硬脂酸镁	3	5	3	5
	异硬脂酸镁	2	2	5	2
甲酸乙酯		7	10	2	10
硬脂酸三甘油酯		2	2	4	—
硬脂酸单甘油酯		—	2	—	—
月桂酸乙酯		5	1	6	8
苯甲酸十二酯		3	1	—	—

【制备方法】　首先将正己烷、叔丁醇、丙酮、乙酸乙酯加入原料混合罐中,自然混溶15min后,加入乙基叔丁基醚、乳酸甲酯,在常温常压下搅拌15~20min,然后再加入石油磺酸钙、硬脂酸镁、异硬脂酸镁后,再加入甲酸乙酯,搅拌25~30min,混合料导入反应釜内,再将硬脂酸三甘油酯、硬脂酸单甘油酯、月桂酸乙酯、苯甲酸十二酯加入反应釜中,于6.06MPa(60atm)的压力下搅拌25~30min后减至常压,静置24h,滤去沉淀物,即得本品甲醇汽油复合添加剂。

【产品应用】　本品主要用作甲醇汽油添加剂。

【产品特性】

(1)使用本品甲醇汽油复合添加剂调和制成的甲醇汽油,具有稳定性好、动力性强、互溶性佳、节油效果好的特点;因其包含表面活性剂和助溶剂,便于储运,且长时间和低温存放也不发生相分离和沉淀现象。

(2)由于添加了燃烧促进剂,促进了汽油燃烧性能,大大降低了汽油机为其中的碳烟排放,而且没有增加氮氧化合物或者硫氧化合物的排放量,增强了汽油机的动力。

实例13　甲醇汽油添加剂(1)

【原料配比】

原　　料	配比(质量份)				
	1#	2#	3#	4#	5#
乙烷	2.5	3	2	1	2.5
正己烷	2	1	2	3	3
甲基叔丁基醚	36	50	40	30	36
乙醇	6	4	8	3	6
2,2-二甲基丁烷	0.5	1	3	3	1
叔丁醇	1	5	5	4	2
正丙醇	2	1	4	5	2
2-乙基(-1-)乙醇	2.4	0.5	2	3	2.4
甘醇	5	2	3	5	5
1,3-二羟基丁烷	2	1	—	1	1.5
新戊二醇	8	3.5	2	5	6
1,6-二羟基己烷	2	—	1	1.2	1

续表

原 料	配比(质量份)				
	1#	2#	3#	4#	5#
三羟甲基丙烷	4	3	2	5	5
季戊四醇	5	8	2	7	5
二异丙醚	5	6.7	12	7.2	7.5
2-乙二氧基乙酸乙酯	3	1	2	3	3
硝酸异丙酯	2.5	1	3	4	2.5
二甲基酮	8	5	2	3	4.5
丙二酸乙酯	2	1	2	2	2
碳酸二苯酯	0.5	2	2.3	4	15
102TB 腐蚀抑制剂	0.3	0.2	0.5	0.1	0.3
107PT 防溶胀剂	0.3	0.1	0.2	0.5	0.3

【制备方法】 在常温常压下,将各组分加入混合罐中,充分搅拌混合均匀即可。

【产品应用】 本品主要用作甲醇汽油添加剂。

【产品特性】

(1)辛烷值高。本品的辛烷值(RON)>100,使用该燃料可以进一步提高发动机的压缩比。

(2)燃料有害物的含量少。

(3)抗氧化和安全性好。

(4)添加剂适应范围广。使用本品的添加,所采用和甲醇混配的基础油也不局限于使用国标普通汽油,其他如石脑油、溶剂油等都能充分利用。此外,本品的添加剂,还可以用于配制甲醇柴油、甲乙醇汽油等。

(5)使用本品添加剂配制的甲醇汽油,可以与各型号汽油、乙醇汽油等任意比例混溶使用,并且在添加前后不需要清洗油箱,使用方便。

实例14 甲醇汽油添加剂(2)

【原料配比】

原料	配比(质量份)		
	1#	2#	3#
甲醇	25	25～30	25～30
异丁醇	5	10	8
油酸	10	15	13
碳酸二甲酯	1	3	2
二甲醚	1	3	2
吐温-80	0.1	0.2	0.15
斯盘-80	0.1	0.3	0.15
甲基叔丁基醚	0.2	0.5	0.35
二甲氧基甲烷	0.1	0.3	0.2
丙酮	1	2	1.5
叔丁醇	0.1	0.3	0.2
六亚甲基四胺	0.1	0.3	0.2
102TB 腐蚀抑制剂	0.1	0.2	0.15

【制备方法】 将各原料加入反应釜中，将其加热至50～55℃，反应30～45min后，打入成品罐，即为成品。

【产品应用】 本品主要用作甲醇汽油添加剂。

【产品特性】 本品工艺简单、操作简捷、成本低廉、更加环保。尾气排放比石化汽油低60%～80%，减少对环境空气的污染。甲醇类燃料可以与石油燃料混合使用，发动机无须改动可直接使用。

实例15 甲醇汽油添加剂(3)

【原料配比】

原料	配比(质量份)		
	1#	2#	3#
异丙醇	30	40	50
叔丁醇	10	15	20
乙酸丁酯	1	2	5
过氧化甲乙酮	1	3	5
过氧化氢	1	3	5
石油醚	1	3	5
二甲苯	5	6	10
辛烷值改进剂	1	2	4
二甲氧基甲烷	1	3	5
抗氧防胶剂	0.1	0.2	0.5
防腐剂	0.1	0.2	0.5
抗磨剂	1	2	8
防水剂	3	4	6
分散剂	1	2	5
脂肪酸铵	1	2	3
120#溶剂油	30	30	15
乙醇	5	8	10

【制备方法】 将各组分原料投入混合罐中混合均匀即得到甲醇汽油添加剂。

【产品应用】 本品主要用作甲醇汽油添加剂。

【产品特性】

(1)所用的添加剂为普通化工原料,来源易得,价格低,制备工艺简单,甲醇汽油外观清亮、透明,与石化汽油颜色相同。

(2)稳定性好,抗水性强,长期存储6个月不分层,仍保持清亮透明。

(3)使用了本品添加剂,甲醇掺烧量最高可达80%其整体性能达到国标90#、93#、97#无铅汽油标准,减少了对石油资源的消耗,尾气排放更加清洁环保,可达到欧Ⅲ排放标准。

实例16　节油添加剂

【原料配比】

原　　料	配比(质量份)	
	1#	2#
甲醇	42	34
甲苯	33	42
异丙醇	20.8	15
苦味酸	1.6	3
硝基苯	1	2
十二胺	0.5	2
硫酸铜	0.05	0.2
硫酸亚铁	0.15	1
草酸	0.9	0.8

【制备方法】　将甲苯、甲醇、异丙醇按比例通过高位槽放入反应釜内,在搅拌的情况下互相混合,搅拌均匀后,依次加入苦味酸、硝基苯、十二胺、硫酸铜、硫酸亚铁,加热搅拌使其溶解,再用草酸调整pH值为6~8,然后用泵打入静置槽,静置后放出成品进行包装。

【产品应用】　本品主要用作节油添加剂。

【产品特性】　在实际应用中,该节油添加剂的添加量在0.5‰~2‰时,节油率相对较高,并能改善燃烧性能,提高发动机的动力性能,对机械构件无腐蚀磨损作用,不增加废气中有害排放物的浓度,性能稳定。

实例17 醚基汽油添加剂

【原料配比】

原料	配比(质量份)		
	1#	2#	3#
二甲醚	70	155	300
甲醇	550	420	206
苯	350	390	450
脂肪醇聚氧乙烯醚	29	33	40
稳定剂2,6-二叔丁基对甲酚	1	2	4

【制备方法】 本品采用气体吸收塔设备来制备。在C_1~C_5的醇化合物、C_5~C_{10}的烃化合物、脂肪醇聚氧乙烯醚中各任选一种化合物,与烷基苯酚配比混合后成为混合液导入气体吸收塔塔顶;二甲醚经惰性气体稀释后由塔底经气体分布器定量进入塔内;在常温常压下,混合液定量由塔顶经液体分布器流下,二甲醚气体与混合液充分接触,被混合液吸收,制成醚基汽油添加剂,从产品出口处流出,尾气经气液分离后从气体吸收塔内排出。

【注意事项】 脂肪醇聚氧乙烯醚为表面活性剂。

C_1~C_5的醇化合物可以是甲醇;C_5~C_{10}的烃化合物可以是苯;烷基苯酚可以是2,6-二叔丁基对甲酚。

二甲醚、C_1~C_5的醇化合物、C_5~C_{10}的烃化合物是本品的主要组分。二甲醚在常温下是一种具有醚香味的气体,基本呈化学惰性,本身可实现无烟燃烧,不会造成任何污染;C_1~C_5的醇化合物和C_5~C_{10}的烃化合物中不含氮化物和硫化物。

【产品应用】 本品能够与各种低辛烷值的汽油和碳五馏分油按不同的比例混合,制得不同辛烷值的商用汽油。

【产品特性】 本品原料易得,工艺简单,性能优良,辛烷值高,不含氮化物和硫化物,与汽油混合的相溶性和稳定性好;制得的新汽油燃料在较宽的温度范围内相态稳定,不发生相分离现象,特别适合在低温环境使用、储存和运输;能够降低汽油燃料的生产成本,减轻汽油发动机排气中碳氢化合物、一氧化碳、硫和氮氧化物等有害气体对大气的污染，符合环保要求。

实例18　汽油、柴油多效复合添加剂

【原料配比】

原料		配比(质量份)		
		1#	2#	3#
清洗剂	多乙二醇烷基醚	—	20	35
	乙二醇乙醚	8	—	—
分散剂	聚异丁烯丁二酰亚胺(相对分子质量900～1300)	40	15	10
	聚异丁烯丁二酰亚胺(相对分子质量1800～2300)	—	10	—
抗氧剂	2,6－二叔丁基对甲酚	—	0.3	0.4
	4,4′－亚甲基双(2,6－二叔丁基苯酚)	0.3	0.2	0.4
防腐剂	*N*,*N*′－二烷基氨基亚甲基苯三唑	—	0.3	0.4
	2,5－二(烷基二硫代)－3,4－噻二唑	0.2	—	0.6
携带剂	矿油	—	10	15
润滑剂	HVI150中性润滑油	5	—	—
基础液	190#芳烃溶剂	30	44.2	38.2
	煤油	16.5	—	—

【制备方法】　先将分散剂和基础液混匀，得到A混合液，将清洗剂、抗氧剂、防腐剂及携带剂混匀，得到B混合液，将A、B混合液在35～50℃下搅拌均匀，经过滤后即得到成品。

【产品应用】　本品主要用作燃油添加剂。

【产品特性】 本品由于是一种多效复合添加剂,具有多种功能,特别是使用了良好的清洗剂使它具有很强的高低温清洗性能,在进气阀的高温下仍有很好的适应性。不仅清洗功能强,而且清洗下来的积碳微粒易于被分散剂分散在燃油中,不致造成油路堵塞等现象。

本品有很好的保持油路系统清洁的功能。新车和油路系统清洁的汽车,长期使用本品能保持油路系统干净和汽车发动机良好的工作状态。

本品含有防锈—抗腐蚀组分,能够抑制油路系统各零件生锈和腐蚀,延长使用寿命。

本品选用的各组分具有很好的协同作用,在汽油/柴油中加入本品的复合剂后,综合使用性能有了较大的提高,主要体现在汽车的油路系统保护清洁、畅通,驾驶性能和提速性能都有明显提高,汽车尾气的有害物质 CO 和碳氢化合物(HC)排放量明显降低,减少汽车尾气对空气的污染,而且还有较明显的节油效果。

实例 19 汽油柴油防冻节能添加剂

【原料配比】

<table>
<tr><th colspan="2" rowspan="2">原 料</th><th colspan="4">配比(质量份)</th></tr>
<tr><th>1#</th><th>2#</th><th>3#</th><th>4#</th></tr>
<tr><td rowspan="3">山嵛酸脂肪醇酯</td><td>山嵛酸软脂醇酯</td><td>780</td><td>—</td><td>—</td><td>100</td></tr>
<tr><td>山嵛酸 C_{16} ~ C_{20} 混合脂肪醇酯</td><td>—</td><td>980</td><td>—</td><td>—</td></tr>
<tr><td>山嵛酸硬脂醇酯</td><td>—</td><td>—</td><td>500</td><td>—</td></tr>
<tr><td>软脂酸脂肪醇酯</td><td>软脂酸软脂醇酯</td><td>—</td><td>—</td><td>300</td><td>500</td></tr>
<tr><td>硬脂酸脂肪醇酯</td><td>硬脂酸软脂醇酯</td><td>—</td><td>—</td><td>90</td><td>150</td></tr>
<tr><td rowspan="2">脂肪醇聚氧乙烯醚</td><td>AEO—3</td><td>50</td><td>20</td><td>14</td><td>—</td></tr>
<tr><td>AEO—5</td><td>—</td><td>—</td><td>—</td><td>80</td></tr>
<tr><td colspan="2">硬脂醇</td><td>25</td><td>—</td><td>25</td><td>25</td></tr>
<tr><td colspan="2">软脂醇</td><td>25</td><td>—</td><td>24</td><td>25</td></tr>
</table>

续表

原　料	配比(质量份)			
	1#	2#	3#	4#
山嵛酸	70	—	47	70
石蜡	50	—	—	50

【制备方法】　分别将山嵛酸脂肪醇酯、软脂酸脂肪醇酯、硬脂酸脂肪醇酯、硬脂醇、软脂醇、山嵛酸、脂肪醇聚氧乙烯醚和石蜡加入反应釜中,搅拌并加热至100～150℃,待全部混熔后,保温继续搅拌30～60min,然后一边搅拌一边冷却至室温,冷却后可按使用要求制成片状、粒状或粉末状,再进行包装。

【注意事项】　山嵛酸脂肪醇酯为山嵛酸C_{16}～C_{25}直链脂肪醇酯或山嵛酸C_{16}～C_{25}混合直链脂肪醇酯,优选使用山嵛酸C_{16}～C_{20}直链脂肪醇酯或山嵛酸C_{16}～C_{20}混合直链脂肪醇酯,最优选使用山嵛酸软脂醇酯。

软脂酸脂肪醇酯为软脂酸C_{16}～C_{20}直链脂肪醇酯或软脂酸C_{16}～C_{20}混合直链脂肪醇酯,优选使用软脂酸软脂醇酯。

硬脂酸脂肪醇酯为硬脂酸C_{16}～C_{20}直链脂肪醇酯或硬脂酸C_{16}～C_{20}混合直链脂肪醇酯,优选使用硬脂酸软脂醇酯。

山嵛酸脂肪醇酯、软脂酸脂肪醇酯和硬脂酸脂肪醇酯可以由相应的羧酸和相应的醇直接酯化制得。

脂肪醇聚氧乙烯醚是非离子表面活化剂,别名AEO,如AEO—3或AEO—5。

【产品应用】　本品适用于汽油、柴油。

使用时,在汽油、柴油中按质量添加本品60～90mg/kg。

【产品特性】　本品原料易得,所有成分均无毒,对人体安全;添加量小,对各类车辆机件无损害;使用效果好,可降低汽油或柴油的凝固点和黏度,使其在汽缸壁黏着力减小,减少对汽缸壁积碳,同时使其雾化时锥角增大,雾滴变细,射程变近,使汽油或柴油在速燃和缓燃期平稳燃烧,汽车尾气黑烟减少,尾气中一氧化碳含量降低50%以上,碳氢化合物降低60%以上,节能15%,同时起到防冻作用,改善汽油、柴油在冬季的流动性,并可大幅度减轻环境污染。

实例20　汽油柴油添加剂

【原料配比】

原　　料	配比(质量份)
甲醇	21
异丙醇	18
石脑油(可用苯及蜡酸甲酯代替)	32
三乙醇胺(可用二乙醇胺代替)	13
四氢呋喃	8
丁醇	8

【制备方法】

(1)首先安装调试设备,主要包括原材料储存罐、成品储存罐、搅拌罐、冷凝器、蒸馏釜、蒸馏塔及化验器具。

(2)采购原材料并进行提纯处理。

(3)取甲醇和异丙醇混合搅拌。

(4)静置10min后,加入石脑油,混合搅拌。

(5)不分层后加入三乙醇胺、四氢呋喃和丁醇混合即得成品。

【产品应用】　本品可应用于一切使用汽油和柴油(包括乙醇汽油)的各种机动车和其他燃油设备及灶具。

本品使用注意事项:

(1)首次使用之前应先检查油箱,若发现油箱底部较脏有杂质,必须先清洗,否则会影响功效。

(2)不可用于添加其他油类。

(3)除汽油中原带乙醇外,不许与其他添加剂同时使用,否则会损坏车辆及设备。

(4)不允许进入口中或眼中,否则会对人体健康产生危害。

(5)为防止发生燃烧或爆炸,储存和添加过程中严禁接触明火。

【产品特性】

(1)本品除了可部分替代汽油和柴油外,还可以增加机动车的行程达到15%～20%，真正达到既环保又节能的效果。

(2)对机动车及设备无副作用，使用方便。

(3)其原料来自于化工企业及医药企业的副产品，节约成本。

(4)燃烧排放气体中有害气体含量明显降低，利于环保。

实例21　汽油催化燃烧添加剂

【原料配比】

原　料	配比(质量份)			
	1#	2#	3#	4#
120#溶剂油	25	—	24	—
90#溶剂油	—	33	—	—
200#溶剂油	—	—	—	25
甲基叔丁基醚(MIBE)	30	—	20	—
甲基叔戊基醚(TAME)	—	5	—	30
乙酸乙酯	—	5	—	7
乙酸丁酯	—	—	6	—
磺酸钙	—	—	5	7
磺化琥珀酸二辛酯钠盐	20	15	15	10
环烷酸钴	25	—	—	13
环烷酸锌	—	12	7	5
环烷酸铜	—	30	—	—
甲苯	—	—	8	—
乙苯	—	—	—	5
环烷酸铁	—	—	25	—

【制备方法】　将各组分加入溶剂油中，充分搅拌混合均匀，即可得到添加剂。

【产品应用】　本品主要用作汽油添加剂。

使用方法：添加剂按1:(2000～2500)的体积比加入汽油中，搅拌或放置15min即可使用。

【产品特性】 本品添加剂添加量为汽油体积的(1/2000)~(1/2500)时,即可使汽油达到节油13%~20%,烟度降低20%~40%、HC化合物含量降低35%~50%、CO含量降低30%~70%,辛烷值可提高达0.5个单位。长期使用加有本品添加剂的汽油,可以减少发动机燃烧室的沉积物,减少发动机的腐蚀,延长发动机的使用寿命。

实例22 汽油多效复合添加剂

【原料配比】

原料		配比(质量份)	
		1#	2#
辛烷值添加剂	甲基叔丁基醚	70	80
	二甲苯和异丙醇混合物(7:3)	9	5
抗氧防胶剂	501抗氧防胶剂(2,2-二叔丁基对甲酚)	7	8
	甲基丙烯酸十二烷基酯	5	5
甲基环戊二烯基三羰基锰		7	6

【制备方法】 在常温常压下,直接将辛烷值添加剂、抗氧防胶剂及甲基环戊二烯基三羰基锰加入混合搅拌罐中,搅拌15~30min,即得所需复合添加剂,产品为浅橙色液体。

【产品应用】 使用本品时可以直接利用滴混流的方法(即利用文丘里管滴加混合的方法)将其加入,把多种低质量的油品调配成符合国家标准的不同牌号的油品,使低质油品提高其利用价值。所说的低质量的油品包括原油减压蒸馏、热裂化、催化裂化、烷基化、焦化等炼油装置直接得到的汽油馏分。

在25~50质量份的90~97#汽油和50~75质量份的低质汽油的

混合物中，用滴混流的方法加入1～10质量份的本复合添加剂，就可以配成70#汽油。如果用50～70质量份的90～97#汽油和30～50质量份的低质汽油的混合物，再加入5～15质量份的复合添加剂，就可以配制成90#汽油。例如：

（1）在26kg 90#汽油和65kg石脑油的混合物中，用滴混流法加入9kg复合添加剂1#，即可配制成70#汽油。

（2）在36kg 90#汽油和60kg热裂化汽油的混合物中，用滴混流法加入4kg复合添加剂1#，即可配制成70#汽油。

（3）在50kg催化裂化汽油和48kg 93#汽油的混合物中，用滴混流法加入2kg复合添加剂2#，即可配制成70#汽油。

（4）在60kg 97#汽油和30kg热裂化汽油的混合物中，用滴混流法加入12kg复合添加剂1#，即可配制成90#汽油。

（5）在70kg 93#汽油和22kg催化裂化汽油的混合物中，用滴混流法加入8kg复合添加剂2#，即可配制成90#汽油。

【产品特性】　本品原料易得，工艺简单，使用方便，效果显著；能够提高汽油辛烷值，防止油品氧化生胶沉淀，提高油品的储存和使用安定性，还能防止汽油汽化器上的积碳，提高汽油的燃烧性能，使排出的尾气中烃类及一氧化碳的含量很少。

实例23　汽油环保添加剂

【原料配比】

原　料	配比（质量份）						
	1#	2#	3#	4#	5#	6#	7#
甲基叔丁基醚（MTBE）	2	10	10	2	2	10	6
丁醇（纯度≥98%）	40	18	18	40	40	18	20
甲醇（纯度≥99.99%）	500	990	990	500	500	990	970
甲基环戊二烯三羰基锰（MMT）	—	—	3	19	19	3	4
环乙胺（纯度≥95%）	—	—	—	—	5	20	10
乙二醇	—	—	—	—	30	5	15

【制备方法】 常温下将各原料混合均匀,搅拌1h即可。

【产品应用】 本品主要用作汽油添加剂。

使用方法:使用时只需将配制的汽油环保添加剂按照1%~30%的比例加入汽油中即可。

【产品特性】

(1)能有效地改善汽油品质,提高汽油辛烷值,抗爆效率高而添加量小,可提高汽油2~3个辛烷值。

(2)燃烧性好,能随燃料一同完全燃烧而不产生沉淀或残渣,节油效果明显。

(3)无副作用,对燃料其他性质无不良影响。

(4)易溶解,在室温下能溶解于汽油而不溶于水。

(5)性质稳定,在空气中不分解,沸点较高,不易蒸发损失。

(6)无毒性,对环境不造成污染。

(7)熔点低,不易结晶,便于实际使用。

实例24 汽油节油添加剂

【原料配比】

原料	配比(质量份)												
	1#	2#	3#	4#	5#	6#	7#	8#	9#	10#	11#	12#	13#
甲醇	30	25	19	10	30	29	27	30	28	29	30	29	19
硫酸铜	8	6	9	10	10	9	8	9	8	8.8	7	6	10
丙酮	9	5	9	10	10	10	9	8	9	9	3	6	10
六亚甲基四胺	15	10	14	15	15	14	13	14	12	15	14	13	14
斯盘-85	5	5	4	5	5	4	4.5	4	5	0.2	2	1	3
正丙醇	15	20	18	20	20	19	18.5	5	10	9	17	20	14
异丙醇	18	29	27	30	10	15	20	30	28	29	27	25	30
原料	配比(质量份)												
	14#	15#	16#	17#	18#	19#	20#	21#	22#	23#	24#	25#	26#
甲醇	28	15	18	20	23	29	30	26	29	28	29	27	29

续表

原　　料	配比(质量份)												
	14#	15#	16#	17#	18#	19#	20#	21#	22#	23#	24#	25#	26#
硫酸铜	9	10	9	9	8	3	8	9	7	9	7	10	1
丙酮	9	8.5	9	8	9	8	8	9	4	9	9	2	10
六亚甲基四胺	13	14	15	14	15	13	5	11	15	3	7	9	14
斯盘-85	0.5	4.5	2	3	2	3	2	5	1	4	3	5	4
正丙醇	12.5	19	18	19	16	18	17	17	15	19	18	17	19
异丙醇	28	29	29	27	27	25	30	23	29	28	27	30	23
原　　料	配比(质量份)												
	27#	28#	29#	30#	31#	32#	33#	34#	35#	36#	37#	38#	39#
甲醇	27	25	28	30	30	28	30	28	25	28	28	28	29
硫酸铜	6	8	2	9	4	5	9	6	10	7	10	9	7
丙酮	7	5	8	6	9	9	8	10	8	10	7	8	9
六亚甲基四胺	12	12	13	12	14	7	4	9	7	8	15	14	14
斯盘-85	1	3	2	1	5	4	3	3	4	2	3	4	3
正丙醇	18	17	17	15	18	19	17	18	16	18	7	8	10
异丙醇	29	30	30	27	20	28	29	26	30	27	30	29	28

【制备方法】 将甲醇和硫酸铜放入常压、恒温20℃反应釜中搅拌10～20min;每隔15min依次加入丙酮、六亚甲基四胺、斯盘-85、正丙醇、异丙醇。全部配料加入反应釜后再搅拌25～40min,生成蓝色透明液体即得汽油节油添加剂。

【产品应用】 本品主要用作汽油添加剂。

【产品特性】 本品配方科学合理,能有效改善汽油的品质,提高汽油辛烷值、提高燃烧值、增加动力、消除积碳、清洁燃油系统、节油效果明显;减少汽车尾气污染物的排放,增强机器润滑性,延长机器寿命,降低汽车运行成本;对燃油其他性质无不良影响及副作用,性质稳定,在空气中不分解,对环境不造成污染。它可以加入任何一种牌号的汽油中,高效环保汽油节油添加剂的添加比例为18mL/10L汽油,初次添加为20mL/10L汽油。试验检测结果显示:节油率高,在13%~20%;车辆尾气排烟值降低65%以上;发动机噪声下降20%以上;彻底清除积碳、清洁燃油系统、延长机件寿命;汽车最大输出功率提高20%以上;提高辛烷值,可使90#汽油提高到97#以上。

实例25 汽油净化尾气添加剂

【原料配比】

原料	配比(质量份)	
	1#	2#
乙醇	35	30
间甲基苯甲酸	12	12
三氯乙烷	12	12
环己酮	21	25
甲苯	20	21

【制备方法】 按配比将各原料混合均匀,形成汽油添加剂成品。

【注意事项】 间甲基苯甲酸的主要作用是助燃。

乙醇的主要作用是溶解。乙醇对某些化合物,尤其是对燃油以及与燃油有相似分子结构的化合物有较强的亲和力,能使添加剂与油料瞬时溶解。

三氯乙烷的主要作用是软化。在通常的标准汽油中,C、H、S、N等数据的差值较大,例如,在汽油中当C含量比例大时,由于其怠性强,加入三氯乙烷可将其软化,提高其活力。

【产品应用】 本品适用于车用汽油。使用时,添加剂与汽油的质量比为(1:500)~(1:2000)。

【产品特性】 本品原料易得,工艺简单,稳定性好,使用方便,易于推广;使用本品后,对汽油的各项理化性能指标没有不良影响,同时能够改善汽油的性能,燃烧完全,积碳少,一氧化碳的排放量平均降低20%,碳氢化合物排放量平均降低15%,有利于环境保护。

实例26 汽油生物添加剂

【原料配比】

原料	配比(质量份)		
	1#	2#	3#
甲基叔丁基醚	49	50	46
丙酮	0.2	0.22	0.17
甲醇	0.2	0.15	0.15
正丙醇	0.27	0.29	0.39
仲丁醇	0.13	0.14	0.12
二甲基甲酰胺	0.2	0.2	0.19
乙二醇甲醚	1	1	0.98
精炼棕榈油	49	48	52

【制备方法】 在环境温度为20~25℃的条件下,按照以下顺序:甲基叔丁基醚、丙酮、甲醇、正丙醇、仲丁醇、二甲基甲酰胺、乙二醇甲醚、精炼棕榈油,将各组分加入带有搅拌器的容器中,添加完毕后以150~200r/min匀速充分搅拌1~2h,使混合溶液全部溶解成均一溶液。

【注意事项】 所述精炼棕榈油产自马来西亚,成分及质量含量为:棕榈酸38%~40%,油酸41%~43%,亚油酸11%~13%,其他成分8%~10%。该精炼棕榈油在常温下呈膏状,与增溶剂混合后,能够在-15℃保持液态,从而适用于各种汽油机和国内的各种气候条件,也适用于各种以汽油为燃料的使用器械。

【产品应用】 使用时,将本添加剂按汽油体积的0.2%~0.6%直接加入汽油中作为发动机燃料,无须对汽油机进行任何改造。

【产品特性】 本品原料易得,配比合理,工艺简单,使用方便;能够显著改善汽油的经济性,降低燃油消耗率,大幅度降低排气中的CO和HC,减轻污染,符合环保要求。

实例27 汽油添加剂(1)

【原料配比】

原料		配比(质量份)			
		1#	2#	3#	4#
环戊二烯		—	—	4.1	1
蓖麻油		—	—	3.2	6
卤代烯烃	二氯乙烯	—	—	—	—
	二氯二溴-1-丁烯	1.2	—	—	—
	四氯乙烯	—	1.2	1.2	0.4
卤代乙烷	二氯乙烷	—	—	1	—
	二溴乙烷	—	—	—	—
	二氯二溴乙烷	—	—	—	—
酯类	丙二酸二甲酯	—	2	—	—
	丙二酸二乙酯	2	—	—	—
	醋酸丁酯	—	0.8	—	—
	醋酸丙酯	—	—	0.8	—
	乙酸丁酯	0.8	—	—	0.3
芳烃类	苯	—	—	11.8	—
	甲苯	59.4	57.8	31.4	38
酶类	过氧化物歧化酶(SOB)	1	1.2	0.8	—
	过氧化物酶(FC)	3	3.6	3.2	—
有机酸酐	醋酸酐(或丙二酸酐)	3	2.1	—	—
溶剂类	200#溶剂油	10.2	8.4	15.6	14
	煤油	19.4	22.9	26.9	40.3

【制备方法】 在常温常压下,将以上原料用一般的过滤方法,例如抽滤等方法进行过滤,除去不溶物等,然后放入带搅拌器的混合器中,充分搅拌,使各组分互溶而充分地混合,最后过滤,去掉不溶物,额

外加入染料，得到亮红色透明的液体产品。

产品中无不溶物等杂质，在20℃时密度为0.823～0.848g/cm³，闭口闪点>65℃，不含水溶性酸或碱等。

【注意事项】 卤代烯烃可以是C_2～C_5的卤代烯烃，所说的卤素可以是氯或溴，优选的是二氯乙烯、二氯二溴－1－丁烯或四氯乙烯。

卤代乙烷的卤素可以是氯或溴，优选的是二氯乙烷、二溴乙烷或二氯二溴乙烷。

通式C_xCOOC_y表示的酯类，式中x为1～4的整数，y为1～3的整数。可以选自乙酸乙酯、乙酸丙酯、乙酸丁酯、丙二酸二甲酯、丙二酸二乙酯等中的一种或两种的混合物，两种的混合比例一般为(1:1)～(1:3)。

芳烃类包括甲苯、二甲苯、乙苯等，可以选用其中的一种或两种的混合物，两者的混合比例一般为(1:1)～(1:3)。

酶类是过氧化物歧化酶(代号SOB)和过氧化物酶(代号FC)，两者的比例为(1:1)～(1:5)。

溶剂类包括200#溶剂油和煤油，两者的比例一般为(1:1.5)～(1:3)。

本品中除以上组分外，还可以含有上述组合物总量0.001～0.002的染料。所述染料可以是苏丹－Ⅰ和苏丹－Ⅱ，以使组合物显示一定的颜色。

【产品应用】 本品可以作为稳定轻烃、直馏汽油、石脑油、催化裂化汽油等的添加剂，用于提高汽油辛烷值，并可以代替四乙基铅等抗爆剂。

本品用量一般为汽油馏分质量的1‰～5‰，无须加四乙基铅等抗爆剂，就可调配为成品油，是生产无铅汽油产品的较理想添加剂。

本品也可以与本领域已知的汽油添加剂，如抗氧化剂2,6－二叔丁基对甲酚、苯二胺等一起使用。

【产品特性】 本添加剂可以大幅度地提高油品的辛烷值，并且无毒，可以明显改善油品的燃烧性能，促使汽油燃烧更完全，节油降耗效果显著；尾气排放符合国家标准，大大降低对环境的污染。

实例28　汽油添加剂(2)

【原料配比】

原　　料	配比(质量份)	
	1#	2#
甲醇或杂醇	60	42
乙醇	20	35
异丁醇	10	15
丙酮	5	5
双氧水	2	1.5
SEO－25 乳化剂(EMULSIFIER)	0.3	0.5
汽油(低标号无铅汽油)	2.7	1

【制备方法】

(1)在常温、密闭的条件下,向容器中加入甲醇或杂醇、乙醇和异丁醇,于2800r/min的转速下搅拌5～8min,得到乳化合成溶液,再加入丙酮,搅拌20min后得到A溶液。

(2)在搅拌条件下,向A溶液中加入双氧水,搅拌均匀后得到B溶液。

(3)向B溶液中加入SEO－25乳化剂,搅拌25min,直到溶液呈透明无色状时,边搅拌边缓慢地加入汽油直到完全溶解,得透明状液体即为所需添加剂产品。

【产品应用】　将本添加剂直接加入成品汽油中混匀即可,不需改动汽车任何部件。其加入量为汽油质量的20%～40%。

【产品特性】　本品成本低,使用方便,能够减少对天然石油资源的消耗,经济效益和社会效益显著;主要原料属于可再生的且极易取得的醇类与相关的化工原料进行物理化学反应后生成的产物,是汽油最方便实用的氢储体和供氧剂,因此本添加剂能够迅速溶于汽油中;由于本添加剂不含硫及其他复杂化合物,加入汽油中就可以提高汽油的辛烷值、汽化潜热,改善抗爆性能及稀燃能力,从而增强动力,降低油耗,并可以大幅度降低尾气中CO和HC化合物的排放,减轻污染。

实例29　汽油添加剂(3)

【原料配比】

原　　料	配比(体积比)		
	1#	2#	3#
甲醇	28.6	27.3	29.6
乙醇丁醇混合物[体积比(8~10):(92~90)]	18.8	19.5	19.1
乙醛缩二甲醇	0.5	—	—
甲基丙酮	8.7	9.8	9.6
丁酮	14.3	13.8	14.7
乙酸甲酯	8.6	9.2	9.5
甲苯	5	4	4.8
乙苯	3	3	2.9
6#溶剂油	3	4.2	4.4
200#溶剂油	6	5.8	5.4
N-甲基苯胺	3.5	3.4	—

【制备方法】　按照以下顺序:乙醇丁醇混合物、甲基丙酮、丁酮、甲苯、乙苯、乙酸甲酯、甲醇、乙醛缩二甲醇、N-甲基苯胺、溶剂油,将各组分加入4L反应釜中,采用浆式搅拌器,搅拌功率为7.5W,在常温、常压、密封的状态下搅拌20min即可将产品经泵打入成品罐。

【注意事项】　原料中的甲醇、乙醇丁醇混合物、丁酮、为主要成分;乙醛缩二甲醇、6#溶剂油、N-甲基苯胺为调配成分;甲基丙酮、乙酸甲酯、甲苯、乙苯、200#溶剂油为改性成分。

【产品应用】　本品可以改善汽油的质量,提高汽油的品质,降低汽油的成本,使汽油的辛烷值得以提高(辛烷值增加2~4个单位),动力性能增强。不仅可以提高汽油的抗爆性能,还能改善汽油的其他物化性能,同时还能降低汽车尾气中有害物质的排放,使尾气得到净化。另外,还可部分替代汽油作燃料。

【产品特性】 本品原料易得,工艺简单,性能稳定,使用方便,无须对汽车发动机作任何改动;本品不同于一般简单的替代燃料或单纯提高汽油辛烷值,而是作为一种富氢含碳可燃液体,像添加剂一样添加到汽油中,是环保型绿色产品。

实例30 汽油添加剂(4)

【原料配比】

(1)1#配方:

原 料	配比(质量份)
甲醇(纯度98%以上)	60
甲苯(工业级)	15
120#溶剂油	24
二茂铁	0.3
斯盘-20	0.1
吐温-20	0.1
十二烷基磺酸钠	0.2
乙酸乙酯	0.1
异丙醇	0.2

【制备方法】 在反应釜中,在常温常压下,先将二茂铁、斯盘-20、吐温-20、十二烷基磺酸钠、乙酸乙酯、异丙醇加入甲苯中溶解,再将甲醇、120#溶剂油加入容器中,进行三次以上循环调和即可,产品适于冬季使用。

(2)2#配方:

原 料	配比(质量份)
甲醇	100
甲苯	40
石脑油	56

续表

原料	配比(质量份)
二茂铁	1
斯盘-20	0.3
吐温-20	0.3
十二烷基磺酸钠	1
聚丁酰胺	0.4
异丙醇	1

【制备方法】 在反应釜中,在常温常压下,先将二茂铁、斯盘-20、吐温-20、十二烷基磺酸钠、聚丁酰胺、异丙醇加入甲苯中溶解,再将甲醇、石脑油加入容器中,进行三次以上循环调和即可,产品适于夏季使用。

(3)3#配方:

原料	配比(质量份)
甲醇(纯度98%以上)	60
甲基叔丁基醚(MTBC)	15
常压直馏汽油	24
二茂铁	0.2
五羰基铁	0.1
斯盘-18	0.1
吐温-12	0.1
十二烷基磺酸钠	0.1
十八烷基磷酸酯钠	0.1
乙酸乙酯	0.1
异丁醇	0.2

【制备方法】 在反应釜中,在常温常压下,先将二茂铁、五羰基铁、斯盘-18、吐温-12、十二烷基磺酸钠、十八烷基磷酸酯钠、乙酸乙

酯、异丁醇加入甲基叔丁基醚中溶解，再将甲醇、常压直馏汽油加入容器中，进行三次以上循环调和即可，产品适于冬季使用。

【注意事项】 甲苯要求采用石油甲苯(工业级)，也可以用甲基叔丁基醚代替；溶剂油可以用石脑油代替；甲醇要求以石油或天然气为原料生产，纯度98%以上。

所述促进剂和催化剂中各组分的质量配比范围是：C_3、C_4的醇0.1~0.6，乙酸乙酯0~0.2，无机盐和添加剂0.7~1.6。

无机盐和添加剂可以是二茂铁、吐温、斯潘、对苯二酚、十二烷基磺酸盐。

C_3、C_4的醇可以是正丙醇或正丁醇，也可以是异丙醇或异丁醇或它们的衍生物或同分异构体；其中二茂铁、吐温、斯盘、对苯二酚、十二烷基磺酸盐等既可以是促进剂，也可以是催化剂，即同时具有促进催化作用。

本品中还可以包括：二茂铁衍生物、烷基醇酰胺、五羰基铁、烷基磷酸酯盐、硝酸钾、硫酸钠、木质素磺酸盐等添加剂或调节剂。

可以采用常压直馏汽油按同样质量配比范围代替120#溶剂油；可以采用190#溶剂油或重整抽余油按同样质量配比范围代替石脑油。

【产品应用】 本品可以加入各种牌号的车用汽油中，加入后与93#汽油相比，百公里耗油量降低3%~6%。

【产品特性】 本品工艺简单，性能优良，能明显地提高汽油的辛烷值，降低汽油的胶质含量、铅含量、烯烃含量和芳烃含量，全面改善汽油品质，易发动，提速性能好，减少汽车尾气污染，降低汽车运行成本。

实例31 汽油添加剂(5)

【原料配比】

原　料	配比(质量份)
有机胺三乙醇胺	18
脂肪酸油酸	8

续表

原 料	配比(质量份)
醇类乙二醇	15
乳化剂脂肪醇聚氧乙烯醚	6
烃类甲基苯	53

【制备方法】

(1)将醇类和乳化剂进行混合。

(2)将有机胺和脂肪酸进行混合。

(3)将步骤(1)、(2)所得混合物进行混合,再加入烃类混合均匀即可。

【产品应用】 使用时,将本添加剂按照(1:50)~(1:200)的比例加入汽油中,然后加至汽车的油箱,和汽油一起进入燃烧系统。

【产品特性】 本品原料易得,工艺简单,性能优良,对金属无腐蚀,在汽油中稳定可靠;当汽油机在运行时,本品能够防止汽油燃烧时产生碳,并能自动清除已产生的碳沉积,避免缸盖、活塞、排气管等处的积碳现象,确保汽油机的正常运行,节省油耗,延长汽油机的使用寿命。

第六章 饲料添加剂

实例1 鸡饲料添加剂

【原料配比】

原料	配比(质量份)		
	1#	2#	3#
芦荟干粉	25	20	30
仙人掌干粉	40	45	35
螺旋藻干粉	17	10	25
大蒜干粉	8	10	6
蜂蜜	8	6	10
益生菌制剂	7	8	5

【制备方法】 将上述物料按配比要求称取后再放入搅拌器中进行充分搅拌混合即制得本产品。

【注意事项】 所述的仙人掌干粉是采摘具有三年期以上的墨西哥米邦塔食用仙人掌叶片,经清洗、烘干、粉碎而制成。所述的芦荟干粉是采摘三年期以上的芦荟叶片,经清洗、烘干、粉碎而制成。所述益生菌选取双歧杆菌、枯草芽孢杆菌、沼泽红假单胞菌、嗜酸乳杆菌、啤酒酵母菌中的一种或两种以上的复合菌,上述益生菌液用麦麸吸附并固定化于麦麸上成为益生菌制剂。

【产品应用】 本品用于鸡的饲喂。给鸡喂食时本饲料添加剂的加入量为鸡饲料总量的0.2%~1%。

【产品特性】

(1)本添加剂富含多种营养成分,能增进鸡的食欲使鸡喜食,食后生长速度快,产蛋多。

(2)本添加剂较大地降低了养鸡饲料的成本。

(3)本添加剂极大地提高了鸡的免疫功能,增强了鸡的防病、治病、抗病毒能力，使养鸡基本上不需再服用抗生素类药物，因而也无化学药物残留，为此所产鸡肉、鸡蛋为绿色无污染环保型食品。

（4）这些食品经人食用后也对人体有增强体质和提高免疫功能的作用。

实例2　家禽抗热防暑饲料添加剂

【原料配比】

原　　料	配比（质量份）		
	1#	2#	3#
小苏打	2000	4000	6000
氯化钾	200	400	500
石膏	5000	10000	12000
藿香	1000	200	600
薄荷	800	200	500
茯苓	500	400	600
冰片	50	50	50
维生素 C	50	100	120

【制备方法】　将上述原材料烘干后，按质量比称取，经粉碎均匀后，干燥保存即可。

【产品应用】　本品用作家食抗热防暑饲料添加剂。

【产品特性】　本方法在饲料中增加该添加剂后，能够逐步提高鸡的采食量，在炎热的夏季，采食量可提高到 125g/（只·天），7～10 天后，在采食量上升的同时，鸡蛋的色泽有所改变，产蛋率开始增加，气温越高，该添加剂的效果越明显。且该添加剂无毒、副作用，使用该添加剂后，在炎热的夏季，可明显提高蛋鸡的抗热和防暑能力，鸡的产蛋率可达 90% 以上，是一种夏季理想的饲料添加剂，该添加剂不仅对鸡有效，对其他家禽也有一定的抗热防暑作用。

实例3 家禽饲料添加剂(1)

【原料配比】

原　料	配比(质量份)
玉米粉	30
大青叶粉	15
硫酸锌	25
葡萄糖	13
大蒜素	8
酵母粉	4
硫酸铵	1.5
蛋氨酸	1.5
碳酸钙	1.5
乳酸	0.5

【制备方法】 将上述原料按配比混合搅拌均匀即可。

【产品应用】 本品用于家禽的饲喂。

【产品特性】 本饲料添加剂综合多种微量元素作用,提高家禽的免疫力,增强抗病性,家禽从饲料中能获得全面的营养。人体使用该禽蛋能增强免疫力,起到保健作用。

实例4 家禽饲料添加剂(2)

【原料配比】

原　料	配比(质量份)	
	1#	2#
碘化钾	70	100
碘酸钾	5	15
碘酸钙	5	15
酪氨酸	28	40
酵母	10	30

续表

原 料	配比(质量份)	
	1#	2#
硫酸镁	2.5	10
氯化钙	1	4
维生素 B_2 片	10 片	30
双蒸馏水	适量	适量

【制备方法】 取 15 ~ 25g 麦饭石粉碎成 120 ~ 150 目的 1 ~ 3mm² 的颗粒,装入布袋内加 3 倍量的双蒸馏水,再加入多功能提取罐内放酸气加热至沸腾,然后微煎,每 10min 搅拌一次,微煎 40 ~ 60min,煎煮液出锅,然后再加 3 倍量的双蒸馏水,反复微煎 3 次,合并煎煮液后加水至 10000mL 备用。

向上述水中加入碘化钾、碘酸钾、碘酸钙、酪氨酸、酵母、硫酸镁、氯化钙、维生素 B_2 片,搅拌成溶液即为本品的饲料添加剂。

【产品应用】 本方法用于家禽饲料添加剂及其制备。

【产品特性】 本方法的饲料添加剂为液体剂型,使用方便,不易挥发,易保存,安全无毒、副作用,成本低,而且饲喂本添加剂的蛋鸡产蛋率高。

实例 5 甲鱼饲料添加剂

【原料配比】

原 料	配比(质量份)
螺旋藻粉	20
类胡萝卜素	0.1
亚麻酸	10
花生四烯酸	0.1
谷氨酸	1.5
丙氨酸	0.5

【制备方法】 将各组分混合均匀即可。

【产品应用】 本品适用于全人工配合饲料饲养的温室甲鱼及露天甲鱼。

【产品特性】 本品原料配比科学,工艺简单,可使养殖甲鱼的商品价值显著提高,经济效益成倍增加,主要具有以下优点:

(1)使用本品后,养殖甲鱼的体色、脂色、肉质都有明显的改变,使用螺旋藻后,甲鱼的背部呈天然绿色,裙边增厚加阔;使用类胡萝卜素后,这些存在于饲料里的类胡萝卜素经过甲鱼体内的消化、吸收、转移后,最终沉积于甲鱼的脂类物质中,养殖甲鱼脂肪由原来的白色变黄,与野生甲鱼的重要特征之一“黄脂”相似。

(2)添加剂中含有养殖甲鱼缺乏的亚麻酸和花生四烯酸,使得甲鱼的肉质鲜嫩诱人,口感黏而不腻。

(3)针对养殖甲鱼普遍存在的味道不鲜的问题,添加剂含有两种养殖甲鱼严重缺乏的鲜味氨基酸——谷氨酸和丙氨酸,促进了养殖甲鱼的蛋白质营养中氨基酸的有效平衡,更重要的是找回了野生风味。

实例 6 碱式氯化铜饲料添加剂

【原料配比】

原料	配比(质量份)	
	1#	2#
硫酸盐铜矿	—	100
硫酸铜	100	—
水	500	500
食盐	200	80
盐酸	100	50
氨水	200	100

【制备方法】 将一定量的硫酸铜或硫酸盐铜矿(含量≥98%)加入水中,充分搅拌后加入食盐搅拌均匀,再加入盐酸(含量≥98%),温度控制在65~85℃充分反应,再向反应釜中通入空气使其氧化,在盐

酸浓度达到最低时 pH = 5 ~6 时即可停止通空气，静置反应液，待其彻底沉淀后，放出反应液进行过滤，滤出物再置入氨水中搅拌反应 2 ~ 4h，静置反应液，完全结晶沉淀后过滤，并用水洗涤沉淀物，将过滤后得出的沉淀物进行干燥，即得结晶型碱式氯化铜。

【产品应用】 本品是一种碱式氯化铜饲料添加剂。

【产品特性】 本配方的生产方法，经过多次试验、筛选获得较佳工艺路线，具有工艺简单、成本低、无污染等优点。特别是以硫酸铜为原料的方法，时间短，收率高，纯度好，最后工序无须酒精洗涤，降低了成本并减少对环境的污染。

实例7　抗应激饲料添加剂

【原料配比】

原　料	配比(质量份)
黄芪多糖	25
黄芩苷	25
薄荷油包裹物	15
金银花	15
维生素 C	3
维生素 E	3
吡啶甲酸铬	0.015
氧化锌	0.18
精氨酸	0.8
色氨酸	3
谷氨酰胺	2
硫酸钠	2
碘酸钙	2
亚硒酸钠	1.5
磷酸二氢钾	1.5
可溶性淀粉	4.005

【制备方法】 按照上述比例称取黄芪多糖、黄芩苷、薄荷油包裹物、金银花提取物、维生素 C、维生素 E、吡啶甲酸铬、氧化锌、精氨酸、色氨酸、谷氨酰胺、硫酸钠、碘酸钙、亚硒酸钠、磷酸二氢钾以及辅料可溶性淀粉,混合均匀,即制得本饲料添加剂。

【产品应用】 本品用于提高动物机体抗应激能力,改善动物产品品质。使用方法:按照0.1% ~0.3%(质量分数)将上述饲料添加剂加入禽畜饲料中,混合均匀即可。

【产品特性】

(1)本品可增强禽畜的抗应激能力,尤其适于增强抗冷应激和热应激能力,促进生长。

(2)本品可急速补充脱水所造成之电解质流失,并快速恢复细胞渗透压与调解体内酸碱平衡。

(3)本品可缓解水生动物的水体抗中毒能力。

实例8 抗仔猪断奶应激的饲料添加剂

【原料配比】

原料	配比(质量份)
维生素 C	10
富马酸亚铁	40
菌体小肽	5
维生素 B_1	6
氧化锌	15
石粉	200
维生素 B_{12}	2
硫酸锰	5
沸石粉	250
赖氨酸	80
碘化钾	0.5
脱脂米糠	300

续表

原　　料	配比(质量份)
苏氨酸	20
磷酸氢钙	66.5

【制备方法】 将各组分混合均匀即可。

【产品应用】 本饲料用于仔猪的饲喂。使用方法为:

(1)体重小于25kg的仔猪,在饲料中添加的抗仔猪断奶饲料添加剂的质量分数为0.5%~1%。

(2)出现拉稀、腹泻、食欲减退、体温升高症状的仔猪,饲料中添加的比例为1.5%~2%。

(3)仔猪贩运前或购入后,饲料中添加剂比例为1%~15%。

【产品特性】 本饲料添加剂可预防和治疗仔猪在断奶和运输过程中出现的腹泻、食欲减退等应激症,同时可促进仔猪生长发育良好。

实例9 快速营养饲料添加剂

【原料配比】

原　　料	配比(质量份)
煤	50
酵母	10
大苏打(海波)	20
硫酸铁	4
硫酸镁	4
维生素B_1	3
维生素C	4
复方新诺明	1.5
黄精	6

续表

原　料	配比(质量份)
合香	4
射干	1.5
槟榔	3
食欲旺饲料	4
蚕沙	30
白碱	30
硫酸铜	6
硫酸锌	4
硫酸锰	4
维生素 B_2	6
黄连素	1.5
小苏打	7
贯众	4
石菖蒲	5
何首乌	1.5
大哥大饲料	3
麦芽	33

【制备方法】 将各原料经粉碎成粉末、混合、搅拌、包装即得产品。

【产品应用】 本方法用于快速营养饲料添加剂。

【产品特性】 本方法与现有技术相比,它综合了国内外饲料添加剂的优点,独创加入中草药,具有开胃、驱虫、催眠、助长、抗病等多种功能,能在短期内将猪催肥,既节约时间,又节省饲料,无副作用,容易生产和使用。

实例10 鲤鱼全价配合颗粒饲料添加剂

【原料配比】

原 料	配比(质量份)
钼酸铵	0.21
氯化钴	1.7
碘化钾	0.48
亚硒酸钠	0.16
硫酸锌	75
硫酸锰	75
硫酸镁	140
硫酸铜	7
磷酸二氢钾	110
磷酸二氢钠	110
氯化钾	50
磷酸氢钙	1250
松针粉	110
氯化钠	530
硫酸亚铁	120
维生素 A	90 万 IU
维生素 D	21 万 IU
维生素 E(含量50%)	5.5
维生素 K_3	2.7
维生素 B_1	1.1
维生素 B_2	0.6
维生素 B_6	1.5
烟酸	2.5

续表

原　料	配比(质量份)
泛酸钙	4.1
肌醇	4.6
维生素C酯	6
胆碱	75
松花粉	60
喹乙醇	7
沸石粉	340

【制备方法】

(1)将松针粉与磷酸氢钙混合。

(2)将磷酸二氢钾、磷酸二氢钠、钼酸铵、氯化钴、碘化钾混合。

(3)将步骤(1)和(2)所得混合物与剩余无机盐混合进行充分搅拌,使均匀度系数在5以下装袋。

(4)取胆碱与1/4量的沸石粉混合,充分搅拌后包装成袋。

(5)将松花粉与维生素C酯混合,充分搅拌。

(6)将步骤(5)所得混合物与其他维生素充分搅拌,再加入烟酸、汽酸钙、肌醇、喹乙醇和剩余量的沸石粉,搅拌使均匀度系数在5以下,包装成袋。

(7)将上述三袋混合物部分加入200kg配合饲料量的1/10量中进行第一次搅拌,再加入4/10量的饲料进行第二次充分搅拌,第三次搅拌即为全量搅拌,使均匀度系数达到10以下,即可压制颗粒饲料。

【产品应用】 本品适用于鲤鱼的网箱和池塘养殖。

【产品特性】 本品原料来源广泛,配比科学,工艺简单,易于推广;由于本品添加了新型成分,不但增产高效且可增强鱼类体质,对防止烂鳃、肠炎、赤皮等细菌性疾病尤为显著,并对池塘水质有改良作用。

实例11　芦荟饲料添加剂

【原料配比】

原　　料	配比(质量份)
芦荟干粉	200
松针粉	250
黄荆	100
硫酸铜	20
硫酸亚铁	10
硫酸锌	15
硫酸锰	8
硫酸镁	8
维生素A	2
维生素B	2
维生素C	2

【制备方法】　将各组分混合均匀即可。

【产品应用】　芦荟添加剂加入预混料中作饲料,可广泛用于猪、牛、羊、鸡、鸭、鹅、兔等各种家禽家畜,对改进禽畜的生长作用极大。

【产品特性】　由上述添加剂可调配成猪、鹅等畜禽饲料,具有抗病能力强,生长快,降低饲料成本等优点。

实例12　鹿用中药饲料添加剂

【原料配比】

原　　料	配比(质量份)
补骨脂	10
肉苁蓉	8
蛇床子	10
巴戟天	6

续表

原　　料	配比(质量份)
菟丝子	5
楮石	5
小茴香	4
锁阳	4
沉香	3
紫蔻	2
细辛	1
肉桂	1
制附子	1
炎黄芪	4
鹿角胶	3
山药	3
熟地	3
枸杞	2
山茱萸	2
杜仲	2
当归	3
五味子	2
何首乌	2
龟板	2
炙甘草	5
食盐	2

【制备方法】 上述中药经粉碎机粉碎,过80目筛,装于塑料袋内

常温保存。公鹿投入配种之前至少7天开始喂该饲料添加剂，每头每天一次，每次10~20g，将该散剂混于公鹿早饲或晚饲中，连续喂饲，直至第一情期发情母鹿全部配种为止。

【产品应用】　本方法用于鹿用中药饲料添加剂。

【产品特性】　本方法优点在于，对母鹿不做任何处理，不干预精子与卵子受精，不干预受精后胚胎的孕育过程；出生仔鹿生长发育正常；不需昂贵的仪器设备，操作简单，使用方便，成本低廉。

实例13　绿色环保饲料添加剂

【原料配比】

原　　料	配比(质量份)
碎茶叶	20
松针粉	9
羽毛粉	10
山楂	12
野南瓜	15
雷公藤	8
苦参	12
茯苓	12
洋金花	2
石膏	20
食盐	10

【制备方法】

(1)将各组分分别粉碎至颗粒状(已成为粉状物的石膏、羽毛粉不需要再粉碎)后烘干。

(2)将需要发酵的成分，碎茶叶、松针粉、山楂、野南瓜、苦参、茯苓的粉碎料分别盛装，再按每千克碎料16~29g神曲粉和3~8g酵母分别加入,并充分和匀,再加入适量20~40℃的温水干湿和匀至以手握成团、搓揉松散为度,再分别装入密封容器内进行发酵,发酵温度以30~40℃为宜,时间为4~7天,以发酵物中心有白色菌丝为准,然后取出烘干。

(3)将烘干的各组分碎料进行配制,并加入原本已是粉状物的成分(石膏、羽毛粉),通过搅拌和匀,即得产品。

【产品应用】 本品为动物饲料添加剂,适用于猪等家畜。

如果将本品加入浓缩料中,则按浓缩料的20%~28%配加本添加剂;如果是将本品加入全价料中,则按全价料的4%~6%配加本添加剂。

【产品特性】

(1)原料来源广泛,工艺简单,成本低,效果好,既能使动物快速生长,又能抗菌防病。

(2)产品由纯中药组成,不含任何激素及对人体有害的化学物质,不会造成肉食品质下降,绿色环保,经济效益和社会效益显著。

实例14 麻鸭饲料添加剂

【原料配比】

原料	配比(质量份)		
	1#	2#	3#
丹参	12	15	10
黄芪	11	10	14
山楂	17	18	13
栀子	15	11	18
虎杖	10	8	11
红辣椒	10	7	12
桑叶	22	26	18
β-胡萝卜素	3	5	4

【制备方法】 将各组分放于粉碎机中分别粉碎，然后将其混合均匀即得本品。

【产品应用】 本品是专门用于喂养麻鸭的饲料添加剂。

【产品特性】 本品组方科学，原料易得，工艺简单；向麻鸭饲料中加入本品后，不仅能有效提高并稳定蛋黄色素在国际标准 12 级以上，能够提高麻鸭的健康水平与产蛋率，无任何毒副作用，人食用此种鸭蛋后对健康也有益处。

实例 15　母猪多维饲料添加剂

【原料配比】

原料	配比(质量份)			
	1#	2#	3#	4#
维生素 E(50%)	16	10	20	15
维生素 A(500000IU/g)	3.0	5.0	1.0	2.5
维生素 D_3(5000000IU/g)	0.4	0.2	0.6	0.5
维生素 K_3(50%)	0.4	0.6	0.2	0.3
维生素 B_1	0.2	0.1	0.5	0.3
维生素 B_2	0.88	1.0	0.5	0.75
维生素 B_6	0.4	0.2	0.6	0.3
维生素 B_{12}(1%)	0.3	0.5	0.1	0.25
烟酸	3.5	2.0	6.0	4.5
抗氧喹	5.0	8.0	3.0	5.5
膨润土	0.5	0.8	0.2	0.5
泛酸	2.4	1.0	4.0	0.25
叶酸	0.42	0.6	0.2	0.35
生物素(2%)	2.5	1.0	5.0	2.0
谷壳粉	9.11	12.0	5.0	8.5
纳米氧化锌	16	10.0	20.0	15.0

【制备方法】 将各组分混合均匀即可。

【产品应用】 本品为母猪饲料添加剂。添加剂添加到饲料中,其添加量为0.10%~0.50%(质量分数)。

【产品特性】 本品通过调节叶酸与生物素、维生素 B_{12}之间的比例,促进乳汁分泌,同时,通过纳米氧化锌与生物素之间的相互作用,防止猪在冬天因天气干燥造成的裂蹄,具有补充饲料营养组分之不足,增强动物的抗病能力,促进动物正常发育和加速生长的作用。

实例16 中草药畜禽饲料添加剂

【原料配比】

原 料	配比(质量份)			
	1#	2#	3#	4#
海藻	35	40	42	45
牡蛎	40	38	49	42
陈皮	3	2	2	6
艾叶	2	3	4	6
辣椒	1	1	2	2
昆布	—	2	—	2
益母草	—	—	5	5

【制备方法】 将上述原料干燥粉碎至50~80目混匀即可。

【产品应用】 本品用于畜禽的饲喂。本饲料添加剂在具体应用时与饲料的配比为每100kg饲料中添加1~2kg添加剂。

【产品特性】 本品解决化学药物与抗生素添加剂,除其本身残留、毒副和无营养作用外,在其合成过程中又有被砷、铅等其他有害物质污染的弊端,给最终利用动物性产品的人类健康带来了危害的问题。

实例17 中草药复合氨基酸饲料添加剂

【原料配比】

原料	配比(质量份)				
	1#	2#	3#	4#	5#
黄芪	12	3	6	18	20
酸枣仁	3	1	5	8	7
柏子仁	35	10	12	60	55
车前草	20	10	30	60	50
甘草	15	5	6	35	25
神曲	25	10	6	30	40
酒饼	20	5	8	40	35
芒硝	100	25	50	120	150
由角蛋白制得的复合氨基酸浆料	120	40	120	150	100
谷物壳糠	740	—	—	—	—
载体料	—	915	829	584	598

【制备方法】 将上述八味中草药经烘焙、粉碎后与由角蛋白制得的复合氨基酸浆料混合,再进行烘干、粉碎,最后与载体料或谷物壳糠充分混合后即得本产品。

所用的复合氨基酸可以从角蛋白制取,其制备工艺如下:将角蛋白(即动物毛料)经过挑选,除去杂质后按常规加温水解10h,再用纯碱调pH值为3.8~8后即制得复合氨基酸浆料。

【产品应用】 本饲料用于禽畜的饲喂。

【产品特性】 用本饲料添加剂与普通饲料配合喂养畜禽,可促进畜禽的生长发育,改善畜禽的肉质,还可以帮助畜禽消化、防止泄泻、增强抵抗疾病的能力。

实例18 中草药复合浓缩饲料添加剂

【原料配比】

原 料	配比(质量份)
夜交藤	500
北五味	500
龙骨	300
牡蛎	500
当归	200
黄芪	500
莱菔子	500
熟地	400
陈皮	200
麦芽	500
山楂	300
肉苁蓉	300
神曲	400
使君子	100
甘草	500
沸石粉	20~800

【制备方法】 将上述各原料经85℃烘干1~2h后,用粉碎机粉碎,粉碎粒度为60~80目,搅拌均匀即得。

【产品应用】 本品广泛适用于各种牲畜和家禽的饲养。

【产品特性】 本品由多种天然中草药原料组成,对畜禽具有开胃健脾、消炎止痛、防瘟抗病之功效,且营养丰富、性能稳定,无激素,无副作用,使用方便,每天只喂一次,投入少,收益高。

实例19　中草药复合饲料添加剂

【原料配比】

原　　料	配比(质量份)
黄芩苷	1～2
黄芩	10～12
黄芪多糖	3～5
黄芪	10～12
黄柏	10～15
板蓝根	10～15
马齿苋	11～15
诃子	11～15
甘草	7～10
白芍	7～10
白术	7～10
山楂	7～10

【制备方法】 将黄芩、黄芪、黄柏、板蓝根、马齿苋、诃子、甘草、白芍、白术、山楂等各生药第1次加8～10倍量的水煮沸1h，第2次加8倍量的水煮沸1h，第3次加5倍量的水煮沸30min，将3次煎液合并后过滤，再将滤液置70℃水浴浓缩至1∶1(即每毫升药液中含有1g生药)即成水煎浓缩液。向水煎浓缩液中加入浓度为95%的乙醇，使混合液中乙醇的浓度为60%。将醇沉液置于4℃冰箱，静置24h后，以3000r/min的转速离心5min，沉淀并过滤，取上清液置于70℃水浴中，使乙醇挥发，再加入95%乙醇，使乙醇含量达到80%以上，将醇沉液置于4℃冰箱，静置24h，滤纸滤过；滤过液70℃水浴，挥发去乙醇，则制成醇处理后浓缩液。滤液加入纯化水，将药液定容为含生药量为1g/mL，用0.25μm滤器抽滤后，流通蒸汽灭菌30min后备用。将上述各成分等体积混合，待干，粉碎成粉状。

【产品应用】 本品适合畜禽养殖场，饲料、兽药生产厂。

【产品特性】 本饲料添加剂无毒副作用,可安全应用于临床,能够提高动物机体免疫力,能够有效地抑制大肠杆菌、鸡白痢沙门氏菌、巴氏杆菌、金黄色葡萄球菌和 D 族链球菌;在肉鸡基础日粮中添加本饲料添加剂 1% 替代抗生素类饲料添加剂,饲料效率提高 2.0% 、成活率提高 2.5% 、发病率降低 17.5% 。

实例 20 中草药复合猪饲料添加剂

【原料配比】

原料	配比(质量份)
中草药合剂	530
氨基酸合剂	220
微量元素合剂	180
多种维生素	20
甜菜碱	40
防霉剂	10

其中中草药合剂、氨基酸合剂、微量元素合剂配比:

原料		配比(质量份)
中草药合剂	松针	50
	大蒜	30
	神曲	30
	贯众	30
	苦参	30
	艾	30
	大枣	30
	红花	30
	当归	30
	黄芪	30

续表

原　　料		配比(质量份)
中草药合剂	防风	30
	山楂	30
	陈皮	30
	谷芽	30
	麦芽	30
	党参	30
	羌活	30
氨基酸合剂	赖氨酸	125
	蛋氨酸	75
	胱氨酸	10
	色氨酸	10
微量元素合剂	硫酸铁	40
	硫酸铜	30
	硫酸锌	30
	硫酸镁	20
	硫酸锰	20
	碘化钾溶液(1%)	20
	亚硒酸钠	10
	氯化钴	10

【制备方法】　首先将各种中草药分别晒干或烘干,按量称取,磨成细粉;再将这些中草药作为载体添入氨基酸合剂、微量元素合剂、多种维生素、甜菜碱、防霉剂,充分混合搅拌均匀,装袋封口,每袋为500～1500g。使用时,将此袋装剂与陈石灰、过磷酸钙、食盐再搅拌均匀,组成4500g添加剂,配以100kg的配合饲料喂猪即可。

【注意事项】　多种维生素可以采用市售的多种猪用维生素商品,如"北京多维猪用2号"。防霉剂可以采用市售的"防霉灵"或"降霉王"。

【产品应用】 本品用于猪的饲养。

【产品特性】 本品原料来源广泛,工艺简单;使用本品后,猪生长快,15~20kg 的小猪进栏长到 180~200kg 的成猪仅需 80~90 天,料肉比为(2.2:1)~(2.4:1),在猪的基本日粮中可以不用动物蛋白饲料的鱼粉,而用菜子饼、黄豆粉代替,大大降低了饲料成本,提高了养猪的经济效益,极具推广应用价值。

实例21 中草药高效饲料精

【原料配比】

原料	配比(质量份)						
	1#	2#	3#	4#	5#	6#	7#
硫酸铜	2	6	4	6	5	4	6
硫酸亚铁	4	8	6	8	8	15	8
硫酸锌	2	6	3	6	6	4	6
碘化钾	0.001	0.0015	0.0013	0.0015	0.0015	0.0015	0.0015
五水合硒酸钠	0.001	0.002	0.0015	0.002	3	0.002	0.002
六水合二氯化钴	0.001	0.0015	0.0013	0.0015	0.0015	0.0015	0.0015
磷酸二氢钙	1	4	3	4	3	3	3
碳酸钙	2	6	4	6	4	5	5
硫酸锰	0.3	0.5	0.4	0.5	0.3	0.3	0.4
喹乙醇	0.2	0.4	0.3	0.4	0.3	0.2	0.4
糖精	0.3	0.6	0.4	0.6	0.5	0.4	0.5
香味诱食剂	0.3	0.5	0.42	0.5	0.3	0.5	0.5
麦芽	0.4	1	0.7	1	1	0.8	1
陈皮	—	0.6	0.5	0.6	0.6	0.3	0.6
山药	0.3	0.6	0.5	0.6	0.6	0.6	0.6
山楂	—	1.5	1.2	1.5	1.5	1	1.5
贯众	—	0.8	0.6	0.8	0.8	0.6	0.8

续表

原　　料	配比(质量份)						
	1#	2#	3#	4#	5#	6#	7#
首乌	—	0.6	0.4	0.6	0.6	0.5	0.6
茯苓	0.4	0.8	0.6	0.8	0.8	0.5	0.8
建曲	0.4	1	0.8	1	1	0.8	1
酵母	—	—	—	—	3	—	7
苏打粉	—	—	—	—	3	6	6
赖氨酸	—	—	—	—	—	3	5
蛋氨酸	—	—	—	—	—	0.5	0.8
粗蛋白质	—	—	—	—	—	20	30

【制备方法】 将上述原料按配比混合均匀即可

【产品应用】 本方法用于中草药高效饲料精。

【产品特性】 本方法具有下列特点：

(1)催肥效果明显，增重迅速，在喂养猪的饲料中添加适量本品，可缩短饲养期2~3个月，20kg重的仔猪经100天喂养体重可达100kg左右，肉质鲜美。

(2)既具有现代浓缩饲料的优点，又具有添加剂和中草药的特点，组成中既含动物生长发育所需的多种微量元素、氨基酸等营养成分，又有改善口味、增进食欲的诱食调味组分，还有多种中草药，有助于改善动物的消化吸收功能、预防疾病、增强抗病力、转化粗纤维、增加蛋白质的吸收，使动物健康迅速地生长。

实例22　中草药饲料添加剂(1)

【原料配比】

原　　料	配比(质量份)
神曲	14
山楂(或麦芽)	6

续表

原　　料	配比(质量份)
党参(人参或山药)	6
何首乌(熟地、灵芝或女贞子)	4
五味子	3
淫羊霍(仙茅或肉苁蓉)	2
仙藿草	3
拳参	2
白头翁	2
云白芍	2
人参、黄连、黄芩、党参茎叶和三七叶	8
微量元素、维生素和氨基酸	12
载体沸石	36

【制备方法】 将中草药原料配合,再粉碎通过60目以上筛;将微量元素、氨基酸、维生素和沸石混合,再与上述中草药混合均匀,称量、包装(500g/袋或1000g/袋)即得成品。

【注意事项】 载体优选为沸石,微量元素可选自铁、铜、锌、锰、碘、硒或它们的混合物,当归、穿心莲、甘草或它们的混合物。

【产品应用】 本品适用于鸡、鸭、猪、牛、鱼等。

本品可以添加到现有的饲料中,添加量优选为占饲料重的1.2%~2.6%。饲料中添加量具体可以是:乳猪2.5%,仔猪2%,育肥猪1.8%,牛2%。

【产品特性】 本品能够补充饲料营养的不足,防止和延缓饲料品质的恶化,提高动物对饲料的适口性和利用率,预防和治疗某些疾病和腹水症、腹泻等,增强动物的机体免疫力,降低死亡率,增进肾功能代谢,促进动物生长发育和加速生长,提高饲料转化率,降低饲养成本,改善肉质风味,改善畜禽产品的产量和质量。

实例23 中草药饲料添加剂(2)

【原料配比】

原料		配比(质量份)
中草药		90
矿物质		10
另加成分	赖氨酸	0.05
	复合维生素	0.02
	鱼粉	5
	防腐剂(丙酸钠)	0.015

其中中草药配方:

原料	配比(质量份)
麦芽	13
苍术	8
首乌片	23
贯众	30
陈皮	8
松针粉	10
苦参	20

其中矿物质配方:

原料	配比(质量份)
碳酸钙(其中骨粉1000,贝壳粉或石粉1640)	2640
过磷酸钙	1940
硫酸镁	160
硫酸亚铁	132
硫酸铜	10

续表

原　　料	配比(质量份)
硫酸锰	30
硫酸锌	83
碘化钾	3
氯化钴	1
亚硒酸钠	1
食盐	1000

【制备方法】

(1)将中草药饮片(除松针粉、贯众外)加热炒制、粉碎,用120目或125目筛进行筛选,取筛下物。

(2)将矿物质及另加成分先加工碾碎成粉状物,再过120目或125目筛,取筛下物。

(3)取步骤(2)筛下物按2.5倍量加入已加工好的中草药粉,进行两次稀释预混,然后再加入全部的中草药粉中混合,并用搅拌机充分搅拌混合均匀,即得到黄褐色粉末状成品。

【注意事项】　在中草药和矿物质按比例混合的配料中还须掺入另加成分,其掺入量是,每100kg中草药和矿物质混合料中加入5kg鱼粉、50g赖氨酸和适量的维生素和防腐剂。

【产品应用】　本品可用于猪的饲养。

使用方法:每100kg配合饲料(或混合精料)可使用本品1.5~2kg,经拌和均匀即可按猪的日粮标准喂养,连续使用20天,停用7~10天,再按上述方法继续喂养。

本品具体用量可以按猪的体重大小来控制,一般情况是,小猪(体重15~30kg以下)每天按25~30g配给,大、中猪(体重40~60kg以上)每天按40~50g配给。对于长期生长缓慢的猪可以适当加大剂量。

本品用塑料袋封装,鉴于中草药的保存期有限,本品的保存期一般为3个月。宜放阴凉、干燥和避光处保存。为保证本品的效果,不宜用高温蒸煮，因此使用时可以改熟喂为生喂。在饲料中投入中草药饲料添加剂，既可以均匀拌和也可以按量撒入。

【产品特性】　本品加工方法比较简单，选用中草药的种类少，但功能效果显著，具有理气、健脾、和胃消食、养血、养精等功效。中草药和矿物质及另加成分的配比合理，既保证了生猪生长需要的各种营养物质的补充，又能使生猪防病保健，保持正常的生理功能，从而大大提高了猪的育肥速度。本品在使用中安全无毒，对生猪生长发育无任何副作用。

实例24　中草药饲料添加剂(3)

【原料配比】

原　　料	配比(质量份)		
	1#	2#	3#
黄连提取物	35	30	40
黄芪提取物	25	30	30
陈皮微粉	35	40	40

【制备方法】

(1)先取黄连去杂、切碎处理；然后用70%～80%乙醇浸提，浸提时间2～4h、温度70～80℃、溶剂原料比(7:1)～(9:1)；再喷雾干燥浓缩；用液相色谱对黄连中的主要作用成分小檗碱进行测定，用淀粉作填充物，使小檗碱占提取物的10%。

(2)取黄芪去杂、切碎处理；然后用70%～80%乙醇浸提，浸提时间2～4h、温度70～80℃、溶剂原料比(7:1)～(9:1)；再喷雾干燥浓缩；用淀粉作填充物，将黄芪制成10:1提取物。

(3)将陈皮干燥粉碎至80～120目微粉。

(4)将步骤(1)、(2)和(3)所得物料混匀，包装即为成品。

【产品应用】　本品适用于猪、鸡等畜禽。

使用时，将本品按饲料质量的1‰～1.5‰添加到饲料中，用来喂养动物。

【产品特性】 本品可以有效替代抗生素类添加剂,无毒副作用,无药物残留,有益于动物和人类健康;工艺科学合理,产品达到微量化,解决了以往直接粉碎添加,剂量大和有效成分含量不稳定的缺点;使用本品可促进动物生长,提高饲料转化效率,降低疾病发生率,经济效益和社会效益显著。

实例25 中草药饲料添加剂(4)

【原料配比】

原料	配比(质量份)				
	1#	2#	3#	4#	5#
硫酸亚铁	17	4.4	15	4.5	2
硫酸锰	9	0.8	5	4	0.7
硫酸锌	8	1.1	8.05	2.93	2
硫酸铜	3	0.3	6	0.33	0.14
碘化钾	0.02	0.004	0.03	0.0033	0.004
亚硒酸钠	0.02	0.004	0.02	0.0066	0.002
氯化钴	0.02	0.004	0.03	0.0166	0.002
硫酸镁	2	0.6	1.4	0.083	13
硼酸	0.25	0.04	0.2	0.016	0.034
碳酸氢钠	10	1.148	7	1.373	0.6
氯化钠	—	4	—	—	0.1
小茴香	3	—	2	—	—
茴香	—	0.4	—	—	0.4
甘草	—	0.6	2	—	—
黄柏	—	1	—	1.66	0.6
苦参	—	2	5	4.166	1
苍术	5	3	5	6.66	1.6

续表

原　　料	配比(质量份)				
	1#	2#	3#	4#	5#
麦芽	2	2	2	4.166	—
蒲公英	5	2	—	4.166	2
艾叶	5	3	13	—	1
干姜	—	0.4	2	—	—
马齿苋	—	—	10	—	2
益母草	—	4	—	—	—
松针粉	—	4.4	—	—	3
绿豆	15	20	5	—	5
沸石粉	加至100	加至100	加至100	加至100	加至100

【制备方法】

(1)称取氯化钴、碘化钾、亚硒酸钠,加水溶解后,分别喷涂在载体沸石粉中,搅拌均匀、烘干、过筛。

(2)称取硫酸铜、硫酸亚铁、硫酸锌、硫酸镁、硼酸、碳酸氢钠、硫酸锰,拌入载体沸石粉中,过筛。

(3)称取中草药,粉碎、过筛。

(4)将步骤(1)、(2)和(3)所得物料加入混拌机中,搅拌混合均匀,质检合格后分装即可。

【注意事项】 本品由矿物质元素、中草药和载体组成。

矿物质元素包括:硒、钴、锌、铜、镁、锰、铁、碘、硼。

植物中草药包括:黄柏、苦参、苍术、艾叶、甘草、麦芽、绿豆、蒲公英。

载体采用沸石粉。

【产品应用】 本品为畜禽用饲料添加剂。

【产品特性】 本品含有多种微量矿物质元素、维生素和氨基酸,不仅营养丰富,而且对畜禽有消炎、抑菌等功效,增强机体免疫力,对畜禽贫血、骨质软化、生长停滞、产蛋下降、肠道疾病等均有明显防治效果,并且无任何毒副作用、无配伍禁忌。

实例26　中草药饲料添加剂(5)

【原料配比】

原　　料	配比(质量份)
胆矾	8.2
绿矾	5.5
炉甘石	20
赤石脂	20
硫黄	7
白矾	12
硼砂	2.5
生石膏或滑石粉	24.8

【制备方法】　本品的工艺流程是:选料→粉碎→过筛→配料→混匀→分量→包装→成品。

首先将各组分进行筛选,分别粉碎过筛,以全部通过60~100目筛为合适细度,然后按比例将各组分送入搅拌机,搅拌均匀即可。在配制时一定要搅拌均匀,所以每次搅拌的时间不得少于20min。

【产品应用】　本品为畜禽饲料添加剂,适用于牛、猪、羊、鸡、鸭、鹅等多种畜禽的养殖。饲养时的添加量家禽为家畜的1/2。

以饲喂猪为例:饲养前应将添加剂与配合饲料混合均匀,用量为饲料量的1%,然后按猪的采食量加水调拌,料水比为1:1,不超过1:2,喂上顿拌下顿,一日3~4餐,自由饮水。

【产品特性】　本品原料来源广泛,价格低廉,配比科学,工艺简单;产品不含抗生素和激素,对畜禽无任何毒副作用,用后不仅有促生长作用,还可预防多种疾病。

实例27　中草药饲料添加剂(6)

【原料配比】

原　　料	配比(质量份)
中草药	15.5
矿物质	72
骨粉	10
菜籽饼	2.5

其中中草药的配比为：

原　　料	配比(质量份)
赤首乌	2
土黄芪	2
柏子仁(或酸枣仁)	1
麦芽或神曲	4
秋牡丹	2.5
大黄	2
苏打	3

其中矿物质的配比为：

原　　料	配比(质量份)
硫黄	24
石灰	24
食盐	24

【制备方法】　分为粗制和精制两个阶段。

1. 粗制阶段：

(1)首先对矿物质进行处理，把生石灰块置于阴暗处，让其吸潮裂解，成为熟石灰，然后过50目筛，对余下细粉进行高温提炼，冷却后置于密闭洁净处备用；食盐用高温拌炒，炒至锅内食盐冒出火花时，停火、冷却、备用;硫黄用粉碎机粉碎成粉末状,磨粉备用。

(2)麦芽的制作:通常在20℃左右,用箩筐把麦子装起来,蒙上遮盖物,每天过水一次,将麦子发芽,长至3cm左右,取出放在阳光下,晒干、碾碎,置于干凉处备用。

(3)各种骨粉的制作:将各种骨头、贝壳、蛋壳等原料,用1%的食盐溶液浸泡8~12h,然后取出晒干,用粉碎机粉碎成粉末,再通过微温(45~50℃)炒拌,吸干水分,或置于阳光下晒干水分,放到干凉处备用。

(4)对菜籽饼不需要作特别处理,只要粉碎成粒径小于0.5mm的细粒状即可。

(5)中草药的粗加工与菜籽饼相同。

2.精制阶段:将经过粗制的全部原料按比例称重、配好,将配好的原料搅拌均匀后,放入磨粉机内磨成粉末,然后晾干、包装。

【注意事项】 所述中草药中各组分的质量配比是:赤首乌2份,土黄芪2份,柏子仁或酸枣仁1份,麦芽或神曲4份,秋牡丹2.5份,大黄2份,苏打2份。

所述矿物质中各组分的质量配比是:硫黄24份,石灰24份,食盐24份。

所述骨粉由畜禽骨、鱼骨、贝壳及禽蛋壳等粉碎后制成。

【产品应用】 本品主要用作猪饲料添加剂。

使用方法:对体重小于25kg的仔猪,每头每日用8~10g添加剂;体重在25~50kg的猪,每头每日用15~20g的添加剂;体重在50kg以上的猪,每头每日用20~25g添加剂。超出范围将影响使用效果。

【产品特性】 本品取材容易、成本低廉、加工简单;中草药选用少且功效全面,同时采用石灰、硫黄等现有添加剂未曾使用的物质,获得了意想不到的显著效果。使用本品既能保证生猪生长需要的多种营养物质的合理补充,又能使生猪提高体质、预防疾病,加快生长育肥的速度,并且对生猪的生长发育无任何毒副作用。实践证明,经本品喂养的猪与其他添加剂喂出的猪相比,其肉质要细腻和鲜嫩。

实例28 中草药饲料添加剂(7)

【原料配比】

原　　料	配比(质量份)
首乌	3
天麻	0.5
党参	1.16
甘草	2
茯苓	1.67
松针粉	8.33
苦参	6.67
大黄	1.67
苏打	1.67
芒硝	3.33
石膏	1.67
硫黄	0.5
骨粉	7
强力多维	1.67
拜耳多维	1.67
赖氨酸	0.5
甜蜜素	0.33
铜	4
铁	6.67
锌	4
镁	4
特曲	5
酒曲	3.33
酵母	4

续表

原　　料	配比(质量份)
硒生花素	5
土霉素	3.33
蛋白营养粉	5
血粉	5
奶粉	1
过磷酸钙	3
麦芽	2.33
氯化钠	1

【制备方法】 将以上各原料粉碎至60～100目后搅拌、成型即可。

【产品应用】 本品可广泛用作畜禽的饲料添加剂。

使用时,本添加剂与普通饲料按1:100配比。

【产品特性】 本品药源广泛,配方科学,工艺简单,成本低,使用方便,能够在催肥畜禽的同时增强其免疫能力,具有防病治病的效果,极具推广应用前景。

实例29　中草药饲料添加剂(8)

【原料配比】

原　　料	配比(质量份)		
	1#	2#	3#
川芎	40	45	43
首乌	28	30	32
黄芪	20	15	18
当归	25	18	20
大黄	15	10	12
麦芽	47	47	48

续表

原料	配比(质量份)		
	1#	2#	3#
苍术	35	30	40
羌活	35	40	30
贯众	43	45	40
槟榔	36	48	30
红花	5	8	4
山楂	80	83	78
建曲	80	83	78
木香	20	21	18
白芷	24	20	22
枳壳	15	10	17
紫苏	15	13	17
陈皮	20	13	16
甘草	20	22	18
远志	20	22	19
穿山甲	10	9	5
铜	25	23	20
铁	25	28	24
锌	26	25	23
镁	8	9	7
锰	8	8	7
钙粉	40	33	45
赖氨酸	90	100	110
香料	4	4	4
酵母粉	55	57	60
小苏打粉	60	50	65

续表

原料	配比(质量份)		
	1#	2#	3#
钾	2	2	2
钴	2	2	1.5
硒	2	2	1.5
蛋氨酸	20	20	25

【制备方法】 将以上各组分粉碎后混合均匀即可。

【产品应用】 本品可作为家畜、家禽的饲料添加剂。

使用时,每50kg饲料中添加1kg本品即可。

【产品特性】 本品的主要活性成分是中草药组分,对畜禽的作用是调节其生理代谢活动增强代谢过程,使矿物质元素在畜禽体内迅速被吸收利用,由于代谢增强,所以不会在体内存积,使用本品后,猪的肉料比可达到45%~53%。

应用本添加剂所得的中草药预混饲料对人畜无害,这种预混饲料具有健脾开胃、安神镇静、预防疾病等功效,对软骨病、拉稀、水肿病及营养不良等有良好的防治作用,并对饲料的各种营养成分起到平衡作用,完善日粮的全价性及饲料营养比例,从而提高饲料的利用率,促进畜禽食欲,改善对饲料的消化吸收,增强畜禽抗病能力。

实例30 中草药饲料添加剂(9)

【原料配比】

原料	配比(质量份)		
	1#	2#	3#
淮山	20	20	20
云苓	20	20	20
麦冬	20	20	20
苍术	20	20	20

原　料	配比(质量份)		
	1#	2#	3#
草蔻	20	20	20
首乌	30	30	30
陈皮	30	30	30
黄芪	20	20	20
泡参	60	60	60
山楂	80	80	80
六一散	100	100	100
建曲	100	100	100
大黄	—	100	100
木香	—	100	100
铜	—	—	5
铁	—	—	14
锌	—	—	9

【制备方法】 本品的工艺流程如下:选药→炮制→烘干→粉碎→包装→检验。

【产品应用】 本品特别适合作为猪用饲料添加剂。

用法与用量:按饲料的0.5%~1.5%混合饲料备用,也可按仔猪双月龄后的第30天内,每头每日5~8g,30~60天内,每头每日10~12g,60天后,每头每日15g。喂前连同饲料渗水发酵1~2h,一日一次,晚饲投喂。

【产品特性】 本品原料来源广泛,工艺简单;具有开胃健脾、宽肠理气、消食化积、增强食欲、促进牲畜快速生长的功效。

经对比实验表明,用本添加剂拌干饲料喂猪,能使15kg以上的双月断奶仔猪经饲养100天达到85~90kg,日增重700g以上,大大缩短了育肥周期,节省了人力和粮食,提高了饲养者的经济效益,而且因其无化学类药物及激素,避免了猪催肥后残留于猪肉内的毒物、激素对人体的不利影响,社会效益显著。

实例31 中草药饲料添加剂(10)

【原料配比】

原料	配比(质量份)			
	1#	2#	3#	4#
枸杞渣	20~50	10~40	15~40	44~62
甘草渣	10~40	20~50	10~35	—
黄芪	8~12	—	8~12	8~12
大黄	—	9~12	—	—
当归	—	—	5~10	—
神曲	10~14	10~15	—	10~14
山楂	—	—	8~12	—
麦芽	10~15	8~12	8~12	10~15
板蓝根	10~15	10~15	10~15	—
苦参	—	—	—	10~15

【制备方法】 将上述原料按配比混合均匀即可。备注:1#适合于猪用,2#适合于牛、羊、兔等草食动物,3#适合于鸡、鸭等禽类。

【产品应用】 本方法用于中草药饲料添加剂。

【产品特性】

(1)可以利用废弃、廉价的枸杞、甘草废渣作为天然添加剂,变废为宝,既降低了成本,也有利于环保。

(2)较之普通常用的化学添加剂,没有毒副作用,没有药物残留。

(3)较之生物添加剂则受环境影响小,便于长期保存和运输。

(4)具有健康益气、滋阴养血、增强免疫机能、抗激、增强食欲、抗菌并能促进畜禽的生长发育等医疗保健作用。

第七章　驱蚊剂

实例1　驱蚊制剂(1)

【原料配比】

原　料	配比(质量份)	
	1#	2#
艾叶	1～750	1～600
郁金	1～450	1～300
紫苏叶油	1～450	1～300
二氯苯醚菊酯	1～380	1～250
香精	适量	适量
基质	加至1000	加至1000

【制备方法】　将艾叶、郁金、紫苏叶油、二氯苯醚菊酯、香精适量与适量蚊香基质混合,按照蚊香或电热蚊香片的生产方法制成各种蚊香或蚊香片产品。

【注意事项】　基质是可以生产不同规格的电热蚊香片和蚊香的产品所用的基质。

【产品应用】　本品用于驱杀蚊虫。

【产品特性】　该产品在房间内使用后试验效果证实,点燃后能散发出较强的驱杀蚊虫药物气体的同时也散发出能预防多重疾病的气体和清香味,点燃该蚊香2～5min后,蚊子全部逃走或被熏死,对蚊虫有较强的杀伤力,是蚊虫的克星,又起到预防多种疾病的效果,气味不仅芳香宜人,净化室内空气,而有益于人体健康,并具有原料成本低,易生产,效益高,消费者易接受等优点。

实例2　驱蚊制剂(2)

【原料配比】

原　　料		配比(质量份)
提取液	芦荟	500
	杜鹃花	100
	牡丹花(干品)	100
	水	5000
	乙酸乙酯	300(体积份)
提取液		2
乙丙醇		50(体积份)
无水乙醇		50(体积份)

【制备方法】　取芦荟、杜鹃花、牡丹花(干品)、用水蒸馏得到蒸馏液体,用乙酸乙酯萃取3次,每次取乙酸乙酯100(体积份),然后合并乙酸乙酯,减压回收乙酸乙酯直至出现油状物即得提取液。

然后将提取液、乙丙醇、无水乙醇混合,均匀后即得牡丹驱蚊液,即可包装。

【产品应用】　本品用于驱杀蚊虫。

【产品特性】　本牡丹驱蚊剂采用天然芦荟、杜鹃花、牡丹花(干品),有效地利用了各种花卉观赏资源。改变了驱蚊剂香型一直由化学合成香型垄断的格局。在使用中对人体也无伤害,而且还具有护肤、杀菌、止痒效果。

实例3　驱蚊制剂(3)

【原料配比】

原　　料	配比(质量份)	
	1#	2#
川练籽	1~650	1~480
薄荷	1~480	1~350

续表

原　　料	配比(质量份)	
	1#	2#
白芷	1～400	1～320
氯氰菊酯	1～350	1～280
香精	适量	适量
基质	加至1000	加至1000

【制备方法】　将川练籽、薄荷、白芷、氯氰菊酯、适量香精与蚊香基质混合，按照蚊香(或电热蚊香片)的生产方法制成各种蚊香或蚊香片产品。

【注意事项】　基质是可以生产不同规格的蚊香和电热蚊香片的产品所用的基质。

【产品应用】　本品用于驱杀蚊虫。

【产品特性】　同“驱蚊制剂(1)”。

实例4　驱蚊制剂(4)

【原料配比】

原　　料	配比(质量份)	
	1#	2#
逐蝇梅	1～550	1～400
黄柏	1～380	1～250
五香草	1～400	1～280
樟木	1～350	1～240
拟除虫菊酯	1～350	1～250
香精	适量	适量
基质	加至1000	加至1000

【制备方法】 将逐蝇梅、黄柏、五香草、樟木、拟除虫菊酯、适量香精与蚊香基质混合，按照蚊香或电热蚊香片的生产方法制成各种蚊香或电热蚊香片产品。

【注意事项】 基质是可以生产不同规格的蚊香和电热蚊香片的产品所用的基质。

【产品应用】 本品用于驱杀蚊虫。

【产品特性】 同“驱蚊制剂(1)”。

实例5 驱蚊制剂(5)

【原料配比】

原料	配比(质量份)	
	1#	2#
苏合香	1~550	1~380
兰香草	1~480	1~320
冬虫夏草	1~300	1~220
樟木	1~250	1~180
氨基甲酸酯	1~350	1~250
香精	适量	适量
基质	加至1000	加至1000

【制备方法】 将苏合香、兰香草、冬虫夏草、樟木、氨基甲酸酯、适量香精与蚊香基质混合，按照蚊香或电热蚊香片的生产方法制成各种蚊香或电热蚊香片产品。

【注意事项】 基质是可以生产不同规格的电热蚊香片和蚊香的产品所用的基质。

【产品应用】 本品用于驱杀蚊虫。

【产品特性】 同“驱蚊制剂(1)”。

实例6　驱蚊制剂(6)

【原料配比】

原料	配比(质量份)				
	1#	2#	3#	4#	5#
避蚊胺	40	60	30	50	60
艾油	30	10	30	20	5
柠檬桉油	15	10	15	20	25
香茅油	15	20	15	10	10

【制备方法】　将各组分混合溶解在一起，即得到芳香的液态驱蚊剂。

【注意事项】　本驱蚊制品由化学名为 N,N－二乙基间甲基苯酰胺的避蚊胺和三种天然香精——艾油、柠檬桉油、香茅油为原料配制而成。

【产品应用】　本品用于驱避蚊子、苍蝇等害虫。

【产品特性】　本品将艾油、柠檬桉油、香茅油和避蚊胺混合溶解而成，工艺简单，成本低廉，易于实施。复方的驱蚊宝使用方便灵活，效果好，对人畜无害，由于其中含有的三种天然植物油都是具有芳香气味的，它们本身又具有杀菌、消毒等作用，除了驱蚊之外，还可同时起到清新空气的作用，是一种有利于环保的产品，同时它还有驱避蚊蝇等害虫的功效。

实例7　驱蚊制剂(7)

【原料配比】

原料	配比(质量份)	
	1#	2#
西红柿叶	1～300	1～250
香葱	1～280	1～200
熏衣草	1～200	1～150

续表

原　　料	配比(质量份)	
	1#	2#
紫苏叶	1～250	1～200
菊花	1～150	1～100
丁香	1～200	1～100
丙炔菊酯	1～150	1～100
香精	适量	适量
基质	加至1000	加至1000

【制备方法】　将西红柿叶、香葱、熏衣草、紫苏叶、菊花、丁香、丙炔菊酯的粉末药物、适量香精与蚊香基质混合，按照蚊香或电热蚊香片的生产方法制成各种蚊香或电热蚊香片产品。

【注意事项】　基质是可以生产不同规格的电热蚊香片和蚊香产品所用的基质。

【产品应用】　本品用于驱杀蚊虫。

【产品特性】　同"驱蚊制剂(1)"。

实例8　驱蚊制剂(8)

【原料配比】

原　　料	配比(体积份)				
	1#	2#	3#	4#	5#
柠檬桉油(60%)	60	—	—	—	—
柠檬桉油(80%)	—	—	—	30	20
香茅油(70%)	—	40	—	—	—
香茅油(60%)	—	—	40	—	—
柠檬醛(90%)	6	—	—	—	12

续表

原　　料	配比(体积份)				
	1#	2#	3#	4#	5#
柠檬醛(95%)	—	—	12	9	12
香茅醛(90%)	—	6	—	9	—
香茅醇(90%)	—	12	9	6	12
玫瑰油(90%)	2	—	—	—	—
玫瑰油(95%)	—	3	4	5	6
紫苏浓缩液(80%)	10	10	10	—	—
紫苏浓缩液(85%)	—	—	—	12	—
紫苏浓缩液(90%)	—	—	—	—	12
菖蒲浓缩液(80%)	10	10	10	—	—
菖蒲浓缩液(85%)	—	—	—	12	—
菖蒲浓缩液(90%)	—	—	—	—	12
薄荷浓缩液(80%)	10	10	10	—	—
薄荷浓缩液(85%)	—	—	—	12	—
薄荷浓缩液(90%)	—	—	—	—	12
野菊花浓缩液(80%)	10	10	10	—	—
野菊花浓缩液(85%)	—	—	—	12	—
野菊花浓缩液(90%)	—	—	—	—	12
苏合香粉末(120目)	6(质量份)	8(质量份)	8(质量份)	10(质量份)	10(质量份)
医用无水酒精	92	99	95	93	90

【制备方法】

(1)将驱蚊药液吸入海绵块(吸附体),海绵块粘贴于硬衬片上,然后粘贴置入带有药液挥发孔的外包装塑料或金属外壳中,外壳上系有挂带,构成携带有驱蚊药液的挂件,可以挂于人体或置于室内。挂件作为携带驱蚊药液的载体。

(2)驱蚊药液加入胶姆糖,驱蚊药液与胶姆糖的质量比为20:80。胶姆糖作为驱蚊药液的载体。

【注意事项】 本驱蚊制品,其内包含驱蚊药液,其特征在于其有一种携带有驱蚊药液的载体,可以是一种携带驱蚊药液的挂件,或者是一种可以口服的包含有驱蚊药液的胶姆糖。所说挂件是由吸附有驱蚊药液的吸附体及其带有孔的包装壳体和系于壳体的挂带构成。

驱蚊药液的构成按所述液体组分的总量按体积比1:1的比例再加入医用无水酒精。

驱蚊药液配比组分中除柠檬桉油或香茅油之外的各液体组分中均加入胶姆糖,各液体组分与胶姆糖的质量比为20:80。

上述组分中的柠檬桉油、香茅油、柠檬醛、香茅醇、香茅醛皆从天然中草药枫茅草、柠檬草、柠檬桉叶提取得到。玫瑰油从玫瑰花中提取得到。紫苏、菖蒲、薄荷、野菊花以及苏合香皆为天然中草药。

【产品应用】 本品用于驱杀蚊虫。

【产品特性】 本驱蚊药液用吸附体携带,做成挂件挂于人体,或将驱蚊液置于壳体放置室内,发挥驱蚊作用,使用方便。本驱蚊药液是毒副作用安全的天然中草药,可以制成口服胶姆糖,使用也很方便。相对化工合成类驱蚊制品而言,本驱蚊制品在生产过程中对环境安全,无污染。

实例9 驱蚊制剂(9)

【原料配比】

原料	配比(质量份)	
	1#	2#
七里香	1~450	1~350
黄芩	1~380	1~300
土木香	1~400	1~300
青黛	1~250	1~180

续表

原　　料	配比(质量份)	
	1#	2#
辣薄荷	1~200	1~150
丙烯菊酯	1~150	1~100
香精	适量	适量
基质	加至1000	加至1000

【制备方法】 将七里香、黄芩、土木香、青黛、辣薄荷、丙烯菊酯、香精适量与适量蚊香基质混合,按照蚊香或电热蚊香片的生产方法制成各种蚊香或电热蚊香片产品。

【注意事项】 基质是可以生产不同规格的电热蚊香片和蚊香的产品所用的基质。

【产品应用】 本品用于驱杀蚊虫。

【产品特性】 该产品在房间内使用后试验效果证实,点燃后能散发出较强的驱杀蚊虫药物气体的同时也散发出能预防多重疾病的气体和清香味,点燃该蚊香2~5min后,蚊子全部逃走或被熏死,对蚊虫有较强的杀伤力,是蚊虫的克星,又起到预防多种疾病的效果,气味不仅芳香宜人,净化室内空气,而且有益于人体健康,原料成本低,易生产,效益高,消费者易接受等优点。

实例10　驱蚊制剂(10)

【原料配比】

原　　料	配比(质量份)
避蚊胺 DEET	5.0
天然驱蚊香精	3.0
丙二醇	10.0
增溶剂[例如吐温-20或聚氧乙烯醚(40)氢化蓖麻油酯]	1.0

续表

原　料	配比(质量份)
薄荷脑	0.3
酒精	40.0
去离子水	加至100

【制备方法】 将各组分溶于水,混合均匀。

【注意事项】 本品包含避蚊胺、天然驱蚊香精。避蚊胺在总配方中的质量分数为2.0%～10.0%,天然驱蚊香精在总配方中的质量分数为0.5%～6.0%。还包含质量分数为30%～40%的乙醇。

所述的天然驱蚊香精中含有以下物质中的至少两种:广藿香油、柠檬油、肉桂油、天竺葵油、熏衣草油、香茅油、柠檬桉叶油、丁香油、香叶油、迷迭香油、松针油。

【产品应用】 本品用于驱蚊。

【产品特性】 本品采用避蚊胺DEET、天然驱蚊香精复配,在达到同样驱蚊效果的情况下,大大降低避蚊胺DEET的添加量,从而使产品更安全,并且由于天然驱蚊香精成分含有选自广藿香油、柠檬油、肉桂油、天竺葵油、熏衣草油、香茅油、柠檬桉叶油、丁香油、香叶油、迷迭香油、松针油中的两种或两种以上成分,故具有天然香气。

实例11　高效驱蚊剂(1)

【原料配比】

原　料	配比(质量份)		
	1#	2#	3#
柏木油	12	20	10
鱼香草油	1	15	10
芳樟油	2	2	10
樟脑	4	1	5
胡椒基丁丙醚	3	0.5	2

续表

原 料	配比(质量份)		
	1#	2#	3#
二乙基间甲苯甲酰胺	2	0.5	5
乙醇(酒精)	30	31	28
精制水	46	30	30

【制备方法】

(1)按配方量,将原料添加于乙醇中,充分搅拌呈溶液后,加入选用原料及香料,最后加入精制水,搅拌约3h,即为水基型产品驱蚊剂。

(2)将上面制得的产品装入铁制罐中,最后加入纯净空气,(严格控制压力在0.8MPa以内)即得产成品。

【产品应用】 本品用途广泛,家庭、宾馆、饭店、医院、影剧院等公共场所;亦可用于畜禽舍;为出差、旅游、野外作业,田间劳动、科考、部队、老人、儿童、学生、夜间娱乐等一切户外活动和休息的人们解除蚊虫叮咬及疾病传染的侵扰。

【产品特性】 本品属于绿色环保型产品,其有效成分是为多种天然植物精油和中草药。溶剂为精制水,抛射剂为净化空气。产品为水基加空气型,不燃,无毒无害,使用、储存、运输、携带方便、安全。

能有效驱避伊蚊、库蚊、马蝇、跳蚤等吸血性害虫类以及家蝇、蟑螂、蚂蚁等有害卫生害虫类。

蚊蝇害虫闻味和接触后即自动避让、远离。

效果长久、居室内只需喷一喷,确保长时间无蚊蝇干扰。

实例12 高效驱蚊剂(2)

【原料配比】

原 料	配比(质量份)		
	1#	2#	3#
乙醇(酒精)	15	15	10

续表

原料	配比(质量份)		
	1#	2#	3#
扁柏油	8	15	10
松针油	8	10	8
里那醇	3	10	8
薄荷脑	3	4	2
聚乙二醇	3	4	2
二乙基间甲苯甲酰胺	3	4	2
胡椒基丁醚	10	5	8
蔓荆子	3	2	3
凯素灵	1	0.5	1
精制水	43	30.5	46

【制备方法】

(1)按配方量,将原料添加于乙醇中,充分搅拌溶液后,加入选用原料及香料,最后加入精制水,搅拌约3h,即为水基型产品驱蚊剂。

(2)将上面制得的产品装入铁制罐中,最后加入纯净空气,(严格控制压力在80.8MPa以内)即得产成品。

【产品应用】 同"高效驱蚊剂(1)"。

【产品特性】 同"高效驱蚊剂(1)"。

实例13 高效驱蚊清香剂

【原料配比】

原料	配比(质量份)
海藻胶	2
羧甲基纤维素钠	1
水	100

续表

原　　料		配比(质量份)
表面活性剂	十二烷基苯磺酸钠	1
	脂肪醇聚氧乙烯醚	1
香精		10
驱蚊虫酯	高效氯氰菊酯	0.3
	生物丙烯菊酯	0.5
	胺菊酯	0.2
色素		0.1
苯甲酸钠		0.1
甘油		2

【制备方法】 将海藻胶、增稠剂溶解在热水中，同时将表面活性剂、香精、驱蚊虫酯、甘油、色素、防腐剂搅拌均匀后加入热水溶液中放冷即可。

【注意事项】 本品采用水、海藻胶、增稠剂、吸湿剂、表面活性剂、香精、驱蚊虫酯、色素、防腐剂等原料制备。

水、海藻胶、增稠剂为组成胶体的主要成分，表面活性剂、香精、驱蚊虫酯、色素、防腐剂、吸湿剂等辅助原料。

增稠剂包括羧甲基纤维素钠、果胶等原料，吸湿剂包括甘油、乙二醇、二甘醇等原料，表面活性剂包括十二烷基硫酸钠、十二烷基苯磺酸钠、脂肪醇聚氧乙烯醚等原料，香精包括根据制备的香型来选用的市售香精，色素包括根据制备的颜色来选用的各种市售色素，防腐剂包括苯甲酸钠、对羟基苯甲酸酯等，驱蚊虫酯包括高效氯氰菊酯、生物丙烯菊酯、胺菊酯等原料。

【产品应用】 本品用于驱蚊。

【产品特性】 本品高效，清香剂中含有高效氯氰菊酯，生物丙烯菊酯，大大提高了驱蚊虫效果。使用方便：驱蚊虫及清香空气不需要每次点燃或喷洒。制备方法简单。挥发使用时间30天以上。对人畜安全。

实例14　多效驱蚊剂

【原料配比】

原　　料	配比(质量份)
乙醇	65~70
聚乙二醇	9~10
驱避剂 DETA	5~6
防蚊油 DMP	10~11
薄荷脑	1.0~1.5
樟脑	2~3
香精、色素	适量

【制备方法】　将乙醇、聚乙二醇、驱避剂 DETA、防蚊油 DMP、薄荷脑、樟脑和适量香精、色素混合搅拌均匀,经静置、过滤即制成多效驱蚊剂。

【产品应用】　本品用于驱蚊、防痱、护肤。

【产品特性】　本品具有护肤和驱蚊双重效果。本品主要原料为乙醇,因加入薄荷脑、樟脑,不但有驱蚊的效果,同时还具有杀菌、防痱、止痒的功能,在此基础上又加入了避蚊胺 DETA、防蚊油 DMP、缓释剂等原料使之通过复方驱避剂和缓释剂的作用,又提高了驱蚊和护肤的效果。

本品驱蚊和护肤效果优于其他液体驱蚊产品。其驱蚊时间长达6~8h。驱蚊效果优于单一驱避剂。驱蚊剂使用方便,对衣物无污染,是夏季良好的必备佳品,对人体无任何副作用。

实例15　芳香驱蚊粉

【原料配比】

原　　料	配比(质量份)
樟脑	2~3
轻质碳酸钙	6~7

续表

原　料	配比(质量份)
硼酸	3～4
氧化锌	5～6
滑石粉	70～85
香精	0.1～0.3

【制备方法】　首先按配比,将樟脑溶解稀释,然后加入研细的、已过200目筛的氧化锌、硼酸、轻质碳酸钙和已过325目筛的滑石粉,经过充分搅拌,混合均匀,再加入稀释的香精,即可包装。

【产品应用】　本品用于驱蚊、护肤。

【产品特性】　本品材料来源广泛,成本低,配制工艺简单,并且具有护肤、驱蚊、爽身、祛痱和止痛的功效,成人、儿童均适用。

实例16　芳香驱蚊剂

【原料配比】

原　料	配比(质量份)				
	1#	2#	3#	4#	5#
驱蚊草精	3	4	4	4	4
海藻胶	11	9	7	7	10
酒精	11	7	11	11	10
表面活性剂十二烷基磺酸钠	13	9	10.5	10.5	11
香精酮麝香	2	4	1.5	1.5	4
水	55	65	63	63	57
色素叶绿素	5	2	3	3	4

【制备方法】　按组成比例向反应器中放入水、驱蚊草精、海藻胶及表面活性剂,然后升温并搅拌,待温度升到300～320℃后保持温度

并搅拌50~70min,然后将温度降到40~55℃,加入香精、酒精,升温至65~75℃,搅拌60~80min后,再在温度为35~45℃的条件下进行灌装即得成品。

【产品应用】 本品用于驱杀蚊虫。

【产品特性】 本品驱蚊效果比较稳定,无论是使用早期还是使用后期均具有良好的驱蚊效果。安全无毒,既能有效驱蚊,又可清除异味。因产品的有效作用时间长,产品的利用率高,因而资源利用率高,避免了资源的不合理浪费,有利于环境保护,且制备方法简单。

实例17 驱蚊保健液

【原料配比】

原　　料	配比(质量份)
薄荷油	80
樟脑	40
桉叶油	60
丁香油	20
青蒿油	40
冬绿油	60
乙醇(95%)	550
除虫菊	5
香精	10
蒸馏水	135

【制备方法】 先将薄荷脑、樟脑、桉叶油、丁香油、青蒿油、冬绿油六种药物按上述配方中的质量份配制成基料,然后将基料加入乙醇(95%)中搅拌,另加入除虫菊、香精搅拌,最后再缓慢加入蒸馏水,边加入边缓慢搅拌,即配制成驱蚊保健液。

【产品应用】　本品用于驱蚊、保健。

【产品特性】　本品空中驱避率长达85%，涂抹驱避长达6h，毒性检测属实际无毒级。本品既可以涂抹在裸露的皮肤表面，也可以注入吸附材料中，悬挂在人体上风向，借助风扇的离心力和气流推动作用，使药液不断挥发，迅速地向空间扩散，这种方式驱杀蚊虫的效果更佳。另外，本品还具有清新空气预防感冒等保健作用。

实例18　驱蚊搽剂

【原料配比】

原　　料	配比(质量份)
避蚊胺	2
聚乙二醇(800)	3
三乙醇胺	1
甘油	1
乙醇	2
去离子水	1

【制备方法】　将聚乙二醇、三乙醇胺、甘油和适量水加入反应釜中，升温至60℃，搅拌混溶，完全溶解后，再加入避蚊胺、乙醇，还可加入香精，充分搅拌、冷却、灌装即可。

【产品应用】　本品适合于野外工作者、岗哨、巡逻人员、旅游人员使用，用以驱除蚊虫。

【产品特性】　本驱蚊搽剂使用了优良昆虫驱避剂避蚊胺，加入了有很强缓释功能的聚乙二醇，由三乙醇胺助溶，以分散聚乙二醇，使本品驱蚊作用强而持久。对皮肤表面有杀菌、止痒、保湿、护肤作用。无油腻感，不污衣物，用后容易洗净。驱蚊搽剂通过急性经口毒性实验判定属低毒物质，经多次皮肤刺激试验，对皮肤无明显刺激。

实例19　驱蚊虫空气清新剂

【原料配比】

原　　料	配比(质量份)
琼脂	150
丙二醇	120
苯甲酸钠	10
香精	560
乳化剂	500
驱蚊虫药液	600
色素	1
荧光素	1

其中:乳化剂组分

原　　料	配比(质量份)
卡拉胶	10
脂肪醇聚氧乙烯醚	50
洗洁精	440

【制备方法】　工艺流程:温水浸泡→热水熬煮→一次降温配制→二次降温配制→除油处理→三次降温配制→注入包装→降至室温封盖为成品。

(1)乳化剂的配制:卡拉胶、脂肪醇聚氧乙烯醚、洗洁精常温搅拌混合即成,备用。

(2)固体芳香型驱蚊虫空气清新剂的制备工艺:每100盒为一次配制量。

琼脂用30~40℃温水浸泡3~4h备用,在反应釜内将6000g净水升温至100℃,将琼脂从浸泡水中捞出,拧去水分后放入反应釜内用开水煮，待琼脂和水熬为一体，呈糊状无琼脂颗粒即可降温，降温至60℃，加入丙二醇，同时加入苯甲酸钠，搅拌均匀继续降温至45℃，加入香精搅拌均匀，在搅拌过程中用配制的乳化剂淋洒在飘浮出表面的油质上，乳化剂的用量以消除全部油质为准。消除油质后在保持45℃时加入配制的驱蚊虫药液、色素、荧光素搅拌均匀后将反应釜内溶液注入香料盒(每盒60g)。溶液注入香料盒后静置降到室温后封盖包装至成品。

【注意事项】 本品以琼脂、丙二醇、香精、卡拉胶、脂肪醇聚氧乙烯醚、洗洁精、苯甲酸钠为主料，加入色素、荧光素，再配加驱蚊虫剂为辅料，经温水浸泡，热水熬煮，一次降温配制，二次降温配制，除油处理，三次降温配制，注入包装，静置降至室温为成品的一整套生产过程。

其中主料为琼脂，丙二醇为稳定醇，香精、卡拉胶为挥发醇，苯甲酸钠为抗腐剂，洗洁精为乳化除油剂，色素和荧光素为调色剂，辅料为驱蚊虫药液。

【产品应用】 本品可使用于家庭居室，也可使用于宾馆、学校及公共场所等驱蚊虫。

【产品特性】 本品在净化空气的同时能有效地驱除蚊虫，清除异味且对人无毒无害。本品自然缓慢长时间散发，使用方便时效长。数种香型，香气淡雅，散发均匀。

实例20　驱蚊芳香液

【原料配比】

原　　料	配比(质量份)	
	1#	2#
癸酸酯	20	5
邻苯二甲酸二甲酯	10	25
柠檬桉树精油	1	5
野薄荷精油	1	4

续表

原　料	配比(质量份)	
	1#	2#
香茅油	0.5	2
冰片	0.5	1
香精	1	2
酒精(50%)	66	—
酒精(60%)	—	56

【制备方法】　将各原料按所需分量混合,加香精后沉化两周即可。

【产品应用】　本品尤其适用于野外作业,上夜班的工作人员和广大农村驱避蚊虫。

【产品特性】　该驱蚊香露主要由天然驱蚊剂柠檬桉树精油和香茅油及野薄荷精油组成,香气芬芳自然,对皮肤无刺激性,对机体无毒副作用,对库蚊、桉蚊有效时间为4h,作用时喷射或涂于人体外露部位,使用方便,价格低廉。

实例21　驱蚊护肤乳剂

【原料配比】

原　料	配比(质量份)	
	1#	2#
植物提取精油迷迭香油	0.2	—
薄荷油	0.5	0.5
熏衣草油	0.3	0.6
刺柏油	0.5	—
百里香油	—	0.2
松针油	0.2	—

续表

原　　料	配比(质量份)	
	1#	2#
玫瑰油	—	0.2
香茅油	0.5	—
洋甘菊	—	0.5
桉叶油	—	0.1
卡波普	0.6	0.5
去离子水	70	75
聚氧乙烯脂肪醇醚	5	—
失水山梨醇单脂肪酸酯	—	1
蔗糖脂肪酸酯	1	—
甘油	1	—
二甲基硅油(高黏度)	2	2
十六醇与十八醇混合物	—	4
十四酸异丙酯	—	3
乳酸月桂酯	1	—
DMP	15	10
尼铂金酯	0.1	—
异噻唑啉酮(KCG)	—	0.5

【制备方法】 按上面所述组分的配比,先将取自于植物提取精油中的两种或两种以上的精油搅拌均匀备用。另外将卡波普加入去离子水中,搅拌,加热至60~70℃,使之溶解于水;再将乳化剂、润肤剂与DMP先加热至70℃,搅拌混合均匀成油相;将油相加入水相中,快速搅拌或均质均匀,冷却至50℃,加入氢氧化钾溶液,将乳剂中和调节到pH值为6~7.5,再加入备用的植物提取油和防腐剂,并继续搅拌,冷

却到室温即可。

驱蚊护肤乳剂产品可以控制卡波普的加入量,配制成乳液、乳膏或乳霜产品。

【注意事项】 驱蚊护肤乳剂中含有的植物提取精油,具有驱蚊与抗刺激抗过敏的双重作用,植物提取精油是选自于下列物质中的两种或两种以上混匀配制:迷迭香油、玫瑰油、洋甘菊、桉叶油、松针油、薄荷油、熏衣草油、百里香油、香叶油、丁香油、香茅油、刺柏油。

乳化剂是选自于以下物质中的一种或多种:失水山梨醇硬脂酸酯、聚氧乙烯脂肪醇醚、蔗糖脂肪酸酯、聚氧乙烯-失水山梨醇单脂肪酸酯、脂肪酸单甘油酯、脂肪酸三甘油酯。

润肤剂起护肤作用,它选自于下列物质中的一种或多种:甘油、二甲基硅油、凡士林、十六十八醇即十六醇与十八醇的混合物、十四酸异丙酯、乳酸月桂酯。

卡波普(聚丙烯酸树脂)是对护肤乳剂的乳化体系起稳定增稠作用。

氢氧化钾用于中和卡波普的酸性,使护肤乳剂的pH值调节至6~7.5范围,这里也可以使用其他碱如氢氧化钠或三乙醇胺(99%)代替氢氧化钾。

防腐剂可用异噻唑啉酮(KCG)或尼铂金酯(对羟基苯甲酸酯)和咪唑烷基脲。

【产品应用】 本品用于驱蚊护肤,尤其适合儿童及过敏性皮肤者使用。

【产品特性】 本驱蚊护肤乳剂是一种由传统的驱蚊原料驱蚊油DMP,通过加入具有驱蚊与抗刺激抗过敏双重作用的植物提取精油及乳化剂、润肤剂、去离子水等组分制成的稳定乳剂。该乳剂驱蚊效果好,与单纯仅含同等量DMP的驱蚊酊剂相比,有效驱蚊时间可延长2~4h,且该乳剂无刺激性无过敏性,并具有护肤作用,使用后无油腻感,肤感爽洁,尤其适合于儿童及过敏性皮肤者使用。

实例22 驱蚊花露水

【原料配比】

原 料	配比(质量份)	
	1#	2#
驱蚊酯	2.5	4.5
迷迭香油	0.3	—
薄荷油	0.6	0.8
桉叶油	—	0.3
熏衣草油	0.1	—
刺柏油	0.1	—
松针油	0.3	—
香茅油	0.1	—
香精C	0.5	—
酒精"Pleasures"香水香型	—	0.6
酒精	80	85
去离子水	加至100	加至100

【制备方法】 将各组分溶于水,混合均匀。

【注意事项】 植物精油为选自以下物质中的两种或两种以上:迷迭香油、桉叶油、松针油、薄荷油、熏衣草油、洋甘菊、丁香油、百里香油、香叶油、玫瑰油、香茅油、刺柏油。

驱蚊花露水可用乙醇和水配制,乙醇与水的比例为(70% ~85%):(30% ~15%)。

驱蚊花露水可选用"Pleasures"香水香型香精,用量为0.5% ~3%。所述的"Pleasures"香水香型香精,其头香由青香、野百合香开始,随后是黑色紫丁香、茉莉、粉红莓、紫罗兰的芬芳花香,并配合龙涎香、麝香、印度紫檀香。

【产品应用】 本品用于驱避蚊、蝇、虱、螨等昆虫。

【产品特性】 本产品具有传统花露水所没有的新功效。既具有花露水祛痱止痒、提神醒脑之功效,又能有效保护皮肤免受昆虫叮咬。采用驱蚊酯和植物精油复配的配方,可使驱蚊时间延长至5~7h,即使在很恶劣的气候条件下,也能有如此效果。本品的产品具有广谱作用(驱避蚊、蝇、虱、螨等尽可能多的蚊虫)。可提高皮肤、黏膜的忍受性而不引起毒性及过敏反应,没有皮肤渗透性。在使用条件下具有高化学稳定性,即无水解、氧化或光氧化趋向,有良好的热稳定性及高抗汗性,且产品的价格易于被接受。

实例23 驱蚊露

【原料配比】

原料	配比(质量份)
铁棒锤	20
生草乌	6
苦参	20
千里光	20
百部	20
薄荷油	3(体积份)
丁香油	3(体积份)
DETA	10(体积份)
冰片	5
香精、甘油	适量

【制备方法】 取上述比例苦参、千里光、百部、铁棒锤、生草乌粉碎后用75%乙醇适量湿润,然后装入渗漉筒内,进行渗滤,再用75%乙醇作溶剂,浸渍48h,缓缓渗漉,收集渗漉液600mL停止渗漉。向渗漉液中依次加入上述比例的薄荷油、丁香油、DETA,搅拌使溶,用少量乙醇将冰片溶解后加入药液中,再加入适量香精、甘油,混合均匀,用45%乙醇使全量成为1000mL,混合均匀后静置24h,过滤、灌装即成。

【产品应用】 本品用于驱避蚊虫、消肿止痒。

【产品特性】

（1）“驱蚊露”对白蚁、伊蚊等具有显著的驱避作用，10h 驱避率为95%～100%，绝对有效时间为9～10h。

（2）“驱蚊露”处方组成合理，制备工艺可行，药品性能稳定，对人畜无任何毒副作用。

实例24 驱蚊灭虫花露水

【原料配比】

原料	配比（质量份）				
	1#	2#	3#	4#	5#
除虫菊素	0.1	0.3	0.45	1	2
乙醇(75%)	96.35	96.15	96	94.75	93.75
儿茶酚	0.2	—	—	—	—
对苯二酚	—	0.2	—	—	—
苯甲醛	—	—	0.2		0.2
鞣酸	—	—	—	0.2	—
胡椒碱	0.3	003	0.3	—	—
八氯二丙醚	—	—	—	1	1
柠檬酸钠	0.05	0.05	0.05	0.05	0.05
茉莉香精	3	3	—	3	—
桂花香精	—	—	3	—	3

【制备方法】 制造工艺流程为：除虫菊素→干燥→研磨、过筛→溶剂抽提→加抗氧化剂及增效剂→加香精。

【注意事项】 本品增效剂可为胡椒碱，抗氧化剂可为儿茶酚、对苯二酚、苯甲醛、鞣酸，螯合剂可为柠檬酸钠，香精为茉莉或桂花香精。

【产品应用】 本品广泛用于居室、旅馆、餐厅、食品加工厂、菜市场杀虫驱蚊和箱柜防蛀，也可用于宠物杀虫驱虫。尤其适用于野外工作人员和旅游者驱避蚊、蝇、蠓的叮咬。

【产品特性】 本品具有强力触杀作用,胃毒作用微弱,无熏蒸作用,杀虫谱广,击倒力强,残效期段,对蚊、蝇、蠓等有驱避作用,对人畜等温血动物安全,施用后经分解不致污染环境,大部分害虫对它不产生抗性的特性,加工制成花露水,在驱避、杀灭卫生害虫时,又可美化、香化环境。

实例25 驱蚊沐浴露

【原料配比】

原料	配比(质量份)
二乙基间甲酰胺	31
月桂基硫酸铵	35
月桂醇醚硫钠	12
糖苷	9
聚铵盐	6
烷基酰胺	7

【制备方法】 将上述成分混合配制而成,要求上述混合物的 pH≤6。

【产品应用】 本品用于驱蚊。

【产品特性】 本品可以通过正常的洗浴,把驱蚊分子充分均匀地分布到身体各个部位的皮肤表面,达到充分完美的驱蚊效果,既清洁了皮肤,又可以免除蚊虫的骚扰,使用一次有效率可达 6~8h。

实例26 驱蚊霜

【原料配比】

原料	配比(质量份)
甘油	6
尼白金甲酯	0.3

续表

原　　料	配比(质量份)
蒸馏水	55.7
单甘酯	8
十六醇	8
凡士林	6
白油	5
药箱(YH940,驱避剂)	10

【制备方法】

(1)同时将蒸馏水加入甘油和尼白金甲酯加热至80℃,单甘酯和十六醇、白油、凡士林油相加热至80℃。

(2)将上述两组混合物搅拌40min,降温至40℃。

(3)将药箱(YH940)加入步骤(2)所得的混合液中,搅拌30min,降温至50℃。

(4)加入香精和维生素至步骤(3)所得的混合液中搅拌45min,冷却封装。

【产品应用】 本品用于驱蚊。

【产品特性】 本品对儿童及皮肤过敏者无副作用。

实例27 驱蚊香精(1)

【原料配比】

原　　料	配比(质量份)
冬青油	6.5
肉豆蔻油	9.5
香叶油	11.8
天然樟脑	2.9
桉叶油(70%)	4.4
石竹烯	2.9

续表

原　　料	配比(质量份)
薄荷脑	1.5
丁香叶油	2.9
柠檬油	11.7
巴西甜橙油	30
丁香罗勒油	2.9
山苍子油	13

【制备方法】 将原料中的固体成分,即天然樟脑和薄荷脑溶解在巴西甜橙油中。将各原料倒入不锈钢搅拌桶中搅拌至均匀混合。将混匀后的香精组合物在室温下放置陈化 2~3 天后即可使用。

【产品应用】 本品可将其用于相关产品如驱蚊花露水、驱蚊香皂、驱蚊空气清香剂、蚊香、驱蚊蜡烛等中。

【产品特性】 本品所包含的驱蚊活性成分和香味物质均来自天然植物,对人体无毒副作用。在相同测试条件下,单一的香原料驱蚊率较低,普遍在 30% ~45% 之间,而本品的驱蚊效率 >70% 。本品具有浓郁的果香,香气透发,略带药草香及清凉味,经人群感官评价,香精的接受度超过 80% 。所以,本驱蚊香精属于功能性香精,既有良好的果香香味又具有较强驱蚊功效,将其用于相关产品如驱蚊花露水、驱蚊香皂、驱蚊空气清香剂、蚊香、驱蚊蜡烛等中,具有植物源杀虫剂或驱避剂及香精的双重作用,可降低产品的成本,给使用者带来愉悦的感受。

实例 28　驱蚊香精(2)

【原料配比】

原　　料	配比(质量份)
芳樟叶油	13.0
石竹烯	4.0

续表

原　料	配比(质量份)
熏衣草油	5.0
薄荷脑	3.0
橙叶油	2.0
桂叶油	5.5
百里香油	5.5
丁香油(85%)	6.0
D－苧烯	15.0
山苍子油	4.0
薄荷原油	6.0
留兰香油	1.0
桉叶油(70%)	7.0
冬青油	6.5
香叶油	6.0
乙酸苄酯	3.0
松油(50%)	4.0
乙酸芳樟酯	3.5

【制备方法】 先将薄荷脑溶解在橙叶油中。然后将各原料倒入不锈钢搅拌筒中搅拌至均匀混合。将混匀后香精组合物在室温下放置陈化2~3天后即可使用。

【产品应用】 同“驱蚊香精(1)”。

【产品特性】 同“驱蚊香精(1)”。

实例29　驱蚊药皂

【原料配比】

原　料	配比(质量份)		
	1#	2#	3#
力士牌皂基	80	80	90
蜂胶提取物	6	6	6
硬脂酸锌	8	8	6
硬脂酸镁	2	2	2
苯乙醇	2	2	2
柠檬烯	1.5	1.5	1.5
薄荷醇	0.5	—	0.6
鲸蜡醇	6	—	6
凯松 CG	0.04	—	0.04
苯甲酸苄酯	0.5	—	—
苯二甲酸二辛酯	0.5	—	—
聚乙二醇(4000)	6	6	6
力士香精	1.5	—	—

【制备方法】

(1)将聚乙二醇加热熔化,在搅拌下加入蜂胶提取物,继续加热搅拌至均匀,然后在继续加热搅拌下逐步加入硬脂酸锌、硬脂酸镁、苯乙醇、柠檬烯、添加剂,使其混合均匀,备用。

(2)将皂基加热熔化,在加热搅拌下加入步骤(1)制备的混合物,使其混合均匀,将混合物倒入模具中冷却成型。

【注意事项】　所用皂基可以是任何常规皂基,如力士牌皂基。

在上述配方中还可以加入一种或多种其他常规制皂添加剂,例如防腐剂凯松 CG 或洗必泰、香料、薄荷醇、鲸蜡醇、苯甲酸苄酯、苯二甲酸二辛酯等。其中各种添加剂的添加量为:凯松 CG 或洗必泰 0.02 ~

0.08、香精1～1.5、薄荷醇0.2～0.8、鲸蜡醇2～8、苯甲酸苄酯0.3～0.8、苯二甲酸二辛酯0.3～0.8。

【产品应用】　本品可用于室内外工作、居家生活、出门旅行等驱蚊、杀菌。

【产品特性】　本品具有一般香皂所具有的去污作用，洗涤后对皮肤无刺激性，手感好，同时由于其具备的杀菌能力，还能用于防治各类皮肤病，对皮肤瘙痒症、霉菌感染和皮炎类皮肤病有良好的作用。另外，由于它含有萜烯类等物质，清香宜人，又具有防止蚊虫叮咬和除臭的功能。该多功能药皂为室内外工作、居家生活、出门旅行等带来很大的方便。

实例30　驱蚊药袋

【原料配比】

原　　料	配比（质量份）			
	1#	2#	3#	4#
樟木	5	3	1	30
香白芷	5	2	1	30
樟脑	5	4	1	30
苏合香	0.5	0.3	0.2	6

【制备方法】　配制时，先将各中药原料粉碎成粉末，药面按配比关系混合、搅拌均匀，制得中药粉末混合制剂，备用。再将配制好的中药粉末混合制剂按所需装袋量，装入已制好的口袋中。然后封口、包装，即得驱蚊药袋制品。

载体可按袋的容量，区分为大、中、小三种，分别装置中药粉末混合制剂100g、30～40g、10g左右为宜。

【注意事项】　驱蚊药袋，以袋为载体，在载体中装有中药樟木、香白芷、樟脑、苏合香粉末的混合制剂，且它们的用量（按质量）为(1～10)：(1～10)：(1～10)：(0.2～2)。

【产品应用】 本品用于驱除蚊虫。

【产品特性】 本产品驱蚊效果好,普通房间内,设置3~4个中或小药袋,即可无蚊虫;室外乘凉时,至少放置药袋的0.5m^2空间范围内无蚊虫。还具有消毒、去异味的功效,如将它吊挂在室内,散发芳香气味、可净化环境,改善室内空气质量。与钱币放在一起,可杀灭其上的各种细菌,去除邪气异味。其挥发出的气味有益健康,具有兴奋、强心、抗炎、提神等作用,对人体有益无害。集多种功能于一身,容易制造,造价低。

实例31 驱蚊浴液

【原料配比】

原料	配比(质量份)		
	1#	2#	3#
驱虫草提取液	18	22	25
天然月见草提取液	15	15	15
十滴水	20	18	16
橄榄油	—	8	10
薄荷	—	5	—
茉莉花香露	—	—	6

【制备方法】 将驱虫草提取液与十滴水分别加热至沸腾后混合,冷却至65~75℃时加入天然月见草提取液,冷却至45~55℃时混入浴液基质。

可以分别在驱虫草提取液与十滴水冷却到80℃时加入橄榄油,在冷却到45~55℃时加入薄荷或茉莉花香露。

【注意事项】 本品由添加剂和常用浴液基质混合构成。其添加剂中含有驱虫草提取液,天然月见草提取液,十滴水。

添加剂中各成分占成品总重的质量比为驱虫草提取液18%~28%,天然月见草提取液15%,十滴水15%~25%。添加剂中还可增加橄榄油、薄荷或茉莉花香露成分；其中添加剂中各增加的成分占成品总重的质量比为橄榄油7%～12%、薄荷或茉莉花香露3%～8%。

【产品应用】 本品用于驱蚊。

【产品特性】 本品配方科学、独特，效果显著，无任何副作用，使用本品除了令肌肤清新爽洁、柔美光滑，防止皮肤老化外，其最大的特点是用本品洗浴后6h以内蚊子不敢靠近使用者的皮肤。

第八章 缓蚀剂

实例1 低磷阻垢缓蚀剂

【原料配比】

原 料	配比(质量份)						
	1#	2#	3#	4#	5#	6#	7#
2-膦酸基丁烷-1,2,4-三羧酸(PBTCA)	4	—	3	—	5	4	4
2-羟基膦酸基乙酸(HPAA)	—	5	2.5	5	—	—	—
T225	26.7	—	26.7	—	20	20	60
AA—AMPS—HPA	—	20	—	—	—	—	—
AA—AMPS	—	—	—	30	—	—	—
钼酸钠	8	—	8	—	10	15	3
钨酸钠	—	5	—	7	—	—	—
七水合硫酸锌	10.9	—	10.9	8.8	—	10.9	—
氯化锌	—	4.2	—	—	6.3	—	8.2
水	50.4	65.8	48.9	49.2	42	50.1	24.8

【制备方法】 可采用常规方法制备本品,各组分的加料次序并不重要,例如可以将 PBTCA 和/或 HPAA、钼酸钠或钨酸钠、锌盐、含羧酸基共聚物和铜材缓蚀剂及水按比例混合即可。

【注意事项】 本品包括2-膦酸基丁烷-1,2,4-三羧酸(PBTCA)和/或2-羟基膦酸基乙酸(HPPA)、锌盐、钼酸盐或钨酸盐和含羧酸基共聚物。

含羧酸基共聚物为二元共聚物或三元共聚物,优选为至少一种选自丙烯酸(AA)—丙烯酸羟丙酯(HPA)共聚物(T225)、丙烯酸—

丙烯酸羟丙酯—丙烯酸甲酯共聚物、马来酸(酐)—苯乙烯磺酸共聚物、丙烯酸—苯乙烯磺酸共聚物、丙烯酸酯—苯乙烯磺酸共聚物、马来酸(酐)—烯丙基磺酸共聚物、丙烯酸—烯丙基磺酸共聚物、丙烯酸—乙烯磺酸共聚物、丙烯酸—2－甲基－2′－丙烯酰氨基丙烷磺酸共聚物(AMPS)、丙烯酸—丙烯酰胺—2－甲基－2′－丙烯酰氨基丙烷磺酸共聚物、丙烯酸—丙烯酸酯—2－甲基－2′－丙烯酰氨基丙烷磺酸共聚物、丙烯酸—马来酸—2－甲基－2′－丙烯酰氨基丙烷磺酸共聚物、丙烯酸—2－丙烯酰氨基－2－甲基丙烷膦酸—2－甲基－2′－丙烯酰氨基丙烷磺酸共聚物。其中所述的丙烯酸酯优选自丙烯酸 $C_1 \sim C_8$ 酯,更优选自丙烯酸甲酯、丙烯酸乙酯、丙烯酸羟丙酯。

锌盐可以是硫酸锌或氯化锌。

在循环冷却水系统中使用铜材设备时,本品中还可以含有杂环化合物作为铜材缓蚀剂。铜材缓蚀剂优选自巯基苯并噻唑和苯并三氮唑,铜材缓蚀剂的有效浓度为0.5～1.5mg/L。

【产品应用】 本品特别适合高腐蚀性水质的循环冷却水处理,如钙硬度与总碱度之和为300mg/L以上调pH值处理的高硬、高碱水质和钙硬度与总碱度之和为100mg/L以下的低硬、低碱水质的循环冷却水处理。

在处理钙硬度与总碱度之和为300mg/L以上的高硬、高碱水质时,一般采用加酸调pH值工艺。先加入本品,并加入酸控制pH值为6.5～8.5,优选为7.8～8.3,所述的酸为硫酸、硝酸等,其加入量以使pH值调节至6.5～8.5,较好为7.8～8.3为准。

在处理钙硬度与总碱度之和为100mg/L以下的低硬、低碱水质,直接加入本品即可,无须控制pH值。

【产品特性】 本品综合性能好,具有优良的阻垢($CaCO_3$)功能,还有很好的稳定水中 Zn^{2+} 的能力和缓蚀性能,同时可降低循环冷却水中总磷的含量,降低常用有机膦药剂因磷含量高而对环境造成的危害,满足日益严格的环保要求。

实例2　多元复配阻垢缓蚀剂

【原料配比】

原　　料	配比(质量份)					
	1#	2#	3#	4#	5#	6#
AA—AMPS—HPA 三元共聚物(30%)	40	13.33	20	20	20	—
AA—AMPS(30%)	—	—	—	—	—	24
HEDPA(50%)	24	8	8	6	9	14.4
ATMP(50%)	12	10	4	—	—	7.2
PBTCA(50%)	—	—	—	12	9	—
无水氯化锌	12.5	6.25	6.25	6.25	6.25	7.5
BTA	1	—	—	—	—	0.6
DMF(*N*,*N*－二甲基甲酰胺)	2	—	—	—	—	1
水	加至100	加至100	加至100	加至100	加至100	加至100

【制备方法】

(1)1#配方的具体制备方法如下：

①称取无水氯化锌溶于固含量为30%的AA—AMPS—HPA三元共聚物中,搅拌溶解,然后分别加入活性组分为50%的HEDPA、活性组分为50%的ATMP,得到溶液A。

②将BTA溶于DMF中,然后将其加入溶液A中,摇匀,最后加入水使溶液达到足量,即得产品。

(2)2#配方的具体制备方法如下：

①将固含量30%的AA—AMPS—HPA加到活性组分为50%的HEDPA中,然后加入活性组分为50%的ATMP,搅拌均匀得溶液A。

②称取无水氯化锌溶于溶液A，摇匀，最后加入水使溶液达到足量，即得产品。

【注意事项】 本品中含有含磺酸基共聚物阻垢剂、有机膦酸缓蚀阻垢剂和锌盐。

有机膦酸是至少两种选自羟基亚乙基二膦酸（HEDP）、氨基三亚甲基膦酸（ATMP）、2-膦酸基-1,2,4-三羧酸丁烷（PBTCA）、羟基膦酰基乙酸（HPAA）、乙二胺四亚甲基膦酸钠（EDTMPS）的化合物。优选为HEDP、ATMP和PBTCA，更优选为HEDP和ATMP。

含磺酸基共聚物可以选用马来酸（酐）—苯乙烯磺酸共聚物、丙烯酸（AA）—苯乙烯磺酸共聚物、丙烯酸 $C_1 \sim C_8$ 酯—苯乙烯磺酸共聚物、马来酸（酐）—烯丙基磺酸共聚物、AA—烯丙基磺酸共聚物、AA—乙烯磺酸共聚物、AA—2-甲基-2′-丙烯酰氨基丙烷磺酸（AMPS）共聚物、AA—丙烯酰胺—AMPS共聚物、AA—丙烯酸 $C_1 \sim C_8$ 酯—AMPS共聚物、丙烯酸—马来酸—2-甲基-2′-丙烯酰氨基丙烷磺酸共聚物、丙烯酸—2-丙烯酰氨基-2-甲基丙膦酸—2-甲基-2′-丙烯酰氨基丙烷磺酸共聚物。其中单体之一丙烯酸 $C_1 \sim C_8$ 酯可以是丙烯酸甲酯或丙烯酸羟丙酯。

锌盐可以选用硫酸锌、氯化锌、碳酸锌等，较好的为硫酸锌和氯化锌，最好为氯化锌。

在循环冷却水系统中使用铜材设备时，本品中还应含有铜材缓蚀剂，具体可以是巯基苯并噻唑、苯并三氮唑（BTA），较好的为苯并三氮唑。

【产品应用】 本品用于对工业废水，尤其是经过二级生化处理的并且作为循环冷却水系统循环水使用的石油化工废水进行进一步处理。使用时按100mg/L的药剂浓度投入冷却水中。

【产品特性】 本品原料易得，配比及工艺科学合理，使用效果理想，有利于环境保护。

实例3　复合阻垢缓蚀剂(1)

【原料配比】

原　料	配比(质量份)					
	1#	2#	3#	4#	5#	6#
ATMP(活性成分为50%)	22.9	—	—	—	—	25.7
HEDP(活性成分为50%)	—	17.1	17.1	11.4	17.1	—
EDTMP	—	—	—	—	—	—
HPAA(活性成分为40%)	17.9	21.4	28.6	35.7	42.9	17.9
PBTCA(活性成分为50%)	11.4	—	—	5.7	5.7	14.3
AA—AMPS(固含量30%)	28.6	—	—	—	—	—
AA—AMPS—HPA(固含量30%)	—	—	38.1	—	—	—
丙烯酸—丙烯酸甲酯—丙烯酸羟丙酯三元共聚物(ZF—311,固含量30%)	—	28.6	—	19.1	—	—
马来酸酐—丙烯酸共聚物(XF—322,固含量30%)	—	—	—	—	28.6	—
PAA(固含量30%)	—	9.5	—	9.5	—	33.3
水	19.2	23.4	16.2	18.6	5.7	8.8

【制备方法】 本品只需配成一种溶液，组分的加料次序并不重要，如可将有机膦酸、膦羧酸、含羧酸基共聚物和铜材缓蚀剂及水按比例混合，配制成药剂溶液即为产品。

【注意事项】 本品中包括有机膦酸、有机膦羧酸和含羧酸基聚合物。

当循环冷却水系统中使用铜材设备时，本品中还可含有杂环化合物作为铜材缓蚀剂，优选巯基苯并噻唑和/或苯并三氮唑（BTA）作为铜材缓蚀剂，相对于待处理水溶液总量铜材缓蚀剂的有效浓度为0.5～1.5mg/L。

【产品应用】 本品特别适合于含硫循环冷却水的处理。

【产品特性】

（1）能够解决含硫循环冷却水对设备造成的腐蚀，使碳钢的腐蚀速率小于0.1mm/年。

（2）不会产生由于硫化锌沉淀而带来的设备结垢。

（3）发生泄漏后无须对系统进行彻底置换，节约药剂费、新鲜水费和排污费。

（4）操作简单，方便快捷，安全有效。

实例4 复合阻垢缓蚀剂(2)

【原料配比】

原　料	配比（质量份）					
	1#	2#	3#	4#	5#	6#
ATMP（活性组分为50%）	22.9	—	—	—	—	25.7
HEDP（活性组分为50%）	—	17.1	17.1	11.4	17.1	—
HPAA（活性组分为40%）	17.9	21.4	28.6	35.7	42.9	17.9
固含量约30%的AA—AMPS二元共聚物（质量比为AA—AMPS＝70/30，30℃时极限黏数为0.072L/g）	28.6	—	—	—	—	—

续表

原　　料	配比(质量份)					
	1#	2#	3#	4#	5#	6#
固含量约 30% 的 ZF－311(为丙烯酸—丙烯酸甲酯—丙烯酸羟丙酯三元共聚物)	—	28.6	—	19.1	—	—
固含量约 30% 的 AA—AMPS—HPA 三元共聚物(质量比为 AA∶AMPS∶HPA＝60∶20∶20,30℃时极限黏数为 0.078L/g)	—	—	38.1	—	—	—
固含量约 30% 的 XF－322(为马来酸酐—丙烯酸共聚物)	—	—	—	—	28.6	—
PBTCA(活性组分为 50%)	11.4			5.7	5.7	14.3
固含量约 30% 的 PAA(30℃时极限黏数为 0.068L/g)	—	9.5	—	—	—	—
固含量约 30% 的 PAA(30℃时极限粘数为 0.080L/g)	—	—	—	9.5	—	33.3
水	19.2	23.4	16.2	18.6	5.7	8.8

【制备方法】 将各组分以及水按预定的比例混合,使其充分溶解,摇匀,即制得成品。

【注意事项】 复合阻垢缓蚀剂其中包括有机膦酸、有机膦羧酸和含羧酸基聚合物,所述有机膦酸为羟基膦酸基乙酸(HPAA)或 HPAA 与 2－膦酸基－1,2,4－三羧酸丁烷(PBTCA)的混合物。

有机膦酸为至少一种选自羟基亚乙二膦酸(HEDP)、氨基三亚甲基膦酸(APMP)、乙二胺四亚甲基膦酸(EDTMP)、二乙烯三胺五亚甲基膦酸、对二膦磺酸的化合物。

所述的含羧基聚合物最佳为含羧酸基的均聚物、二元共聚物、三元共聚物，更优选自聚丙烯酸（PAA）、聚马来酸、丙烯酸（AA）—丙烯酸羟丙酯（HPA）共聚物、丙烯酸—丙烯酸羟丙酯（HPA）—丙烯酸酯共聚物、马来酸（酐）—丙烯酸共聚物、马来酸（酐）—苯乙烯磺酸共聚物、丙烯酸—苯乙烯磺酸共聚物、丙烯酸酯—苯乙烯磺酸共聚物、马来酸（酐）—烯丙基磺酸共聚物、丙烯酸—2－甲基－2′－丙烯酰胺基丙烷磺酸（AMPS）共聚物、丙烯酸—丙烯酰胺—2－甲基－2′－丙烯酰氨基丙烷磺酸共聚物、丙烯酸—丙烯酸酯—2－甲基－2′－丙烯酰氨基丙烷磺酸共聚物、丙烯酸—马来酸—2－甲基－2′－丙烯酰氨基丙烷磺酸共聚物、丙烯酸—2－丙烯酰氨基－2－甲基膦酸—2－甲基－2′－丙烯酰氨基丙烷磺酸共聚物，其中所述丙烯酸酯选自丙烯酸 $C_1 \sim C_8$ 酯，更优选自丙烯酸甲酯、丙烯酸乙酯、丙烯酸羟丙酯（HPA）。

当循环水冷却水系统中使用铜材设备时，复合缓蚀阻垢剂还含有杂环化合物作为铜材缓蚀剂，优选巯基苯并噻唑和－或苯并三氮唑（BTA）作为铜材缓蚀剂。

所述有机膦酸相对于待处理水溶液总量的有效浓度为3～15mg/L，最佳为4～10mg/L。

所述HPAA相对于待处理水溶液总量的有效浓度为4～25mg/L，最佳为5～15mg/L。所述PBTCA相对于待处理水溶液总量的有效浓度为0～10mg/L，最佳为2～6mg/L。

所述含羧酸基聚合物相对于待处理水溶液总量的有效浓度为4～15mg/L，最佳为6～10mg/L，所述铜材缓蚀剂相对于待处理水溶液总量的有效溶液为0.5～1.5mg/L。

【产品应用】 本品适用于循环冷却水的处理，特别是含硫循环冷却水的处理。循环冷却水中硫离子浓度为0或>0～2.5mg/L。

【产品特性】 本产品用于处理含硫循环冷却水时具有以下优点：

（1）能够解决含硫循环冷却水对设备造成的腐蚀，使碳钢的腐蚀速率小于0.1mm/年。

（2）不会产生由于硫化锌沉淀而带来的设备结垢。

（3）发生泄漏后无须对系统进行彻底置换，节约药剂费、新鲜水费和排污费。

(4)操作简单、方便快捷、安全有效。

实例5 复合阻垢缓蚀剂(3)

【原料配比】

原料		配比(质量份)							
		1#	2#	3#	4#	5#	6#	7#	8#
聚环氧琥珀酸(30%)		13.3	20	13.3	30	10	16.7	15	10
丙烯酸类共聚物	AA—HPA—MA	—	25	—	13.3	—	—	13.3	30
	AA—HPA(T225)	26.7	—	—	—	—	—	—	—
	AA—AMPS	—	—	20	—	—	—	—	—
	AA—HPA—AMPS	—	—	—	—	20	16.7	—	—
有机膦酸	PBTCA	8	8	—	4	8	10	8	—
	对二膦磺酸	10	—	5	—	20	10	—	10
	甘氨酸二亚甲基磷酸	—	10	—	—	—	—	—	5
	氨基乙磺酸二亚甲基膦酸	—	—	10	—	—	—	8	—
	羟基亚乙基二膦酸(HEDP)	—	—	—	8	—	—	—	—
氯化锌		1.7	—	—	—	—	3.1	—	—
七水合硫酸锌		—	—	—	—	2.2	—	—	13.5
铜材缓蚀剂(BTA)		—	—	—	—	—	—	1	—
水		20.3	17	31.7	24.7	19.8	23.5	34.7	11.5

【制备方法】 制备本品时,各组分的加料次序并不重要。可将有机膦酸、聚环氧琥珀酸、共聚物、锌盐和铜材缓蚀剂以及水按一定的比例混合配制成一种药剂溶液。

【注意事项】 本品原料包括两种有机膦酸、聚环氧琥珀酸和丙烯酸类共聚物。

有机膦酸选自羟基亚乙基二膦酸（HEDP）、2－膦酸基－1，2，4－三羧酸丁烷（PBTCA）、羟基膦酸基乙酸、二乙烯三胺五亚甲基膦酸、对二膦磺酸、甘氨酸二亚甲基磷酸、谷氨酸二亚甲基膦酸、氨基磺酸二亚甲基膦酸、氨基乙磺酸二亚甲基膦酸，优选羟基乙基二膦酸、2－膦酸基－1，2，4－三羧酸丁烷、对二膦磺酸、甘氨酸二亚甲基膦酸、氨基磺酸二亚甲基膦酸、氨基乙磺酸二亚甲基膦酸。

丙烯酸类共聚物为丙烯酸二元共聚物或三元共聚物，优选为丙烯酸（AA）—丙烯酸羟丙酯共聚物（HPA）、丙烯酸—丙烯酸羟丙酯－丙烯酸甲酯（MA）共聚物、丙烯酸—2－甲基－2′－丙烯酰氨基丙烷磺酸（AMPS）共聚物或丙烯酸—丙烯酸酯—2－甲基－2′－丙烯酰氨基丙烷磺酸共聚物，其中所述的丙烯酸酯优选自丙烯酸 $C_1 \sim C_8$ 酯，更优选自丙烯酸甲酯、丙烯酸乙酯、丙烯酸羟丙酯。

如在循环冷却水系统中使用铜材设备时，本品中还含有杂环化合物作为铜材缓蚀剂，铜材缓蚀剂选自巯基苯并噻唑和苯并三氮唑（BTA）。

本品中还可以含有锌盐，可以选自氯化锌和七水合硫酸锌，锌离子的浓度为0.5～3mg/L。

本品所述的聚环氧琥珀酸相对于待处理水溶液总量的有效浓度为2～10mg/L。

本品所述的有机膦酸相对于待处理水溶液总量的有效总浓度为5～14mg/L。两种有机膦酸的比例为（2∶1）～（1∶2）。

本品所述的丙烯酸基共聚物相对于待处理水溶液总量的有效总浓度为2～10mg/L。

本品所述的铜材缓蚀剂相对于待处理水溶液总量的有效浓度为0.5～1.5mg/L。

【产品应用】　本品适合于循环冷却水处理，尤其适合于中等硬度、中等碱度水质和高硬高碱水质自然 pH 运行的循环冷却水的处理。可使循环水的钙硬加碱度达到1200mg/L（以 $CaCO_3$ 计）。

【产品特性】　本品原料易得，配比科学，由于聚环氧琥珀酸具有良好的阻垢能力，并和有机膦酸和丙烯酸类共聚物有良好的协同效应,因此产品的综合性能好,不仅具有优良的阻$CaCO_3$和阻$Ca_3(PO_4)_2$功能,还有良好的稳定水中Zn^{2+}的能力和缓蚀性能。可提高循环冷却水的浓缩倍数(可达到6倍),从而节约新鲜水的用量。

实例6 复合阻垢缓蚀剂(4)

【原料配比】

原料			配比(质量份)					
			1#	2#	3#	4#	5#	6#
阻垢组分	有机膦酸盐	HEDP	9	8	—	—	—	6
		PBTC	—	—	12	—	—	—
		ATMP	—	—	—	8.2	—	—
		EDTMP	—	—	—	—	—	—
		DTPMP	—	—	—	—	11	—
	丙烯酸—丙烯酸酯共聚物		7.6	8.6	6.6	9	8.3	8.6
	膦酰化聚马来酸酐		18	6	8	12	14	6
缓蚀组分	氨基酸	L-天冬氨酸	16	—	—	—	—	24
		酪氨酸	—	19	—	—	—	—
		甘氨酸	—	—	25	—	—	—
		谷氨酸	—	—	—	18	—	—
		赖氨酸	—	—	—	—	16	—
	腐殖酸钠		0.7	—	1	1	0.8	0.8
	腐殖酸钾		—	1.2	—	—	—	—
	苯并三氮唑		1.4	1	1.6	1	1.1	1.1
	氢氧化钠		10	12	8	9.8	—	8
	氢氧化钾		—	—	—	—	14	—
去离子水			37.3	44.2	37.3	41	34.8	45.6

续表

原料			配比(质量份)					
			7#	8#	9#	10#	11#	12#
阻垢组分	有机膦酸盐	HEDP	—	12	—	12	7.5	—
		PBTC	—	—	9	—	—	—
		ATMP	—	—	—	—	—	9
		EDTMP	12	—	—	—	—	—
	丙烯酸—丙烯酸酯共聚物		12	10.5	8.5	8.5	6	9
	膦酰化聚马来酸酐		9	7	8	9	16	6
缓蚀组分	氨基酸	L-天冬氨酸	23	21	—	23	—	—
		酪氨酸	—	—	—	—	20	—
		赖氨酸	—	—	—	—	—	24
		谷氨酸	—	—	24	—	—	—
	腐殖酸钠		1	—	0.8	—	—	0.5
	腐殖酸钾		—	0.7	—	1.2	0.8	—
	苯并三氮唑		1.1	1.6	1.2	1.3	0.7	0.5
	氢氧化钠		9	—	11	9	10	—
	氢氧化钾		—	9	—	—	—	9
去离子水			32.9	48.2	37.5	36	39	42

【制备方法】 取上述各组分,在室温20℃下置于容器中搅拌均匀,即得产品。

【注意事项】 所述阻垢组分由膦酰化聚马来酸酐、丙烯酸—丙烯酸酯共聚物、有机膦酸盐中的一种或几种构成。

所述缓蚀组分由氨基酸、腐殖酸钠或腐殖酸钾、苯并三氮唑、氢氧化钠或腐殖酸钾中的一种或几种构成。

有机膦酸盐可以是氨基三亚甲基膦酸(ATMP)、1-羟基乙烷-1,1-二膦酸(HEDP)、乙二胺四亚甲基膦酸(EDTMP)、二亚乙基三胺五亚甲基膦酸(DTPMP)、2-膦酸基-1,2,4-三羧酸丁烷(PBTC)中的一种或几种。

氨基酸可以是甘氨酸、赖氨酸、天冬氨酸、谷氨酸、酪氨酸中的一种或几种。

【产品应用】 本品适用于高硬高碱水质的循环冷却水处理。

使用时,冷却水水质无须做任何预处理,只需将制备好的复合阻垢缓蚀剂按所需浓度加入循环水系统的管网中即可。

【产品特性】

(1)本品配方为低磷配方,使用过程中不易形成磷酸钙垢。

(2)将生化技术及表面技术与传统的水质稳定技术相结合,有效地改善了换热器金属界面的阻垢与防腐性能,尤其针对我国北方地区高硬度、高碱度水质容易结垢的行业难点问题,使得循环冷却水能够在超浓缩(浓缩倍数≥5)条件下运行,节约了大量的水资源。

(3)本品在提高浓缩倍数时,无须加酸处理,采用自然 pH 值运行,既节约了设备投资,简化了操作程序,又有利于提高设备寿命,保证系统的安全运行。

(4)本品同时具有净化水质的功能,解决了由于循环水水质恶化造成的一系列危害循环水正常运行的问题,使循环水系统能更清洁地运行,对环境保护也有很大的促进作用。

(5)本品制备工艺简单,使用方便,用量少,成本低,有利于降低循环水运行成本和加强循环水的管理。

实例 7 高效低膦阻垢缓蚀剂

【原料配比】

原料	配比(质量份)				
	1#	2#	3#	4#	5#
2-膦基丁烷-1,2,4 三羧酸(PBTCA)	30	25	35	20	40
丙烯酸—磺酸钠三元共聚物	55	—	—	40	70
AMPS 多元共聚物	—	50	—	—	—

续表

原　料	配比(质量份)				
	1#	2#	3#	4#	5#
丙烯酸—磺酸钾三元共聚物	—	—	60	—	—
铜材缓蚀剂苯并三氮唑(BTA)	4	3	5	2	6
水	68	60	75	55	80

【制备方法】

(1)将 PBTCA、丙烯酸/磺酸盐三元共聚物或 AMPS 抽入反应釜中,搅拌混匀,优选开启搅拌速度为 80r/min,混匀 20min。

(2)在搅拌情况下,将 BTA 加入上述反应釜中,继续搅拌,待 BTA 溶解,再加水搅拌混匀,即得产品。

【注意事项】

PBTCA 具有优异的阻垢缓蚀性能,它既有膦酸又有羧酸的结构特性,在高温阻垢性能方面远远优于有机膦酸,对碳的钙垢具有优异的抑制作用,能提高锌的溶解度,甚至是在 pH 值为 9.5 时也能使锌处于溶解状态。

【产品应用】　本品可于热力设备结垢及腐蚀的循环水中使用,适用于石化系统、钢铁系统和化工行业、电力行业等循环冷却水。

使用方法:在石化系统、钢铁系统和化工行业等循环冷却水中,本品按补水计,其投加量最好为 50~100mg/L,而电力行业的循环冷却水处理中,本品按补水计,投加量最好为 8~12mg/L。

【产品特性】

(1)本品是针对热力设备的结垢及腐蚀问题研制而成的循环水处理组合物,其阻垢率能达到 95% 以上,而腐蚀率则低于国家标准(0.005μm/年),除了能满足按国家环保要求外排水中磷值 $P<0.5$mg/L 的条件外,还允许工业循环水有较宽的边界条件,特别是对高成垢离子水,使用本品可使循环水浓缩倍数突破 3~4.5 倍。

(2)本品具有使用剂量低、高效节能的特点。

(3)本品综合性能优良,复合型配方更加适合苛刻条件的水质处理,使循环水的钙硬度可以达到2000mg/L,氯离子或硫酸根离子可以达到5000mg/L。并且处理效果进一步提高,浓缩倍数可以达到6~8,碳钢的腐蚀速率小于0.075mm/年,黏附速率小于15mcm。

(4)使用本品不用增加设备投资,仅投加药剂即能达到零排放。

(5)本品质量可靠、容忍度大、适用面广,在工业应用中,各项运行指标和检测指数均达到并优于国标要求。相比其他同类产品,本品技术先进,在高硬度、高碱度、高 pH 值、高浓缩倍数(是指含盐高)等较恶劣条件下仍具有较好的阻垢缓蚀性能。此外,使用本品所形成的污垢呈网状鱼鳞状,极其疏松,这样既不影响传热,而且便于清洗,同时本品具有低磷的特点,环保性能好,对环境不构成威胁。

(6)本品是针对工业循环冷却水质和工业生产工艺特点而开发的高效阻垢、缓蚀、分散、杀菌组合物,可以有效防止结垢、腐蚀、黏泥及菌藻附着所造成的热交换率降低和非计划停机,在浓缩倍数达到2倍时,即可节水95%以上,延长设备的使用寿命,提高换热效率,降低消耗,增加产量,保证设备的稳定运行。

实例8 阻垢缓蚀剂

【原料配比】

原料	配比(质量份)									
	1#	2#	3#	4#	5#	6#	7#	8#	9#	10#
PASP	4	6	6	7	5	30	15	5	5	15
丙烯酸—丙烯酸酯共聚物	3	4	—	—	—	—	—	5	4	—
含磺酸基的丙烯酸—丙烯酸酯共聚物	3	—	5	—	—	—	—	—	—	4
聚丙烯酸	—	—	—	2	2		10	5	4	
氧化淀粉	—	—	—	—	—	2	—	—	—	—

续表

原　　料	配比(质量份)									
	1#	2#	3#	4#	5#	6#	7#	8#	9#	10#
山梨酸钾	—	3	—	—	—	—	—	—	—	—
四硼酸钠	—	—	3	—	—	—	—	—	—	—
葡萄糖酸钠	—	—	—	3	—	—	—	—	—	—
聚乙烯醇	—	—	—	—	2	—	—	—	—	—
苯甲酸钠	3	—	—	—	—	—	—	—	—	—
琥珀酸钾	—	—	—	—	—	15	15	—	—	—
硝酸钠	—	—	—	—	—	—	—	3	3	—
亚硝酸钠	—	—	—	—	—	—	—	—	—	2
苯甲酸钠	—	—	—	—	—	—	—	—	—	5
钨酸铵	—	20	—	—	—	—	—	—	—	—
钼酸铵	—	—	25	10	20	20	40	—	—	—
柠檬酸铵	—	—	—	—	15	—	—	—	—	—
钼酸钠	15	—	—	—	—	—	—	—	—	—
钨酸铵	—	—	—	—	—	—	—	20	20	8
二环乙胺	—	—	1	—	—	—	—	—	—	—
环己胺	—	—	—	1	—	—	—	—	—	—
三乙醇胺	—	—	—	—	1	—	—	—	—	—
六亚甲基亚胺	—	—	—	—	—	—	2	—	—	—
甲基苯并三氮唑	—	—	—	1	1	—	—	—	—	—
乌洛托品	—	—	—	—	—	2	—	—	—	—
硝酸锌	2	—	—	—	—	—	—	—	—	—
溴化锌	—	2	—	—	—	—	1.5	—	—	—
硫酸锌	—	—	2	—	—	1	—	1.5	1.5	1.5
氯化锌	—	—	—	1	1	—	—	—	—	—
水加至	10^6	10^6	10^6	10^6	10^6	10^6	10^6	10^6	10^6	10^6

【制备方法】 在常温下将各组分按比例加入容器中,搅拌均匀即得所需产品。

【注意事项】 无磷复合阻垢缓蚀剂中的阻垢剂由聚天冬氨酸(PASP)与聚乙烯醇、氧化淀粉、聚丙烯酸、丙烯酸—丙烯酸酯共聚物、含磺酸基的丙烯酸—丙烯酸酯共聚物中的一种或几种构成,优选由聚天冬氨酸与聚丙烯酸、丙烯酸—丙烯酸酯共聚物、含磺酸基的丙烯酸—丙烯酸酯共聚物中的一种或几种构成。

无磷复合阻垢缓蚀剂中的缓蚀剂为有机酸的钠盐、钾盐、铵盐、硼酸钠盐、钾盐、铵盐,含氮有机物,可溶性钼酸盐,可溶性钨酸盐,可溶性硝酸盐,可溶性亚硝酸盐,可溶性锌盐中的一种或几种构成。

缓蚀剂中的有机酸,如乳酸、葡萄糖酸、苯甲酸、苹果酸、甲酸、乙酸、山梨酸、丙酸、酒石酸、苯磺酸、马来酸、邻苯二甲酸、肉桂酸、安息香酸、琥珀酸、乙二胺四乙酸(EDTA)酸的钠盐、钾盐、铵盐中的一种或几种,优选的有机酸的盐为葡萄糖酸盐、苯甲酸盐、山梨酸盐、苹果酸盐、酒石酸盐、苯磺酸盐、马来酸盐、琥珀酸盐中的一种或几种。

缓蚀剂中的含氮有机化合物为一乙醇胺、二乙醇胺、三乙醇胺、环己胺、二环已胺、苯并三氮唑、甲基苯并三氮唑、吗啉、乙二胺、已二胺、六亚甲基亚胺、三正丙胺、二正丙胺、三乙胺、二乙胺、三甲胺、二甲胺、二亚乙基三胺、丁二酰亚胺、已内酰胺、四乙烯五胺、乌洛托品中的一种或几种,优选一乙醇胺、二乙醇胺、三乙醇胺、环已胺、二环已胺、苯并三氮唑、吗啉、甲乙烯五胺、乌洛托品中的一种或几种。

缓蚀剂中的可溶性钼酸盐和可溶性钨酸盐为钼酸的钠盐、钾盐、铵盐,钨酸的钠盐、钾盐、铵盐中的一种或几种,可溶性钼酸盐和可溶性钨酸盐是良好的缓蚀剂,有利于在金属表面形成钝化膜。

缓蚀剂中的锌盐为可溶性锌盐,如硝酸锌、硫酸锌、氮化锌、溴化锌中的一种,锌盐是一种常用的缓蚀剂,通常与其他类型的缓蚀剂配合使用。

【产品应用】 本品尤其适合处理钙硬度在≥750mg/L,碱硬度在≥750mg/L,钙硬度和碱硬度之和在≥1500mg/L 的高碱高硬循环冷却水处理。当然也适用于低钙硬低碱硬循环水处理。

【产品特性】 本产品与现有的阻垢缓蚀剂相比具有以下特点：

(1)本阻垢缓蚀剂属于全无磷配方，使用过程中不会形成磷酸钙垢。

(2)采用本配方所排废水不会对环境造成富营养化污染。

(3)本配方所用聚合物为生物可降解物，属于环境友好产品。

(4)本品适用于高钙硬和高碱硬水处理（当然也适用于低钙硬和低碱硬循环水处理），有利于提高循环水浓缩倍数，提高循环水利用率，节约水资源。

(5)本水处理剂在使用前无须预膜。

(6)本水处理剂配制简单，使用方便，使用量少，成本低，有利于降低循环水运行成本和加强循环水的管理。

实例9　换热器酸洗缓蚀剂

【原料配比】

原　　料	配比（质量份）
盐酸	5～10
苯胺	0.05～0.15
表面活性剂	0.1～0.2
乙醇	0.05～0.1
水杨酸	0.05
水	加至100

【制备方法】 向水中依次放入盐酸、苯胺、表面活性剂、乙醇、水杨酸，温度30～50℃，反应时间控制在2～5h。

【注意事项】 原料中的盐酸也可以是硫酸、硝酸、磷酸、醋酸、柠檬酸、氨基磺酸或上述某几种酸的混酸等。

表面活性剂可以是十二～十八烷基苯磺酸或其钠盐、十二烷基硫酸钠或十五烷基磺酰氯，但最好是C型复合碳酸氢铵添加剂或Y—2型碳酸氢铵添加剂。

【产品应用】 本品可用于锅炉、碳钢及低合金钢等材质的换热设备的化学清洗,清除系统内的硬垢、软垢及油污。

【产品特性】 本品性能优良,能够最大限度地避免氢蚀现象的发生。保存期限长,使用方便,可以随配随用,也可以直接加入酸洗系统中而不需进行任何化学反应过程,酸洗前不须碱洗或碱煮,酸洗后无须碱洗或钝化处理,用清水或软水冲洗后,就可直接使用。

实例10 盐酸酸洗缓蚀剂

【原料配比】

原料	配比(质量份)					
	1#	2#	3#	4#	5#	6#
油酸	10	7	8.5	10	7	8.5
氯化苄	3	6	4.5	3	6	4.5
多烯多胺	6	3	4.5	6	3	4.5
二甲苯	4	7	5.5	4	7	5.5
溶剂	40	29	34.5	40	29	34.5
脂肪醇聚氧乙烯醚	37	48	42.5	21	28	24.5
酰胺	—	—	—	16	20	18

【制备方法】 先将油酸、多烯多胺、二甲苯加入反应釜中在165~180℃,常压下边搅拌边进行合成反应10~16h。再降温至90~120℃后,加入氯化苄,并在该温度及常压下进行苄基化反应4~8h,获中间体。将中间体真空抽料到配料槽,于80℃条件下将其与脂肪醇聚氧乙烯醚、溶剂一起搅拌反应0.5h得产品。

【产品应用】 本缓蚀剂加入盐酸酸洗液中可用于清洗锅炉,油田、油井酸化。

【产品特性】 本缓蚀剂所需原料,来源广泛,合成工艺简单合理,设备完整安全,可工业化生产,产品质量稳定。

其性能优良,使用方便,温度范围可达到70~90℃。用于清洗锅时,可将原有的酸煮除油再进行酸洗两道工序合为一道工艺,节约了原材料和时间。金属表面无腐蚀现象,仍保持光泽,无渗氢和氢脆现象且用量少,毒性小,无刺激气味,对环境无污染。

实例11 常温铜酸洗缓蚀剂

【原料配比】

原料		配比(质量份)		
		1#	2#	3#
2-巯基苯并噻唑(MBT)		5	12	16
六亚甲基四胺		8	7	12
表面活性剂	十二烷基二甲基苄基氯化铵	11	8	7
	脂肪醇聚氧乙烯醚	0.5	0.5	0.4
硫脲		0.1	—	—
二苯基硫脲		—	1	—
二邻甲苯硫脲		—	—	1
工业乙醇		70	65	59.6
水		5.4	6.5	5

【制备方法】 将噻唑类、有机胺、表面活性剂、工业乙醇、水及硫脲及衍生物按上述的质量份数比,一同加入反应釜中加热并搅拌,回流反应1~2.5h,冷却后加入所要求的着色剂即为成品,其相对密度为0.82~0.89(20℃)。上述的回流反应温度控制在70~75℃之间。

本缓蚀剂也可以与其他醇溶的含N、S化合物等增效剂联合使用。

【注意事项】 本品中噻唑类是指MBT和二硫化苯并噻唑(MBTS)。

本品中有机胺是指六亚甲基四胺、四丁基胺和三苄基甲基胺。

本品中表面活性剂是指脂肪醇聚氧乙烯醚(平平加)、十二烷基二甲基苄基氯化铵(1227)、十二烷基二甲基苄基溴化铵(新洁尔灭)、十二烷基三甲基氯化铵(1231)、十六烷基三甲基溴化铵(1631)、十八烷基三甲基氯化铵(1831)。

本品中硫脲及衍生物是指硫脲、二苯基硫脲和二邻甲苯硫脲。

本品中着色剂是指5NB及碱性或酸性显色剂。

【产品应用】 本品是一种用于电力、热力及化工等领域的管路除垢中、具有高效缓蚀性能和盐酸介质常温铜酸洗缓蚀剂。

【产品特性】 本品是在一定的反应条件下将几种有机物质合成为含π键、苯环、长键基团的化合物。由于化合物中含有N、S、O电负性较大的极性基团,在金属表面进行物理和化学吸附,改变了金属/溶液界面的双电层的结构,提高了金属离子化过程的活化能。因而大大地提高了它在铜表面的吸附能力,显示出优良的缓蚀性能,它同时还对碳钢有很好的保护效果。

实例12 低温酸化缓蚀剂

【原料配比】

原料	配比(质量份)				
	1#	2#	3#	4#	5#
精甲醇	300	350	00	410	390
苄基二甲基十二烷基溴化铵	500	—	400	390	390
十二烷基二甲基苄基氯化铵	—	280	—	—	—
丙炔醇	120	—	—	—	—
丁炔醇	—	—	—	—	120
1,4-丁炔二醇	—	300	—	—	—
甲基丁炔醇	—	—	100	—	—
4-三甲基甲硅基-3-丁炔醇	—	—	—	110	—
溴代十六烷基吡啶	80	—	—	—	—
溴代十四烷基吡啶	—	—	—	90	100
氯代十二烷基吡啶	—	70	100	—	—

【制备方法】 在反应釜中加入炔醇、季铵盐和杂环化合物混合溶解在有机醇溶液中,以60r/min的速度搅拌30min,搅拌均匀后,形成

均匀的红棕色液体，即得低温酸化缓蚀剂。

【注意事项】 炔醇选自丁炔醇、己炔醇、丙炔醇、1，4－丁炔二醇、甲基戊炔醇、甲基丁炔醇、丁炔二醇、4－三甲基甲硅基－3－丁炔醇；季铵盐选自十二烷基二甲基苄基氯化铵、苄基二甲基十二烷基溴化铵、松香改性油酸基咪唑啉季铵盐、三苯环咪唑啉季铵盐、(4－乙烯基)－苄基氯化喹啉季铵盐、(4－乙烯基)－苄基氯化吡啶季铵盐、环氧丙烷基氯化喹啉、环氧丙烷基氯化吡啶，烯丙基氯化喹啉、烯丙基氯化吡啶，杂环化合物选自溴代十六烷基吡啶、氯代十六烷基吡啶、氯代十二烷基吡啶、溴代十四烷基吡啶。

有机醇选自精甲醇、乙二醇、正丁醇、环已醇等，其中优选精甲醇，因为它的溶解能力强，成本低，在市场上容易购买。

【产品应用】 本品适用于地层温度在60～90℃的油气、井酸化作业和设备的酸洗作业。使用时，按照酸液的总质量，直接向酸液中添加0.5%～1.0%的本缓蚀剂，搅拌均匀即可。

【产品特性】 本低温酸化缓蚀剂与绝大多数酸化添加剂配伍性好，在酸液中的溶解性很好，不存在分层、絮凝、沉淀等现象，因此不需要添加其他辅助的化学药剂；该缓蚀剂不仅适用于盐酸体系、土酸体系，也适用于有机酸体系，能够满足常规的酸化、酸洗作业需要，减少了酸液对设备的腐蚀，提高了设备的使用效率。

本低温酸化缓蚀剂生产工艺简单，生产成本低且没有三废产生，对环境污染小。

本低温酸化缓蚀剂还具有下述优势：

(1)在酸性介质中有良好的化学稳定性。

(2)可以将金属的腐蚀速率降至很低，甚至完全停止腐蚀，不会产生点蚀。

(3)缓蚀剂不会影响金属的物理、力学性能。

(4)能承受施工条件的变化，如酸性介质浓度、温度、流速的变化等。

实例13 多金属高效固体酸洗缓蚀剂

【原料配比】

原料	配比(质量份)
天津若丁	50~80
乌洛托品	10~20
硫脲	10~20
苯并三氮唑	5~10
十二烷基苯磺酸钠	1~5

【制备方法】 将各组分混合均匀即可。

【产品应用】 本品主要应用于常用金属如碳钢、不锈钢、铜、锌、铝、钛等多种金属的防腐。

【产品特性】 本品缓蚀剂在使用时溶于酸洗液中,根据酸洗液中的酸含量比例,缓蚀剂含量占清洗液比例50~200mg/kg,与现有的缓蚀剂相比,本品是一种多组分、含表面活性剂的复配缓蚀剂,它具有协同效果,用量少、携带方便,能适用碳钢、不锈钢、铜、锌、铝、铁等多种金属或合金,有很好的实用价值。

实例14 高温酸性介质中的钢铁缓蚀剂

【原料配比】

原料	配比(质量份)		
	1#	2#	3#
环己酮	9	—	—
苯乙酮	—	12	15
甲醛	17	17	22
苯胺	18	18	23
乙醇	50	50	60
盐酸(28%)	3.5	3.5	3.5
氯化苄	28	28	34.5
丙炔醇	7	7	8.5

【制备方法】　将环己酮或苯乙酮、甲醛、苯胺、乙醇和盐酸加入回流时间25min至1h,然后迅速降温,加入氯化苄,反应温度为30℃,时间为25min至1h,再与丙炔醇混合复配得到本品油田酸化缓蚀剂。

【产品应用】　本品主要用作高温酸性介质中的钢铁缓蚀剂。

【产品特性】

(1)耐高温性能好,160℃下3%加量腐蚀速率达35g/(m^2·h)。

(2)生产工艺简单,加热温度低于80℃,没有废液产生。

(3)产品油有刺激性和恶臭气味,易与酸液混合。

(4)生产原料容易得到,没有特殊药品,产品价格比较低。

实例15　高效酸洗缓蚀剂

【原料配比】

原　　料	配比(质量份)
己二腈	40
己二酸	15
乳化剂脂肪醇聚氧乙烯醚	20
氯化亚铜	5
异丙醇	10
丙炔醇	10

【制备方法】　取己二腈、己二酸、乳化剂脂肪醇聚氧乙烯醚、氯化亚铜、异丙醇、丙炔醇与水混合制成有效成分的金属酸洗缓蚀剂。

【产品应用】　本品主要应用于酸洗工艺中。

使用方法:使用时只添加酸洗剂质量的1%~5%,即可达到缓蚀、抑雾的效果。

【产品特性】　本品是以石油中间体为主要原料,集缓蚀、抑雾为一体的金属酸洗缓蚀剂,经试用其缓蚀效率达到99%,抑制酸雾率达到90%以上,尤其是石油中间体能够有效吸收酸液中的酸根,使酸洗后的残液水稀释后即可达到排放标准,可降低金属酸洗作业中的酸耗、钢耗,改善其操作环境,解决以往缓蚀剂所存在的缓蚀率低、产生酸雾、酸洗成本高、环境污染严重及危害操作人员身体健康的问题。

实例16 锅炉清洗酸洗缓蚀剂

【原料配比】

原料	配比(质量份)				
	1#	2#	3#	4#	5#
盐酸	3	8	5	—	—
柠檬酸	—	—	—	3	—
氨基磺酸	—	—	—	—	10
乌洛托品	0.08	0.25	0.16	0.18	0.25
二甲苯硫脲或硫脲	0.04	0.15	0.1	0.1	0.15
硫氰酸盐	0.05	0.01	0.03	0.05	0.01
十二~十六烷基苄基氯化物或溴化物	0.12	0.03	0.08	0.08	0.03
表面活性剂	0.12	0.05	0.09	0.09	0.05
水	加至100	加至100	加至100	加至100	加至100

【制备方法】

(1)连接锅炉清洗系统,调试锅炉水压至符合要求,隔离与清洗无关系统。

(2)锅炉上水至汽包低水位,升温至45℃左右,循环,循环过程中按上述组分配比加入酸洗缓蚀剂顺序为:乌洛托品、二甲苯硫脲或硫脲、酸液、十二~十六烷基苄基氯化物或溴化物、表面活性剂、硫氰酸盐。

(3)温度控制在45~95℃,时间控制在2~10h。

【注意事项】 所述酸液当采用不同的品种时其含量范围略有不同,如盐酸3~8、柠檬酸2~5、氨基磺酸5~10、硝酸5~8、磷酸8~10、硫酸3~6。

所述表面活性剂是十二烷基二羟乙基甜菜碱或者是十二烷基甜菜碱。

【产品应用】　本品主要应用于锅炉清洗。

【产品特性】

(1)原料来源容易,制备方法简单,使用操作方便。

(2)加入少量即可起缓蚀作用,静态腐蚀速度低于0.4g/(m^2 · h),并不会产生针状点蚀或扩大加深原始的腐蚀斑痕。

(3)清洗后试片光亮,不残留有害薄膜,无明显镀铜现象。

(4)溶垢能力强,不会在85℃内快速分解、变质,耐长期存放。

(5)废液无恶臭,毒性低,符合排放标准。

(6)当炉前系统和炉本体的清洗采用不同的酸洗剂时(比如炉前系统通常采用柠檬酸清洗,而锅炉本体采用盐酸清洗),本品缓蚀剂可同时适用,而现有技术通常要采用两种不同的缓蚀剂。

(7)适用钢材包括常见的锅炉钢、低碳钢、合金钢、汽包钢,如20A、20g、SA299、BHF35、BHF38等,同时还适用紫铜在盐酸和柠檬酸中的酸洗。

(8)适用的酸是:盐酸、柠檬酸、硫酸、氢氟酸、氨基磺酸、磷酸,其缓蚀效果均达98%以上,性能优于Lan—826缓蚀剂,而毒性较之低5倍,LD_{50}(小鼠口服)值为5.74g/kg。

(9)对环境无污染,储存时间可达两年,酸洗中耐Fe^{3+}达800mg/kg。

实例17　锅炉酸性缓蚀剂

【原料配比】

原　　料	配比(质量份)
乌洛托品	30
苯并三氮唑	20
巯基苯并噻唑	22
硅酸钠	28

【制备方法】　将各组分混合均匀即可。

【注意事项】 在本品所述的用于锅炉的酸性缓蚀剂中，乌洛托品和苯并三氮唑可用作盐酸酸洗铜的缓蚀剂，是一种沉淀型膜缓蚀剂。乌洛托品和苯并三氮唑复配具有较好的协同作用，它们对盐酸中铜具有更好的缓蚀性，形成的沉淀薄且致密，又不会与溶液中的高价金属离子形成沉淀物。

【产品应用】 本品用于锅炉的酸性缓蚀剂可以应用于盐酸、硝酸、EDTA、柠檬酸等多种清洗剂介质中。

使用方法：

(1)系统用清水冲洗干净，开启循环水泵，确保循环系统通畅无滴漏。

(2)从膨胀水箱或加药装置或敞开的水池等处加入本产品，浓度控制在1%～2%。

(3)继续开启循环水泵至少3h，确保缓蚀剂在整个锅炉系统中浓度均匀，缓蚀剂循环时间在5～8h则效果更好。

(4)进行后续清洗。

【产品特性】 本品所述的用于锅炉的酸性缓蚀剂除了对铜有良好的缓蚀性外，对碳钢也有很好的缓蚀性。硅酸钠是铝合金很好的缓蚀剂，硅酸钠的加入和它在水中的水解，都能使溶液的pH值升高。

实例18 含双二硫代氨基甲酸基团的铜的酸性缓蚀剂

【原料配比】

原　　料	配比(质量份)
氢氧化钠溶液(5%)	180
三乙烯四胺	40
二硫化碳	40

【制备方法】

(1)在装有温度计、回流冷凝管和电动搅拌器的三口烧瓶中，按一定物质的量比加入三乙烯四胺、二硫化碳和氢氧化钠及适量水，在冰浴中反应2h，之后撤去冰浴。

（2）使反应温度逐渐升至30℃，再继续反应3h，用乙醇、甲醇洗涤，真空抽滤，55℃真空干燥，最后得到淡黄色的产品三乙烯四氨基双二硫代甲酸钠。

【产品应用】 本品主要用作铜缓蚀剂。

【产品特性】 本品采用三乙烯四氨与二硫化碳反应，合成了一种新的、长碳链的、含双二硫代氨基甲酸基团的铜缓蚀剂——三乙烯四氨基双二硫代甲酸钠。对铜有良好的缓蚀效果，与铜的其他酸性缓蚀剂相比，三乙烯四氨基双二硫代甲酸钠的用量小，缓蚀效率高。

实例19　金属酸洗缓蚀剂

【原料配比】

原　　料	配比（质量份）	
	1#	2#
毛发水解液	50（体积份）	—
生产胱氨酸的废液的母液	—	50（体积份）
季铵盐	10（体积份）	10（体积份）
乌洛托品	10g	10g
KI的无机缓蚀剂	0.5g	0.5g
脂肪醇聚氧乙烯醚	5（体积份）	5（体积份）
聚乙二醇	2.5（体积份）	2.5（体积份）

其中毛发水解液配比为：

原　　料	配比（质量份）	
	1#	2#
毛发	100	100
盐酸溶液（35%）	520	—
硫酸溶液（70%）	—	360（体积份）

【制备方法】

(1)制备毛发水解液:将动物毛发放置于水解器中,再加入盐酸或硫酸溶液,在100~115℃下加热水解12~16h。

(2)制备生产胱氨酸的废液的母液:将600(体积份)的生产胱氨酸的废液放置于浓缩罐中,进行加热蒸发,浓缩至原体积的60%,停止加热,并让其冷却至室温,然后对其进行过滤,除去结晶的氯化铵等杂质,再对除去杂质的浓缩液用盐酸或硫酸调至pH值为4即可。

(3)制备金属酸洗缓蚀剂:将第(1)步或第(2)步制备出来的毛发水解液或胱氨酸的废液的母液,配制季铵盐、乌洛托品的有机缓蚀剂和KI的无机缓蚀剂及脂肪醇聚氧乙烯醚、聚乙二醇的表面活性剂混合,并搅拌溶解均匀。

【产品应用】 本品可广泛应用防止金属材料的腐蚀,特别适用于防止钢铁材料的腐蚀。

【产品特性】 本品采用上述技术方案后,其产品的主要原料是动物毛发或生产胱氨酸后的废液,原料来源充足且为废物利用,价廉又有利于环境保护。其产品为生物缓蚀剂,低毒、无公害,且用量小(仅为0.5%),对金属材料的缓蚀率可高达99%以上,抑制酸雾率也高达95%以上,能延长金属材料的使用寿命。本品方法具有工艺简单,操作简便,生产成本低,便于工业生产等特点。

实例20 硫酸酸洗缓蚀抑雾剂

【原料配比】

原料	配比(质量份)					
	1#	2#	3#	4#	5#	6#
二邻甲苯硫脲	6	9	7.5	8	7	10
邻甲基苯胺	2	5	5.5	4	6	8
磺化蛋白质	7	5	9	11	8	6
乙二胺四乙酸	3	8	1	4.4	15	9

续表

原　料	配比(质量份)					
	1#	2#	3#	4#	5#	6#
柠檬酸钠	5	5.4	5.2	5.6	6	5
酒石酸钠	14	12	16	18	13	15
羟基醋酸	18	13	15	14	12	14
没食子酸	5.6	6	5.8	5	5	5.2
磺酸钠	25	24	23	21	20	20
羧酸钠	12	9	8	7	6	5
L—548	1.2	1.8	2	1	1	1.3
脂肪醇聚氧乙烯醚	1.2	1.8	2	1	1	1.5

【制备方法】

(1)将邻甲基苯胺置于三口反应器中,搅拌下缓慢加入磺化蛋白质、二邻甲苯硫脲和乙二胺四乙酸,温度控制在60~70℃,搅拌反应0.5~1.5h,至有橙色(取样10mL装入20mL的试管中与标准比色试管比较)胶态物生成为止。

(2)加入柠檬酸钠、酒石酸钠、羟基醋酸、没食子酸、磺酸钠、羧酸钠、L—548和脂肪醇聚氧乙烯醚,加热升温至150~165℃,搅拌反应至颜色加深到棕黄色(取样10mL装入20mL的试管中与标准比色试管比较)即可。

【产品应用】 本品主要用作硫酸酸洗缓蚀抑雾剂。

使用时,将本硫酸酸洗缓蚀抑雾剂按酸洗液总质量的0.1%~0.3%加入酸洗液,搅拌均匀后即可使用。

【产品特性】 与现有技术相比,本品使用在硫酸的酸洗除锈中,在酸洗溶液表面会形成一层稳定泡沫层,起到覆盖缓冲作用,防止气泡升到液面破灭时带出酸性气体或液体微粒而形成酸雾环境。因而,本品产品既可减缓硫酸对钢铁基体的过腐蚀,又可作为酸洗抑雾剂,并在高温下有良好的稳定性。具体特点如下:

(1)除锈液硫酸液中添加本品0.1%~0.3%比不添加本品产品

的酸雾降低95%以上,用试纸测定pH值为7,是中性的,低于国家标准规定,抑制酸雾效果明显,无异味、不呛人,不刺脸,改善环境,深受操作者欢迎。

(2)酸洗时添加0.06%本品产品后,缓蚀率达89%以上;添加0.1%~0.2%后,缓蚀率高达96%~98%。在大生产时,添加0.2%~0.3%后缓蚀率可达98%以上。

(3)在相同的酸洗工艺条件下,硫酸中添加本品产品后,酸洗同样的钢材,硫酸浓度降低缓慢,Fe^{2+}含量增加较少,可减少酸耗30%。

(4)在工厂现行酸洗工艺条件下,酸液中添加本品产品后,不降低酸洗效率,完全可除去氧化铁皮,钢材酸洗后还具有一定的防锈能力。

(5)本品产品可在较高温度(90℃)、较长时间内操作使用,其稳定性不小于5h。

实例21 尿嘧啶类碳钢酸洗缓蚀剂

【原料配比】

原料	配比(质量份)												
	1#	2#	3#	4#	5#	6#	7#	8#	9#	10#	11#	12#	13#
酸洗液(浓度为0.5moL/L)	100L	100L	—	—	—	—	—	—	—	—	—	—	100L
酸洗液(浓度为1moL/L)	—	—	100L	100L	—	—	100L	—	—	100L	—	100L	—
酸洗液(浓度为0.1moL/L)	—	—	—	—	100L	100L	—	100L	—	—	—	—	—

续表

原　料	配比(质量份)												
	1#	2#	3#	4#	5#	6#	7#	8#	9#	10#	11#	12#	13#
酸洗液(浓度为0.8moL/L)	—	—	—	—	—	—	—	—	100L	—	100L	—	—
2,5-二硫代尿嘧啶	200g	15g	—	20g	—	—	—	—	10g	30g	10g	20g	20g
尿嘧啶	—	15g	—	20g	—	—		40g	10g	15g	—	10g	10g
2-硫代尿嘧啶	—	—	50g	—	—	10g	100g	50g	10g	—	10g	10g	10g
5-氨基尿嘧啶	—	—	—	—	0.1g	10g	—	—	—	15g	10g	10g	10g

【制备方法】　酸洗液为稀盐酸，浓度为0.5~1mol/L，酸洗液用量为100L，加入尿嘧啶类化合物，在室温条件下将待清洗的钢材浸没在酸洗液中0.5~2h即可。

【注意事项】　所述尿嘧啶类化合物为：尿嘧啶、2,5-二硫代尿嘧啶、2-硫代尿嘧啶、5-氨基尿嘧啶中的一种或其组合，组合比例可为任意比。

所述酸洗液为稀盐酸或稀硫酸，浓度为0.1~1mol/L。

【产品应用】　本品主要应用于浸没清洗钢材。

【产品特性】

(1)来源广泛，本品缓蚀剂为尿嘧啶及其衍生物，其是遗传物质核酸的组成部分，因而广泛存在于自然界中，原料易得，2006年进口纯品试剂的市场报价在2000~4000元/kg左右，成本较低。

(2)本品缓蚀剂为有机缓蚀剂，无毒无害，与目前常用的无机缓蚀剂相比，不存在使用后的环境问题，对环境和生物无毒无害，符合缓蚀剂发展的趋势,具有良好的应用前景。

(3)本品用于碳钢及其产品的酸洗,可有效抑制金属基体在酸中的有害腐蚀以及酸液的过度消耗,与目前常用的缓蚀剂比较,具有用量低,效率高,持续作用能力强的突出优点,可反复使用。

实例22　酸洗缓蚀剂(1)

【原料配比】

原料	配比(质量份)					
	1#	2#	3#	4#	5#	6#
咪唑啉	40	25	50	—	—	—
2-氨乙基烯基咪唑啉	—	—	—	38	25	50
明胶	10	20	0.1	9	20	0.1
碘化钾	5	9.8	0.1	5	10	0.1
脂肪醇聚氧乙烯醚	1	2	0.01	—	—	—
烷基磺酸盐	—	—	—	2	2	0.01
去离子水	100	100	100	100	100	100

【制备方法】　分别用去离子水溶解稀释咪唑啉、明胶、碘化钾,再用去离子水溶解稀释表面活性剂,在搅拌状态下,将溶解的咪唑啉、明胶、碘化钾液体分别加入盛有去离子水的烧杯中,充分搅拌后,加入稀释的表面活性剂,再加入去离子水至足量,搅拌均匀即得缓蚀剂。

【产品应用】　本品主要应用于钢铁冶金行业生产碳钢产品的酸洗工艺中。

【产品特性】

(1)应用环境温度可达80℃。

(2)可以在湍流状态下使用,且稳定性好。

(3)在特定环境中缓蚀率可达到95%以上。

实例23　酸洗缓蚀剂(2)

【原料配比】

原　料	配比(质量份)					
	1#	2#	3#	4#	5#	6#
胺盐	1	20	10	15	5	7
硫氰酸盐	10	1	5	7	9	8
乙二胺衍生物	5	0.1	2	1	3	0.5
表面活性剂	0.5	5	10	6	8	1
羧酸	3	3	7	15	18	10
水	加至100	加至100	加至100	加至100	加至100	加至100

【制备方法】

(1)乙二胺衍生物的生产方法:将乙二胺四乙酸和邻苯二胺按质量比326:108混合均匀,用醇刚刚没过混合物的表面,在180℃下,回流蒸馏到没有水汽出现,冷却得到粗制品,用无水酒精反复重结晶,最后冷却、干燥,得到白色晶体,即为成品。

(2)缓蚀剂的生产方法:将胺盐、硫氰酸盐、乙二胺衍生物依次用水溶解,混合均匀,在使用前加入表面活性剂和羧酸,搅拌混合均匀,用水调到使用浓度。使用时,按每吨30%的工业原酸添加1~10kg本品。

【产品应用】　本品主要应用于输卤管道。

【产品特性】　本品通过添加适当的表面活性剂,增强了缓蚀剂的浸润作用,使其能够渗入垢层与材质的结合部,起到剥离垢块,加速溶解的作用,同时使表面活性剂能够迅速在材质、设备表面形成保护膜,起到保护作用,在HCl浓度小于5%,温度低于60℃条件下,能够有效地防止过酸洗和不发生氢脆现象;同时由于酸洗液表面张力的作用,有效地防止了气体酸雾的外溢,降低了管道的气体压力,减少了管道爆管的可能性,大大改善了工作环境,因而该缓蚀剂对真空制盐系统、输卤管道具有很好的缓蚀效果,对相关的材质以及设备有很好的保护作用,应用在卤水输卤管道中酸洗能有效地控制气体,防止爆管,阻止了有害气体的散发,避免了对环境的污染。

实例24 碳钢酸洗缓蚀剂(1)

【原料配比】

原料	配比(质量份)			
	1#	2#	3#	4#
季铵盐	14	13.2	12.8	12
咪唑啉衍生物	3.4	3.4	3.2	3.4
硫脲	2.6	3.4	4	4.6
脂肪醇聚氧乙烯醚	3	3	3	3
乙醇	77	77	77	77

【制备方法】 将季铵盐、咪唑啉衍生物和硫脲与表面活性剂按照任意顺序加入溶剂乙醇中,搅拌均匀即可。

【注意事项】 所述溶剂为甲醇、乙醇或异丙醇。

一种用于制备碳钢酸洗缓蚀剂的季铵盐,其特征在于将0.5mol的十八胺、1.0mol的2-巯基苯并噻唑加入装有150mL无水乙醇的反应釜中,加入1.1mol的36%甲醛水溶液,加热搅拌,控制反应温度50~70℃,反应5~8h后将反应产物温度降至室温,在加入1.0mol的苄基氯,在回流温度下反应12~16h后将温度降至室温,得到季铵盐。

一种用于制备碳钢酸洗缓蚀剂的咪唑啉衍生物,其特征在于将0.5mol油酸甲酯和0.5mol三乙烯四胺加入反应釜中,通入氮气,控制温度在150~160℃反应1.5~2h后,升温至180℃反应3h,补加0.05mol的三乙烯四胺,控制温度在225~230℃反应2h,降温至65~70℃,加入1.25mol的丙烯酸甲酯,控制温度在90℃反应2h后降温至室温,得到咪唑啉衍生物。

【产品应用】 本品主要应用于防止在酸洗过程中酸对碳钢制品的腐蚀。

使用碳钢酸洗缓蚀剂的方法如下:

(1)在每升酸液中加入0.2%的缓蚀剂形成清洗液，所述的酸液为0.5mol/L的稀盐酸或1.0mol/L的稀硫酸。

(2)将温度为50～90℃的清洗液浸没被清洗的碳钢，浸没时间为4h。

【产品特性】

(1)本品缓蚀剂主要组分具有易合成，原料廉价的优点。

(2)本品缓蚀剂无毒无害，不存在环境污染问题，对环境和生物无毒无害，符合缓蚀剂发展的趋势，具有良好的应用前景。

(3)本品用于碳钢制品的酸洗，可有效抑制金属基体在酸液中的腐蚀，与目前常用的缓蚀剂比较，具有用量低，效率高的突出优点。

实例25　碳钢酸洗缓蚀剂(2)

【原料配比】

原料	配比(质量份)													
	1#	2#	3#	4#	5#	6#	7#	8#	9#	10#	11#	12#	13#	14#
2-氨基-5-对羟基苯基-1,3,4-噻二唑	1g	10g	0.5g	—	—	20g	1g	15g	0.5g	—	45g	20g	10g	15g
2-氨基-5-(4-吡啶基)-1,3,4-噻二唑	30g	—	—	15g	0.5g	20g	20g	20g	10g	20g	20g	—	40g	15g
2-氨基-5-(3-吡啶基)-1,3,4-噻二唑	—	20g	25g	15g	40g	—	—	—	25g	15g	0.5g	20g	0.5g	15g

续表

原料	配比(质量份)													
	1#	2#	3#	4#	5#	6#	7#	8#	9#	10#	11#	12#	13#	14#
稀盐酸(浓度为0.5mol/L)	100L	100L	—	100L	—	—	—	—	—	—	100L	—	—	—
稀盐酸(浓度为1mol/L)	—	—	100L	—	—	—	—	—	—	—	—	—	—	—
稀盐酸(浓度为0.8mol/L)	—	—	—	—	100L	100L	—	—	—	—	—	—	100L	—
稀硫酸(浓度为0.1mol/L)	—	—	—	—	—	—	100L	100L	100L	100L	—	100L	—	—
稀硫酸(浓度为1mol/L)	—	—	—	—	—	—	—	—	—	—	—	—	—	100L

【制备方法】 取2-氨基-5-对羟基苯基-1,3,4-噻二唑、2-氨基-5-(4-吡啶基)-1,3,4-噻二唑和2-氨基-5-(3-吡啶基)-1,3,4-噻二唑混合均匀即为成品。

【注意事项】 本品的原理在于:缓蚀剂是一种噻二唑类有机化合物,此化合物分子内含有氮、硫、氧、杂环等原子或原子团,能有效地吸附于碳钢表面,起到缓蚀作用。

【产品应用】 本品主要应用于防止碳钢及其制品在酸洗过程中酸对碳钢材料的腐蚀和酸液过度消耗。

本品碳钢酸洗缓蚀剂在碳钢酸洗中的应用:按每升酸液中加入缓蚀剂的量为0.001~2g,将缓蚀剂加入浓度为0.1~1mol/L的稀盐酸或稀硫酸中,用加有缓蚀剂的酸洗浸没清洗钢材,其中浸没温度为10~60℃,浸没时间为2~4h。

【产品特性】

(1)环境友好。本品缓蚀剂为噻二唑类化合物,为有机缓蚀剂,与目前常用的无机缓蚀剂相比,毒性小,对环境友好,不存在使用后的环境问题,符合绿色缓蚀剂的发展趋势。

(2)成本低。本品缓蚀剂为噻二唑类化合物,合成步骤简单,原料价廉易得。

(3)用量低,使用效果好。本品用于碳钢表面酸洗,添加少量的缓蚀剂就可有效地抑制金属材料在酸洗过程中的有害腐蚀以及酸液的过度消耗,与目前常用的缓蚀剂比较,具有用量低,缓蚀效果高等突出的优点。

(4)缓蚀性能稳定。本品缓蚀剂能承受清洗条件的变化,如温度、酸液浓度等,不影响缓蚀剂的缓蚀效果。

实例 26　铜质铁热器酸洗缓蚀剂

【原料配比】

原　料	配比(质量份)
二甲基亚砜	0.01~0.03
硫脲	0.02~0.05
苯胺	0.05~0.1
表面活性剂	0.1~0.2
盐酸	2~10

【制备方法】

(1)将需要酸洗的系统停车后,加水冲洗降至室温。

(2)在系统中加满水,测定其实际容积,打循环过程中加药顺序为:二甲基亚砜、硫脲、苯胺、表面活性剂、盐酸。

(3)温度控制在 35~50℃。

(4)时间控制一般在 6h。

(5)酸洗过程中按有关要求标准做监控分析。

(6)酸洗结束后,用软水快速冲洗直至分析合格。

(7)酸洗后的设备必须按规定做耐压试验。

【注意事项】　所述表面活性剂可以是十二~十八烷基苯磺酸或其钠盐。可以是十二烷基硫酸钠或十五烷基磺酰氯,但最好是 C 型复合磺胺添加剂或 Y-2 型碳胺添加剂。

【产品应用】　本品主要应用于铜质(主要是各种黄铜、包括紫铜,各种铜合金)及有色金属合金等材质的换热设备的化学清洗。

【产品特性】 本品具有配方简单,操作方便,药品价廉易得的优点,能够基本消除各种酸液在很宽广的浓度范围内对铜质及有色金属合金换热设备的腐蚀,对于清除系统的软垢、生物黏泥有特效。

实例27 盐酸酸洗抑雾缓蚀剂

【原料配比】

原 料	配比(质量份)
脂肪醇聚氧乙烯醚	8
烷基硫酸盐	13
甲基喹啉	4
氧化叔胺	3
羧甲基纤维素	0.5
去离子水	71.5

【制备方法】 先分别稀释、溶解配方中各组分,之后在盛有所需溶液2/3体积的水中依次加入甲基喹啉、羧甲基纤维素、氧化叔胺,充分搅拌;再加入脂肪醇聚氧乙烯醚、烷基硫酸盐,搅拌均匀即可。

【产品应用】 本品主要应用于带有废酸脱硅再生系统的大型盐酸酸洗机组。

【产品特性】

(1)有效地防止了过酸洗和氢脆现象。机组因故停车,30min内可不必将酸洗液排入储酸罐,也不必将钢带挑起露在酸液液面上。在工艺条件为HCl200g/L、80℃的条件下,遇有上述情况保证不过酸洗,不产生氢脆现象。

(2)有效防止酸雾外溢,改善了工作环境,保证酸洗车间电机长期安全运行和控制系统接触良好。防止酸雾外溢的主要因素:一是由于缓蚀作用使产生的夹带酸液的氢气泡减少,二是酸液表面有一层细密稳定的泡沫盖住外溢的酸雾。

(3)有效降低酸耗量和减少基体金属在酸洗过程中的损失。

第九章　电镀化学镀液

实例1　渗透合金化学镀镍液

【原料配比】

原料		配比(g/L)		
		1#	2#	3#
溶液A	硫酸镍	20	25	35
	硫酸镁	5	6	8
溶液B	次亚磷酸钠	22	25	28
溶液C	乙酸钠	10	15	20
	柠檬酸	5	5	5
	草酸	7	7	7
	苹果酸	9	9	9
	乳酸	15	15	15
	纳米金属粉	5	8	8
	钼酸盐	1	2	2.5
蒸馏水		加至1L	加至1L	加至1L

【制备方法】

(1)取硫酸镍以及硫酸镁,加入适量水制得溶液A。

(2)取次亚磷酸钠,加入适量水制得溶液B。

(3)再取乙酸钠、柠檬酸、草酸、苹果酸、乳酸、纳米金属粉以及钼酸盐加入适量水制得溶液C。

(4)首先将溶液C倒入溶液A中,搅拌均匀制得溶液D。

(5)再将溶液D倒入溶液B中,搅拌均匀制得溶液E,溶液E即为本品化学镀镍溶液。

【产品应用】 本品主要应用于化学镀镍。

【产品特性】 由于在镀液中添加了纳米材料和钼酸盐,能够提高镀镍工件的硬度和耐磨性能,从而延长了镀镍工件的使用寿命。

实例2 酸性化学镀镍液

【原料配比】

原　　料	配比(g/L)	
	1#	2#
硫酸镍	25	30
次亚磷酸钠	25	15
乙酸钠	25	40
醋酸铅	0.002	—
硫脲	—	0.002
水	加至1L	加至1L

【制备方法】 先将原料分别用少量蒸馏水溶解,然后混合稀释至1L,将盛装该溶液的烧杯放入功率为50W、频率为36kHz的超声清洗槽水浴中超声处理1~5min,静置24h,将底部沉淀混浊部分滤出,所配制好的镀液的pH值为5.5。

【注意事项】 所述添加剂为硫脲、乙氧基丁炔二醇、重金属,如铅、锡、镉的醋酸盐中的一种。

【产品应用】 本品主要应用于化学镀镍。

用本品在室温下对钢铁等材料零件表面的施镀方法为:

(1)将彻底除油清洗后的被镀零件放入浓度15%左右的盐酸溶液中,在频率为20~50kHz超声场中处理0.1~1min,再放入蒸馏水或去离子水中,用20~50kHz的超声波处理0.1~5min。

(2)将经过上述处理过的被镀零件放入室内常温下的本品的化学镀镍溶液中,镀液的负载量为0.1~10dm^2/L镀液,再用20~50kHz的超声波催化0.1~5min,超声波催化的方法一是直接利用超声波清洗槽作为镀槽,二是将作为镀槽的容器放入超声波清洗槽水浴中，这时零件表面便开始了以1～51μm/h的镀速生长的自催化化学镀镍过程。

【产品特性】　当本品的镀液作为一次性（即一次镀后不再调整成分而将废液丢弃）镀液使用时，可在较高负载量的情况下一次性长时间施镀使施镀液中的有效成分接近耗尽，施镀过程无须进行工艺监控，若为了加速耗尽过程，可在施镀后期对镀液施以升温处理，因这时反应离子浓度已较稀薄，不会发生分解或局部沉积等传统酸性高温施镀工艺中易出现的现象，所以升温的方式可以是各种高效率的直接加热方式，以这种一次性施镀方式利用本品可获得最佳的质量重现性效果。利用本品可在钢铁等金属零件表面镀覆工程镀层，又可用于在低软化点材料，如塑料等表面镀覆功能性镀层。获得的化学镀镍层均匀光亮、平滑致密、结合力强，镀层为含磷量5%～11%的非晶态镍磷合金，具有与高温酸性化学镀镍方法所获得镀层相同的性能，也可施以各种后继热处理工艺改善镀层的性能。

实例3　添加镱的化学镀镍液

【原料配比】

原　　料	配比(g/L)					
	1#	2#	3#	4#	5#	6#
硫酸镍	30	25	35	35	30	28
次亚磷酸钠	28	25	30	32	30	26
乳酸	5	10	15	9	5	5
羟基乙酸	10	10	5	6	15	10
乙酸钠	25	20	15	25	15	25
氯化镱	0.15	0.6	0.45	0.2	0.25	0.3
碘化钾	4mg	4mg	4mg	4mg	4mg	4mg
水	加至1L	加至1L	加至1L	加至1L	加至1L	加至1L

【制备方法】

(1)把乙酸钠、乳酸和羟基乙酸一起加入水溶解。

(2)把硫酸镍加水溶解。

(3)把步骤(2)所得溶液倒入步骤(1)所得溶液中,然后搅拌均匀。

(4)把次亚磷酸钠加适量的水溶解,然后在搅拌的状态下缓缓倒入步骤(3)所得的溶液中并搅拌均匀。

(5)把氯化镱或硝酸镱溶解并倒入步骤(4)所得的溶液中。

(6)加入碘化钾溶液。

(7)加蒸馏水或去离子水至规定体积,并搅拌均匀。

(8)过滤。

【产品应用】 本品主要应用于化学镀镍。

添加镱的化学镀镍磷液的使用方法是:先用5% ~10%的氢氧化钠溶液或5% ~10%的稀硫酸溶液把化学镀镍磷液的pH值调节至4.5 ~6,最佳的pH值为4.5 ~5.5,然后将镀液升温至80 ~95℃,最佳恒定温度为85 ~92℃,把经除油和活化的零件浸入镀液中,即可得到镀层。

【产品特性】 镀液配方中微量添加稀土镱,使镀液既高速又稳定,而且此配方得到的镀层具有优异的耐蚀性,镀层未经热处理即有较高的显微硬度,热处理后有很高的显微硬度,因此镀层的应用领域广。

实例4 铁镍合金电镀液

【原料配比】

原料	配比(g/L)			
	1#	2#	3#	4#
硫酸亚铁	100	150	120	110
硫酸镍	120	200	150	140
硼酸	30	60	40	50

续表

原　料	配比(g/L)			
	1#	2#	3#	4#
糖精	0.5	3	2	0.5
苯亚磺酸钠	0.1	0.4	0.3	0.1
水	加至1L	加至1L	加至1L	加至1L

【制备方法】 将各组分溶于水混合均匀即可。

【产品应用】 本品主要应用于金属电镀。

【产品特性】 镀液中不含氯离子,电镀过程中不会产生有毒的氯气;阳极采用了Ti—氧化物惰性阳极,补加采用自动补加装置,溶液组分稳定,镀层致密性好,耐蚀性能较强,镀层含铁量高,能有效节约镍资源。

本品得到的铁镍合金镀层的优点:

(1)含铁量高,镀层含铁量的范围在40%~60%,可以根据实际要求进行组分的调整。含铁量高,节镍效果显著。

(2)镀层显微结构为非晶夹杂纳米晶结构。耐腐蚀性能良好,单独的镀层可耐8h中性盐雾。

(3)作为打底层,与其他镀层复合后,对基体材料的保护性能很好。

(4)作为打底层,与其他金属之间的结合力好。

(5)柔韧性能良好,20μm的镀膜经过反应对折不断裂。

(6)镀层的硬度较高,维氏硬度450~550HV。

本品技术得到的镀膜与镀镍工艺相比具有更加优越的性价比,具有同等使用性能同时大大降低了生产成本,具有极好的经济效益。

实例5　铜及铜合金化学镀锡液

【原料配比】

原　料	配比(g/L)						
	1#	2#	3#	4#	5#	6#	7#
甲磺酸锡	77.2	50	—	77	—	77	77
甲磺酸银	2.01	1	—	—	—	—	2.01
对甲酚磺酸银	—	—	—	—	—	1.3	—
对氨基苯磺酸	—	—	—	—	—	—	48
甲磺酸	144	144	—	—	—	144	144
乙磺酸	—	—	—	—	—	—	—
2-羟基乙磺酸	—	63	230	—	—	—	—
2-羟基乙磺酸锡	—	—	84	—	—	—	—
2-羟基乙磺酸银	—	—	1.2	—	—	—	—
2-羟基丙磺酸锡	—	—	—	—	100	—	—
2-羟基丙磺酸银	—	—	—	1.3	5	—	—
2-羟基丙磺酸	—	—	—	210	—	—	—
酒石酸	—	—	—	120	—	—	—
柠檬酸	153	153	195	—	153	—	—
乳酸	—	—	75	—	—	—	—
对甲酚磺酸	94	—	—	94	—	94	—
葡萄糖酸	—	—	—	—	—	145	—
磺基水杨酸	—	—	—	—	62	—	56
β-环糊精	15	5	15	15	15	15	20
氨基苯酚	—	—	—	—	—	—	60
硫脲	76	45	98	76	76	76	76
3-羟基丙磺酸	—	—	—	—	210	—	—
1,3-二甲基硫脲	60	—	—	—	—	—	—
甲基胍	—	—	—	—	26	—	—

续表

原料	配比(g/L)						
	1#	2#	3#	4#	5#	6#	7#
2,4,6-三硫缩三脲	—	—	102	—	—	—	—
2,4,6-三氯苯甲醛	—	—	—	—	4	—	—
2,2-二硫吡啶	—	—	—	30	—	—	—
2,2-二硫苯胺	—	—	—	—	—	52	—
2,2-二硫缩二脲	—	—	—	—	—	—	35
次亚磷酸钠	45	—	45	45	—	45	60
麝香草酚	—	—	—	20	—	—	—
抗败血酸	—	—	24	—	24	24	—
苯甲醛	—	—	4	4	—	—	9
次亚磷酸	—	30	—	—	44	—	—
对苯二酚	15	5	—	—	—	—	—
α-吡啶甲酸	—	3	—	—	—	4	—
氯化十六烷基吡啶	—	—	10	—	—	—	—
溴化十六烷基吡啶	—	5	—	—	—	—	—
氯化十六烷基三甲基铵	—	—	—	—	10	10	—
咪唑	5	—	—	—	—	—	—
脂肪醇聚氧乙烯醚	7	—	—	7	—	—	7
去离子水	加至1L	加至1L	加至1L	加至1L	加至1L	加至1L	加至1L

【制备方法】 将各组分溶于水混合均匀即可。

【注意事项】 所述的有机混合酸至少为甲磺酸、乙磺酸、2-羟基乙磺酸、2-羟基丙磺酸、3-羟基丙磺酸、柠檬酸、酒石酸、乳酸、葡萄糖酸、对甲酚磺酸、对氨基苯磺酸、磺基水杨酸和草酸中的两种。

所述的有机锡盐为有机酸的锡二价盐:至少为甲磺酸锡、2-羟基乙磺酸锡和2-羟基丙磺酸锡中的一种。

所述的有机银盐至少为甲磺酸银、2-羟基乙磺酸银、2-羟基丙磺酸银和对甲酚磺酸银中的一种。

所述的络合剂至少为硫脲、1,3-二甲基硫脲、2,4-二硫缩二脲、2,4,6-三硫缩三脲、2,2-二硫吡啶、2,2-二硫苯胺、甲基胍和胍基乙酸中的一种。

所述的还原剂至少为次亚磷酸和次亚磷酸钠中的一种。

所述的稳定剂至少为抗败血酸、氨基苯酚、对苯二酚、邻苯二酚和麝香草酚中的一种或β-环糊精的组合物。

所述的乳化剂是至少为溴化十六烷基吡啶、氯化十六烷基吡啶、溴化十六烷基三甲基铵、氯化十六烷基三甲基铵和脂肪醇聚氧乙烯醚中的一种。

所述的光亮剂至少为咪唑、α-吡啶甲酸、苯甲醛和2,4,6-三氯苯甲醛中的一种。

【产品应用】 本品主要应用于敷铜或铜合金的线路板,也适用于其他铜材的镀锡防腐等。

【产品特性】 铜及其合金只需经4~8min化学镀锡处理,就可简便、快捷地在其表面获得光亮、平整、不会产生锡须的具有一定厚度的锡层。本品不仅适用于敷铜或铜合金的线路板(PCB);也适用于其他电子元件、黄铜、红铜等铜合金(Cu > 70%)的铜件的化学镀锡,各种铜线材、气缸活塞、活塞环等镀锡,铜材料的镀锡防腐等。

实例6 稳定的化学镀镍液

【原料配比】

原料	配比(g/L)		
	1#	2#	3#
碳酸钠	6	5	4
丁二酸	5	3	8
乳酸	16mL	10mL	20mL
柠檬酸	5	15	15
丙酸	2mL	4mL	6mL

续表

原　　料	配比(g/L)		
	1#	2#	3#
苹果酸	5	12	19
次亚磷酸钠	30	35	35
硫酸镍	30	32	35
氨基硫脲	4mg	4mg	6mg
光亮剂	2mL	2mL	4mL
水	加至1L	加至1L	加至1L

【制备方法】

(1)取1L的烧杯并放入500mL水,称取碳酸钠放入烧杯并搅拌使其完全溶解。

(2)将已用水溶解的丁二酸倒入烧杯中并搅拌均匀。

(3)取乳酸溶液倒入烧杯中并搅拌均匀,再用碳酸钠调节镀液的pH=4。

(4)取柠檬酸使其溶解倒入烧杯中搅拌均匀。

(5)取丙酸倒入烧杯中搅拌均匀。

(6)将已用水溶解苹果酸倒入烧杯中并搅拌均匀。

(7)取次亚磷酸钠直接倒入烧杯中使其完全溶解搅拌均匀。

(8)取硫酸镍直接倒入烧杯中使其完全溶解搅拌均匀。

(9)取已被水完全溶解的氨基硫脲倒入烧杯中并搅拌均匀。

(10)向烧杯中加水使其达到1L。

(11)用碳酸钠调节镀液为pH=4.5~4.7。

(12)取光亮剂倒入烧杯中即可。

【注意事项】　镀液中的柠檬酸含量增加则镀层磷含量增加,对镀速影响不大,但镀层硬度降低,耐蚀性变好,起到络合作用;镀液中苹果酸含量增加则镀层磷含量增加,镀速降低,镀层硬度降低,耐蚀性变好,起到络合作用;丁二酸主要起到提高镀速作用;镀液中乳酸含量增加则镀层空隙率会提高,为了提高乳酸的利用率在镀液中加入少量的丙酸,其在镀液中起到络合、缓冲和提高镀速的作用;氨基硫脲作为镀液中的稳定剂,硫酸镍作为镀液中的主光亮剂。

在镀液的配制过程中,所加入的化学用品都是酸性,用碳酸钠调节 pH 值防止镀液酸性过高,经过理论计算以及试验所得,pH 值为主要影响镀层质量好坏的因素,当 pH 为 4.6 ± 0.1 时,镀层质量最佳。

【产品应用】 本品主要应用于化学镀镍。

【产品特性】 镀液中的各种成分含量没有要求得那么严格,含量浮动范围较大,适应工业生产的要求。镀液的稳定性高,关键在于镀液中加入了复合络合剂和稳定性较好的稳定剂。使用复合络合剂时,既防止了由于单一络合剂稳定常数较小,自由镍离子浓度过快增大,沉淀的析出,又防止了单一络合剂在使用中过于单一造成镀液使用寿命过低;在使用过程中没有氯气产生,容忍度高。

实例7 钨—钴—稀土合金电镀液

【原料配比】

原料		配比(g/L)
氧化铈(CeO_2)		0.5
三氧化二镧(La_2O_3)		0.5
浓硝酸		10mL
钨酸钠		80
硫酸钴		20
氯化钠		8
柠檬酸		90
酒石酸钾钠		90
光亮添加剂	葡萄糖	1.5
	硫脲	1.5
辅助络合剂硼酸		4
水		加至1L

【制备方法】

(1)配制混合稀土溶液,分别取称 CeO_2 和 La_2O_3,将其混合,加入浓硝酸将其溶解。

(2)在常温状态下,称取钨酸钠、硫酸钴、氯化钠、柠檬酸、酒石酸钾钠,光亮添加剂葡萄糖和硫脲、辅助络合剂硼酸,先将上述药品分别用少量蒸馏水溶解,然后混合稀释至 800mL。

(3)将步骤(1)中配制好混合稀土溶液中与步骤(2)中配制好的溶液混合,加入蒸馏水至 1000mL,便完成了整个镀液的配制过程,配制好的溶液的 pH 值为 5 ~6。

(4)在室温条件下,阳极采用为石墨做电极,阴极为施镀镀零件,电流密度为 $6A/dm^2$ 下进行电镀,即可得到光亮的钨—钴—稀土合金镀层。

【产品应用】 本品主要应用于化学镀。

【产品特性】

(1)由于本品采用多元络合剂与稀土组成的电镀液,降低了制备合金镀层的温度,施镀过程不用加热,提高了镀层的沉积速度。

(2)本品配方中的各种化学试剂对环境危害小,工艺稳定,溶液成分简单且维护调整方便,稳定性好,配制后可长期存放,无酸雾放出,工作环境好,效率高。

实例 8 无氨型化学镀镍镀液

【原料配比】

原 料	配比(g/L)			
	1#	2#	3#	4#
六水合硫酸镍	28	28	—	29
硼氢化钠	—	—	—	23
氯化镍	—	—	25	—
一水合次亚磷酸钠	24	—	—	—
三水合乙酸钠	10	—	—	—

续表

原料	配比(g/L)			
	1#	2#	3#	4#
次亚磷酸钠	—	24	27	—
乙酸铵	—	10	12	—
苹果酸	—	—	1.8	—
甘氨酸	2	—	—	—
冰醋酸	—	—	—	5.5mL
柠檬酸	—	—	—	4
酒石酸	—	3	—	—
乳酸	12	12	12	13mL
丙酸	6	6	6	4mL
稳定剂溶液	1mL	1mL	1.2mL	1.4mL
光亮剂	1.5mL	1.5mL	1.8mL	2.2mL
水	加至1L	加至1L	加至1L	加至1L

其中光亮剂溶液配比为：

原料	配比(g/L)		
	1#	2#	3#
硫酸铜	3.5	—	3.5
氯化铜	—	4.5	—
酒石酸	13	15	20
氯化亚锡	—	4	—
硝酸铋	4	3	4
硫酸锌	4.5	—	4.5
去离子水	加至1L	加至1L	加至1L

其中稳定剂溶液配比为：

原　料	配比(g/L)			
	1#	2#	3#	4#
钨酸钠	5	4	5	7
咪唑	2	3	3	2
EDTA－2Na	15	17	15	—
EDTA	—	—	—	18
去离子水	加至1L	加至1L	加至1L	加至1L

【制备方法】

(1)将硫酸铜和酒石酸加入少量水溶解，然后将硝酸铋和硫酸锌用硫酸溶解，最后将两者混合，加氨水后装入盛有1L去离子水的烧杯中，用磁力搅拌器搅拌直至澄清，得到光亮剂溶液1L。

(2)将钨酸钠、咪唑、EDTA或EDTA－2Na，装入盛有去离子水的烧杯中，高速磁力搅拌至全部溶解，用去离子水体积定容至1L，得到稳定剂溶液。

(3)将镍盐、还原剂、缓冲剂、络合剂、稳定剂、光亮剂，装入盛有去离子水的烧杯中，高速磁力搅拌至全部溶解，用25mL氨水将溶液的pH值调制5.4左右，用去离子水体积定容至1L，得到制备高光亮化学镀Ni—P镀层的镀液1L。

【注意事项】 用pH调节剂调节镀液pH值为4.8～6.0。

所述的镍盐优选是硫酸镍、氯化镍或醋酸镍。

所述的还原剂优选是次磷酸及其盐、硼氢酸盐或水合肼，所述的次磷酸盐优选是次磷酸钠或次磷酸钾，所述的硼氢酸盐优选是硼氢化钠或硼氢化钾。

所述的缓冲剂优选是醋酸、醋酸钠、醋酸铵或硫酸铵。

所述的络合剂优选是丁二酸、酒石酸、柠檬酸、乳酸、丙酸、苹果酸或甘氨酸等两种或两种以上的混合物。

所述的稳定剂优选为稳定剂溶液中包括钨酸钠 4 ~ 9g/L、咪唑 0.2 ~ 9g/L 和乙二胺四乙酸或其盐 5 ~ 20g/L。

所述的光亮剂优选为光亮剂溶液中含有硫酸铜 2 ~ 10g/L、硫酸锌 2 ~ 10g/L 或氯化亚锡 2 ~ 10g/L、硝酸铋 3 ~ 10g/L、酒石酸 5 ~ 20g/L。

所述的调节剂调节镀液 pH 为 4.8 ~ 6.0,优选自氢氧化钠、氢氧化钾或碳酸钾中的一种或两种的混合物。

本品通过在有氨 Ni—P 化学镀液中加入强碱和适量络合剂,从而取代氨水的碱性和络合作用,得到的镀液对环境无污染,而且能使镀层的光亮度达到全光亮,经过 4 个 MTO 后镀速仍可维持在 16μm/h 以上。

【产品应用】 本品主要应用于机械、电子、塑料、模具、冶金、石油化工、陶瓷、水力、航空航天等工业部门。

【产品特性】

(1)本品所有原料均不含重金属,而且不使用氨水调节 pH 值,不会造成环境污染和镀液因放置时间过长而失效等问题,得到的化学镀镀液不但对环境友好,而且制成的镀层的光亮度达到全光亮,在 4 个 MTO 后镀速维持在 16μm/h 以上,镀液不产生白色沉淀,镀槽中不会有镍析出,磷含量达到 11% 以上,有较强的耐腐蚀性能。

(2)本品提供的镀液均镀性能强,镀层不受基体材料的复杂外形的影响,镀后都保持材料的原有形状,结合力强,不易剥落,比电镀硬铬和离子镀的结合力要高,省去了电镀制备的后续打磨程序。

(3)本品提供的镀液所有成分均可采用国产原料,使得镀液成本大幅度降低。

实例 9 无氰镀铜电镀液

【原料配比】

(1)开缸剂:

原 料	配比(质量份)		
	1#	2#	3#
焦磷酸钾	25	35	30
焦磷酸铜	2	4	3

续表

原　料	配比(质量份)		
	1#	2#	3#
柠檬酸铵	2	2	2
山梨醇	3	2	1.2
戊二酸磺酸酯	—	—	0.8
烟酸丁酯	—	—	3
2-乙烷基磺酸氮苯	0.8	—	—
萘二磺酸	—	1	—
2,3-氮苯二羧酸	—	4	—
3-甲醇基氮苯	3	—	—
糊精	1.5	1	1
烷基硫脲	0.1	0.3	0.3
苯并三氮杂茂	—	0.4	—
8-羟基萘苯	0.08	—	0.25
羟基亚乙基二膦酸	—	10~20	10~20
三聚磷酸钠	—	1~5	1~5
乙二胺四乙酸二钠(EDTA-2Na)	—	1~2	1~2
乙二醇	—	5~8	5~8
甲基硫脲氮苯	—	1~2	1~2
二苯胺磺酸	—	0.5~1	0.5~1

(2)补加盐:

原　料	配比(质量份)		
	1#	2#	3#
焦磷酸钾	6	6	7
焦磷酸铜	82.5	80	79
柠檬酸铵	2	2.5	3

续表

原　料	配比(质量份)		
	1#	2#	3#
山梨醇	3	4	4
烟酸丁酯	—	—	1
2-乙烷基磺酸氮苯	1	—	—
3-甲醇基氮苯	2	—	—
萘二磺酸	—	1.5	—
2,3-氮苯二羧酸	—	2	2
糊精	3.3	3.8	3.8
烷基硫脲	0.1	0.1	0.1
2-羟基萘苯	0.1	—	—
苯并三氮杂茂	—	0.1	—
8-羟基萘苯	—	—	0.1

【制备方法】 将各组分溶于水中,搅拌溶解,配制成电镀液。

在电镀生产过程中电镀液浓度不足时再补充加入配方中的补加盐。

【注意事项】 作为本品上述技术主案的改进,其中还包括有安定剂,安定剂可增加镀液的稳定性,防止一价铜的产生。所述的安定剂包含有如下物质:羟基亚乙基二磷酸 1~20、三聚磷酸钠 1~5、EDTA-2Na1~2。

作为本品上述技术方案的进一步改进,其中还包含有光泽剂,光泽剂能辅助其他成分溶解,提高镀层光泽,提高镀层平整剂。所述光泽剂包含如下物质,乙二醇 5~8、甲基硫脲氮苯 1~2、二苯胺磺酸 0.5~1。

上述氮杂环化合物可采用8-羟基萘苯或苯并三氮杂茂。

上述磺酸盐可采用2－乙烷基磺酸氮苯、萘二磺酸或戊二酸磺酸酯；苯基羧酸盐可采用3－甲醇基氮苯、2,3－氮苯二羧酸或烟酸丁酯。

【产品应用】　本品主要应用于铁素材、锌合金、铝合金、铜合金之预镀。

【产品特性】　本品不含氰化物、重金属等有害物质，符合欧盟ROHS指令(2002/95/EC)，镀液稳定，阴极电流密度范围宽，所得镀层细致、均匀、呈半光亮状态，可节省后续电镀时间，并且在镀液中，焦磷酸根离子与金属铜离子形成稳定的络合物，同时柠檬酸盐、山梨醇、磺酸盐、苯基羧酸盐、糊精、烷基硫脲、氮杂环化合物等添加剂的加入，对镀液中的铜离子起到辅助络合的作用，增加了阴极极化作用，从而使二价铜析出电位接近氰化镀铜中一价铜的析出电位，降低铜的置换现象，同时阴极电流密度范围也得到扩宽，使所得的镀层更均匀、细致。除此外，还具有以下优点：原液开缸，单一补充盐补充，操作方便，管理简单；镀层与基体结合力良好，分散能力及覆盖能力佳；适用于铁素材、锌合金、铝合金、铜合金之预镀；滚镀、吊镀皆可适用；废水处理简单，不会造成二次污染。

实例10　无氰镀银电镀液(1)

【原料配比】

原　　料		配比(g/L)
开缸剂	硝酸银	2～4
	异烟酸	6～8
	三亚氨基二磷酸铵	15～20
	醋酸钾	8～10
	纯水	加至1L

续表

原料		配比(g/L)
补充剂	丙三醇与环氧乙烷合成物	2~5
	低聚合度聚乙烯亚胺	1~6
	醋酸钾	10~15
	异烟酸	20~25
	纯水	加至1L

【制备方法】 先取纯水,在搅拌下加入三亚氨基二磷酸铵、异烟酸、醋酸钾,待上述原料溶解后,再加入硝酸银至完全溶解,最后再加入丙三醇与环氧乙烷合成物、低聚合度聚乙烯亚胺,搅拌均匀定容即可。

在电镀生产过程中电镀液浓度不足时加入补充剂。

【产品应用】 本品主要应用于电子零件、工业、装饰性行业电镀。

【产品特性】

(1)可获得光亮银镀层,适用于电子零件、工业、装饰性行业电镀。

(2)可直接在黄铜、青铜、铜基材以及光亮镍镀层上电镀,无须预镀银。

(3)银层具有极好的深镀能力和附着能力。

(4)镀液单一添加补充,操作容易。

实例11 无氰镀银电镀液(2)

【原料配比】

原料	配比(g/L)				
	1#	2#	3#	4#	5#
$AgNO_3$	17	17	17	17	17
腺嘌呤	—	—	108	—	—
尿酸	134	—	—	—	—
鸟嘌呤	—	129	—	—	—

续表

原　　料	配比(g/L)				
	1#	2#	3#	4#	5#
黄嘌呤	—	—	—	124	—
次黄嘌呤	—	—	—	—	110
KNO_3	20	20	20	20	20
KOH	168	139	153	129	168
环氧胺缩聚物	—	—	—	2	2
聚乙烯亚胺	1	1.5	1	—	—
KSeCN	2mg	2mg	—	—	2mg
KSCN	—	—	5mg	—	—
去离子水	加至1L	加至1L	加至1L	加至1L	加至1L

【制备方法】　将原料溶于去离子水中，混合均匀即制成无氰镀银镀液。

【注意事项】　所述含有银的无机盐优选硝酸银，有机盐优选甲基磺酸银。

所述嘌呤配位剂为嘌呤类化合物及其衍生物或相应的异构体。配位剂嘌呤类化合物及其衍生物为尿酸、腺嘌呤、鸟嘌呤、黄嘌呤、次黄嘌呤及相应的嘌呤衍生物中的一种或几种。

所述支持电解质为 KNO_3、KNO_2、KOH、KF 及相应的钠盐中的一种或几种。

所述镀液 OH^- 浓度范围为 10^{-8} ~ 10mol/L，镀液 pH 调节剂采用 KOH、NaOH、氨水、HNO_3、HNO_2和 HF 中的一种或几种。

所述电镀添加剂体系为聚乙烯亚胺、环氧胺缩聚物，硒氰化物或硫氰化物中的一种或几种。

其中，聚乙烯亚胺平均分子量为 100 ~ 1000000，浓度为 50 ~ 1000mg/L；所述的环氧胺缩聚物平均分子量为 100 ~ 1000000，浓度为

50～10000mg/L;所述的硒氰化物为 KSeCN 或 NaSeCN,浓度为0.01～500mg/L;所述的硫氰化物为 KSCN 或 NaSCN,浓度为 0.1～2000mg/L。

【产品应用】 本品主要应用于无氰镀银。运用本品的无氰镀银镀液的电镀步骤为:先将碱溶解在水中,再将络合剂溶解其中,然后在溶液搅动的条件下缓慢加入银离子来源物,最后加入所需的支持电解质。在电镀过程中,将镀液维持在10～60℃。然后,将经过预处理的金属基底附于属电路组成部分的阴极上,将阴极连同所附基体浸入电镀液中,并且在电路中通以电流,所通电流和通电时间根据实际要求确定。

【产品特性】 本品采用嘌呤类化合物及其衍生物作为配位剂与银离子形成配位化合物,镀液非常稳定、毒性较氰化镀银大大地降低。与传统的有氰镀银工艺配方相比,该无氰镀银镀液毒性极低或无毒,镀液稳定性好;同时,镀液中银离子与铜、镍、铝、铁、铬、钛等单金属及合金基底的置换速率非常慢,镀件无须预镀银或浸银,镀层结合力良好且光亮,可满足装饰性电镀和功能性电镀等多领域的应用。

实例12 无氰镀银电镀液(3)

【原料配比】

原料	配比(g/L)		
	1#	2#	3#
硝酸银	40	43	45
硫代硫酸钠	200	230	250
焦亚硫酸钾	40	43	45
醋酸铵	20	25	30
硫代氨基脲	0.6	0.7	0.8
水	加至1L	加至1L	加至1L

【制备方法】 先将硫代硫酸钠溶于300mL的蒸馏水中，搅拌使其全部溶解；然后将硝酸银和焦亚硫酸钾分别用250mL的蒸馏水溶解，并在搅拌下将焦亚硫酸钾溶液倒入硝酸银溶液中，生成焦亚硫酸银混浊液后，立即将溶液缓慢地加入硫代硫酸钠溶液中，使银离子与硫代硫酸钠结合，生成微黄色澄清液；再将醋酸铵加入溶液中，配制好的溶液静置后，再加入硫代氨基脲，使其全部溶解，最后用蒸馏水定容至1L。

【产品应用】 本品主要应用于无氰镀银。

本品的无氰镀银方法主要包括以下步骤：

(1)镀银前的预处理：首先用金相砂纸对基体进行打磨抛光，然后用丙酮除油；最后用浓度为36%的盐酸溶液进行活化处理。

(2)直流电沉积镀银：将预处理后的镀件进行直流电沉积镀银，镀银时的电流密度为0.1A/dm^2，温度为15℃；阴阳极面积比为0.7:2，阳极采用99.99%的纯银板；其中电镀液使用本品所配制的镀液。

(3)钝化处理：首先在55～65g/L的三氧化二铬和15～20g/L的氯化钠混合溶液中浸渍8～10s，取出洗净，此时表面显示铬酸盐的黄色；然后在200～210g/L的硫代硫酸钠溶液中浸渍3～5s，取出洗净；然后在100～110g/L的氢氧化钠溶液中浸渍5～8s，取出洗净；最后在36～38g/L的浓盐酸中浸渍10～15s，取出洗净，即得光亮的不易变色的银层。

【产品特性】

(1)通过直流电沉积方法使无氰镀银得以实现，镀液毒性极低或无毒，更大限度地降低了对环境和操作人员的危害，镀液稳定性及分散性优良。

(2)银镀膜可以达到纳米级，并且与基体结合良好，表面平整、致密，光亮度好，抗变色能力强。

(3)本方法镀银之前无须镀镍，工艺简单，操作方便，成本低廉，可以满足生产领域的需要。

实例13　无氰仿金电镀液

【原料配比】

原　料	配比(g/L)			
	1#	2#	3#	4#
硫酸铜	50	30	35	45
硫酸锌	13	15	12	18
硫酸亚锡	7	6	5	8
硫酸	5mL	4mL	3mL	5mL
焦磷酸钾	270	250	260	280
乙二胺	55mL	50mL	60mL	45mL
柠檬酸钾	18	18	18	18
氨三乙酸	25	20	22	25
氢氧化钾	15	15	20	20
水	加至1L	加至1L	加至1L	加至1L

【制备方法】

(1)将焦磷酸钾溶解于蒸馏水中,蒸馏水的温度不超过40℃。

(2)将硫酸铜、硫酸锌和硫酸亚锡分别用蒸馏水溶解,在溶解硫酸亚锡时,必须将硫酸亚锡先添加到硫酸中,否则发生水解反应。

(3)将焦磷酸钾溶液在搅拌下加入硫酸铜、硫酸锌和硫酸亚锡溶液中,分别形成稳定的络合物溶液。

(4)在搅拌下,将硫酸铜、硫酸锌和硫酸亚锡三种络合物溶液倒入镀槽内。

(5)将氨三乙酸用少量蒸馏水调成糊状,然后用氢氧化钾溶液在搅拌下慢慢加入直至生成透明溶液。同时将柠檬酸钾用蒸馏水溶解。

(6)在搅拌下,将乙二胺、柠檬酸钾和氨三乙酸溶液分别加入镀槽,与其他络合物溶液均匀混合。

(7)调整镀液 pH 值至 8 ~ 10,低电流密度下电解 6 ~ 8h 后进行电镀。

【产品应用】 本品主要应用于无氰仿金电镀。

本品电镀液的使用方法,阴极电流密度为 1 ~ 3A/dm^2;电流密度较低时,铜析出量较多,仿金镀层外观色泽为红色。电流密度较高时,锌、锡析出量增大,金黄色变淡,外观色泽发白,也会出现边缘烧焦。电流密度适中时,外观色泽为金黄色。

本品的电镀液的使用方法,电镀时间为 60 ~ 90s。电镀时间延长,仿金镀层外观色泽由金黄色向浅黄色至红色变化。

本品的电镀液的使用方法,在基体表面进行预镀光亮镍处理后才能进行仿金电镀;仿金电镀时采用机械搅拌或阴极移动,以保证电镀液分散均匀并消除浓差极化。搅拌速度为 100r/min 或阴极移动速度为 1 ~ 2m/min。

【产品特性】

(1)电镀液为无氰镀液,废水废液处理容易,环境污染小,对身体没有危害。

(2)镀液配方简单,易于控制,工艺参数范围宽,外观色泽好,镀液稳定,均镀和覆盖力强,使用寿命长,批次生产稳定性高。

(3)仿金镀层结晶细致,孔隙率低,与预镀的光亮镍结合牢固,无起皮、脱落及剥离。

(4)通过添加乙二胺和柠檬酸钾两种辅助络合剂,镀液的深镀能力提高到 80% 以上,电流效率提高到 82% 以上,镀态下溶液的电导率为低于 0.0465Ω/m。同时镀层外观色泽明显改善。

(5)仿金镀层经钝化后,防变色能力强。在配制的 5g/L 氯化钠 + 6mL/L 氨水 + 7mL/L 冰醋酸的仿人工溶液中,浸泡 3h 仍不变色。

(6)可以代替现有的氰化物仿金电镀工艺,作用首饰、钟表及工艺品等装饰性物品表面仿 9K、18K 和 24K 金使用。

实例 14 无氰高速镀银电镀液

【原料配比】

原料	配比(g/L)							
	1#	2#	3#	4#	5#	6#	7#	8#
硝酸银	50	50	60	50	40	60	50	45
硫代硫酸钠	120	240	280	240	180	300	150	200
焦亚硫酸钠	55	60	72	55	40	85	60	70
硫酸钠	15	20	20	15	8	22	14	15
硼酸	20	30	36	20	15	38	20	22
亚硒酸钠	1.5	1.5	2	1.5	1	2.5	0.5	2
水	加至1L	加至1L	加至1L	加至1L	加至1L	加至1L	加至1L	加至1L

原料	配比(g/L)						
	9#	10#	11#	12#	13#	14#	15#
硝酸银	55	47	52	49	50	46	54
硫代硫酸钠	105	145	250	220	240	260	230
焦亚硫酸钠	50	60	55	45	58	52	65
硫酸钠	16	10	12	20	18	11	17
硼酸	18	24	30	35	25	19	21
亚硒酸钠	0.8	1	1.2	1.4	1.6	1.8	2.2
水	加至1L	加至1L	加至1L	加至1L	加至1L	加至1L	加至1L

【制备方法】 将各组分溶于水混合均匀即可。

【产品应用】 本品主要应用于无氰电镀。将无氰高速镀银电镀液的 pH 值控制在 4～5,温度控制在 15～35℃,电流密度控制在 5A/dm^2,镀液的流速控制在 1.5m/s 进行电镀。

【产品特性】 本品含有的氰化物量极少,甚至没有,毒性小,可得到表面平整、抗变色性能好、耐腐蚀耐磨性高、与基体结合力强的光亮镀银层,而且镀银效率高。

实例15 无预镀型无氰镀银电镀液

【原料配比】

原料	配比(g/L)		
	1#	2#	3#
$AgNO_3$	17	34	34
肌酐	34	60	90
KNO_3	50	50	50
KOH	10	15	25
哌啶	1	—	—
甘氨酸	—	1	—
半胱氨酸	—	—	0.5
水	加至1L	加至1L	加至1L

【制备方法】 先将配位剂、支持电解质和电镀液pH调节剂按照所述原料加入水中,混合均匀,再缓慢加入银离子来源物,搅拌至溶液澄清,制成无氰镀银电镀液,溶液温度调节为10~80℃。将电镀液静置2h稳定后,向其中加入单一或组合的电镀添加剂,搅拌均匀后静置待用。

【注意事项】 所述银离子来源物为银的无机盐及有机盐,如硝酸银、硫酸银、甲基磺酸银、乙酸银、酒石酸银等的一种。

所述配位剂为肌酐及肌酐衍生物或它们相应的异构体。

所述支持电解质为KNO_3、KNO_2、KOH、KF或与它们相同阴离子的钠盐中的一种或几种。

所述电镀液OH^-浓度范围为10^{-8}~10mol/L,镀液pH调节剂采用KOH、NaOH、氨水、HNO_3、HNO_2和HF中的一种或几种。

所述电镀添加剂包括哌啶、哌嗪、甘氨酸、半胱氨酸中的一种或几种,其中哌啶的浓度为:10~300mg/L;哌嗪的浓度为:10~5000mg/L;甘氨酸的浓度为:10~5000mg/L;半胱氨酸的浓度为:10~5000mg/L。

【产品应用】 本品主要应用于无氰镀银。运用本品的无预镀型无氰镀银电镀液的电镀步骤为:在电镀过程中,将镀液维持在10~80℃。然后,将经过预处理的金属基底附于属电路组成部分的阴极上,将阴极连同所附基体浸入电镀液中,并且在电路中通以电流,所通电流和通电时间根据实际要求确定。

【产品特性】 本品采用肌酐及肌酐衍生物或它们相应的异构体作为配位剂与银离子形成配位化合物,镀液非常稳定、毒性较氰化镀银大大地降低。与传统的有氰镀银工艺配方相比,该无氰镀银电镀液毒性极低或无毒,镀液稳定性好;同时,镀液中银离子与铜、镍、铝、铁、铬、钛等单金属及合金基底的置换速率非常慢,镀件无须预镀银或浸银,镀层结合力良好且光亮,可满足装饰性电镀和功能性电镀等多领域的应用。

实例16 稀散金属体系电镀液

【原料配比】

原料	配比(g/L)					
	1#	2#	3#	4#	5#	6#
金属铟	80	90	100	80	90	100
无水氯化铟	340	293	230	293	328	318
1-甲基-3-丁基咪唑氯盐	269	360	277	350	260	260
乙二醇	250	200	300	220	250	250
明胶	1	2	3	2	2	2
糊精	20	25	40	25	40	30
氯化钠	40	30	50	30	30	40
水	加至1L	加至1L	加至1L	加至1L	加至1L	加至1L

【制备方法】 将各组分溶于水混合均匀即可。

【产品应用】　本品主要应用于化学镀。

【产品特性】　离子液体作为一种新兴的绿色溶剂，利用稀散金属室温离子液体研制的镀铟溶液，具有一些独特的性能，如较低的熔点、可调节的路易斯（Lewis）酸度、良好的导电性、可以忽略的蒸汽压、较宽的使用温度及特殊的溶解性等。此镀铟溶液不存在水化、水解、析氢等问题，具有不腐蚀、污染小等绿色溶剂应具备的性质。本品由于采用1－甲基－3－丁基咪唑氯盐替换了氯化铟/1－甲基－3－乙基咪唑氯盐体系电镀液中的1－甲基－3－乙基咪唑氯盐，使电镀液的使用温度最低减低到20℃（氯化铟/1－甲基－3－乙基咪唑氯盐体系电镀液的使用温度为40～60℃）。由于加入了乙二醇可以获得光亮的镀层。而且本电镀液不加入氰化物，降低了污染。

用此电镀液电镀铟，精铟质量大幅度提高，铟的纯度达到99.999%。

实例17　稀土—镍—钼—磷—碳化钨合金电镀液

【原料配比】

原　　料	配比（g/L）
硫酸镍（或氯化镍）	32
次亚磷酸钠	22
钼酸钠	0.2
碳酸钠（或氢氧化钠）	8
柠檬酸钠	25
乙醇酸	4.5
丁二酸	3
硼酸	3
稀土（CeO_2）	2
稀土（La_2O_3）	2
碳化钨	16
十二烷基苯磺酸钠	0.5
硫脲	1.2×10^{-3}
水	加至1L

【制备方法】

(1)取氯化镍或硫酸镍,钼酸钠加水制得溶液A。

(2)取次亚磷酸钠加水制得溶液B。

(3)取有机酸或有机酸钠,辅助络合剂硼酸、稀土、硫脲和表面活性剂十二烷基苯磺酸钠加水制得溶液C。

(4)将溶液C倒入B中,得到溶液D。

(5)将溶液D加入A中得到溶液E。

(6)用氢氧化钠或碳酸钠溶液调至pH在7.0~8.5范围内。

(7)取碳化钨粒子加入溶液E中得溶液F。

【产品应用】 本品主要应用于化学电镀。

【产品特性】

(1)由于本品采用多元络合剂与稀土组成的电镀液,降低了制备合金镀层的温度,提高了镀层的沉积速度。

(2)本品合金镀层的碳化钨粒子密度明显提高,且分散性好,孔隙率降低。

(3)本品制备的合金镀层的显微硬度明显提高。

实例18 锡电镀液

【原料配比】

原料	配比(g/L)		
	1#	2#	3#
甲烷磺酸亚锡	70	70	70
甲烷磺酸	175	175	175
2-萘酚-7-磺酸钠	0.5	0.2	0.3
聚氧乙烯聚氧丙烯(C_8~C_{18})烷基胺	10	10	10
氢醌磺酸钾	2	2	2
蒸馏水	加至1L	加至1L	加至1L

【制备方法】 将各组分溶于水混合均匀即可。

【产品应用】 本品主要应用于化学镀锡。

【产品特性】 本品代替常规镀覆和锡—铅合金镀覆，本品镀覆溶液可用于多种镀覆制品，用于焊接或抵抗刻蚀。待镀覆的制品应具有能够电镀的导电元件，包括由导电材料，如铜或镍和绝缘材料，如陶瓷、玻璃、速率、铁氧体等构成的复合物。电镀前，根据所用的材料，通过常规方式预处理制品。在本电镀中，锡膜可沉积在基材或多种电子元件，包括片式电容器、片式电阻器和其他片式元件、晶体振荡器、泵、连接器插针、铅框架、印刷电路板等上的导电材料的表面上。

实例19　锡的连续自催化沉积化学镀液

【原料配比】

原　料	配比(g/L)		
	1#	2#	3#
氯化亚锡	30	20	15
盐酸	40mL	50mL	60mL
乙二胺四乙酸二钠	5	3	3
硫脲	120	100	80
柠檬酸	—	20	15
柠檬酸钠	30	—	—
次磷酸钠	—	80	80
次磷酸钠	100	—	—
明胶	0.5	0.3	0.3
苯甲醛	1mL	1mL	0.5mL
蒸馏水	加至1L	加至1L	加至1L

【制备方法】

(1)将乙二胺四乙酸二钠用蒸馏水溶解，形成A液。

(2)向盐酸中加入氯化亚锡，搅拌使之溶解形成B液。

(3)将B液在搅拌下加入A液中，形成C液。

(4)用蒸馏水溶解硫脲,在搅拌下加入C液中,形成D液。

(5)用蒸馏水溶解柠檬酸钠和次磷酸钠,在搅拌下加入D液中,形成E液。

(6)用蒸馏水溶解明胶至透明溶液,过滤后加入E液中。

(7)苯甲醛加入E液中。

(8)用盐酸或氨水调整E液的pH值,定容、过滤后获得化学镀锡液。

【产品应用】 本品主要应用于化学镀锡。

【产品特性】

(1)在铜基上实现了锡的连续自催化沉积,沉积速度快,可以获得不同厚度的银白色半光亮的锡—铜合金化学镀层。

(2)明胶和苯甲醛在化学镀液中的加入,使晶粒细化明显,镀层表面平整度提高,孔隙率降低。

(3)镀液配方简单,易于控制,工艺参数范围宽。

(4)镀液稳定,使用寿命长,批次生产稳定性高。以沉积厚度为3~5μm,1L化学镀锡液的镀覆面积为12~13dm^2。

(5)化学镀层为半光亮、银白色,厚度在5~7μm时,可以满足钎焊性要求。

(6)化学镀层和铜基体结合牢固,无起皮、脱落及剥离。

(7)化学镀层经钝化处理后,抗变化能力强。

(8)镀液的均镀和深镀能力强,在深孔件、盲孔件以及一些难处理的小型电子元器件及PCB印刷板线路等产品的表面强化处理中应用前景广泛。

实例20 锌铝基合金化学镀镍液

【原料配比】

原料	配比(g/L)						
	1#	2#	3#	4#	5#	6#	7#
硫酸镍	30	22	32	24	26	30	25
次亚磷酸钠	30	25	28	22	26	28	24

续表

原　料	配比(g/L)						
	1#	2#	3#	4#	5#	6#	7#
DL－羟基丁二酸	5	15	10	12	15	12	10
氨基丙酸	10	15	5	8	10	12	10
2－羟基丙烷－1,2,3－三羧酸	25	20	30	26	22	24	25
氟化氢铵	15	10	12	15	10	12	12
碘酸钾	4mg	6mg	8mg	5mg	6mg	4mg	4mg
水	加至1L	加至1L	加至1L	加至1L	加至1L	加至1L	加至1L

原　料	配比(g/L)						
	8#	9#	10#	11#	12#	13#	14#
硫酸镍	25	25	25	25	25	25	25
次亚磷酸钠	24	24	24	24	35	24	24
DL－羟基丁二酸	10	10	10	10	10	10	10
氨基丙酸	10	10	10	10	10	10	10
2－羟基丙烷－1,2,3－三羧酸	25	25	25	45	25	25	25
氟化氢铵	—	12	12	12	12	20	12
碘酸钾	4mg	—	12mg	4mg	4mg	4mg	4mg
水	加至1L	加至1L	加至1L	加至1L	加至1L	加至1L	加至1L

【制备方法】

(1)把DL－羟基丁二酸、氨基丙酸、2－羟基丙烷－1,2,3－三羧酸和氟化氢铵一起加水溶解。

(2)把硫酸镍加水溶解。

(3)把步骤(2)所得溶液倒入步骤(1)所得溶液中,然后搅拌均匀。

(4)把次亚磷酸钠加适量的水溶解,然后在搅拌的状态下缓缓倒入步骤(3)所得溶液中,并搅拌均匀。

(5)加入碘酸钾溶液。

(6)加蒸馏水或去离子水至规定体积,并搅拌均匀。

(7)调节溶液的 pH 值。

(8)过滤。

【产品应用】 本品主要应用于化学镀镍。

【产品特性】 镀液对锌铝基合金基体的腐蚀性很小,镀液的稳定性好,镀液配方中的氟化氢铵使镀液具有很好的缓冲性能,使所得镀层与基体的结合力佳、镀层致密、磷含量分布均匀,耐蚀性能好。

实例 21 用于 304 不锈钢表面高磷化学镀镍—磷合金的化学镀液

【原料配比】

原料		配比(g/L)
硫酸镍		25
次磷酸钠		30
主络合剂乳酸		19
辅助络合剂	柠檬酸	6
	EDTA－2Na	7.5
	甘氨酸	5
	羟基乙酸	6
稳定剂 KIO_3		0.02
缓冲剂乙酸钠		13
促进剂丁二酸		16
水		加至 1L

【制备方法】 将各组分溶于水混合均匀即可。

【注意事项】　本品是以硫酸镍为主盐，以次磷酸钠为还原剂；乳酸为主络合剂，以提高镀速和镀液稳定性、延长镀液的使用寿命；以柠檬酸、EDTA－2Na、甘氨酸、羟基乙酸为辅助络合剂，以提高镀层的含量和细化镀层的晶粒度，使镀层致密，降低孔隙率；以丁二酸为促进剂，提高镀液的镀速和稳定镀液；稳定剂选定为KIO_3，缓冲剂选定为乙酸钠；非离子型表面活性剂聚乙二醇的加入可改善镀层的晶粒细度，提高镀层耐蚀性和镀液热稳定性。

本品磷化液的工艺条件为：pH值4.5～5，温度80℃±5℃，施镀时间2h。本品配方的磷化液镀速在11～13μm/h，镀层含磷量在10.5%～13%；镀液稳定性超过2500s。

【产品应用】　本品主要应用于不锈钢电镀。

【产品特性】　本品的化学镀镀液，在不锈钢表面镀出的高磷镀层，具有优良的耐酸、碱和盐腐蚀性，特别是耐C1腐蚀性优于304不锈钢本体；在力学性能方面，镀层硬度在450～550HV，高于304不锈钢本体。提高了不锈钢耐C1的腐蚀性和耐磨性，扩大不锈钢的应用领域。

实例22　用于镀银的无氰型电镀液

【原料配比】

原　料	配比(g/L)				
	1#	2#	3#	4#	5#
$AgNO_3$	25	17	—	—	17
甲基磺酸银	—	—	20	20	—
巴比妥	—	—	—	184	—
巴比妥酸	—	—	—	—	42
2,4－二羟基嘧啶	100	—	—	—	—
4,6－二羟基嘧啶	—	67	—	—	—
2－氨基－4,6－二羟基嘧啶	—	—	67	—	—
KNO_3	20	20	20	—	20

续表

原料	配比(g/L)				
	1#	2#	3#	4#	5#
KOH	140	140	112	100	192
环氧胺缩聚物	—	—	—	2	2
聚乙烯亚胺	1	1	1.5	—	—
KSeCN	2mg	—	—	2mg	2mg
KSCN	—	5mg	—	—	—
去离子水	加至1L	加至1L	加至1L	加至1L	加至1L

【制备方法】 将原料溶于去离子水中,搅拌均匀,溶液温度调节至10~65℃,即可配制成无氰镀银镀液。

【注意事项】 所述嘧啶类配位剂为嘧啶类化合物及其衍生物或相应的异构体。嘧啶类化合物及其衍生物为2-羟基嘧啶、6-羟基嘧啶2,4-二羟基嘧啶、4,6-二羟基嘧啶、2-氨基-4,6-二羟基嘧啶、尿嘧啶羧酸、巴比妥酸、巴比妥、丁巴比妥及相应的嘧啶衍生物中的一种或几种。

所述支持电解质为KNO_3、KNO_2、KOH、KF及相应的钠盐中的一种或几种。

所述镀液OH^-浓度范围为10^{-8}~10moL/L,镀液pH调节剂采用KOH、NaOH、氨水、HNO_3、HNO_2和HF中的一种或几种。

所述电镀添加剂体系为聚乙烯亚胺、环氧胺缩聚物,硒氰化物或硫氰化物中的一种或几种。

其中,聚乙烯亚胺平均分子量为100~1000000,浓度为50~1000mg/L;所述的环氧胺缩聚物平均分子量为100~1000000,浓度为50~10000mg/L;所述的硒氰化物为KSeCN或NaSeCN,浓度为0.01~500mg/L;所述的硫氰化物为KSCN或NaSCN,浓度为0.1~2000mg/L。

【产品应用】 本品主要应用于无氰镀银。

运用本品的无氰镀银镀液的电镀步骤为:先将碱溶解在水中溶解,再将络合剂溶解其中,然后在溶液搅动的条件下缓慢加入银离子来源物,最后加入所需的支持电解质。在电镀过程中,将镀液维持在10~65℃。然后,将经过预处理的金属基底附于属电路组成部分的阴极上,将阴极连同所附基体浸入电镀液中,并且在电路中通以电流,所通电流和通电时间根据实际要求确定。

【产品特性】 本品无氰镀银镀液毒性极低或无毒,镀液稳定性好;同时,镀液中银离子与铜、镍、铁、铝、铬、钛等单金属及合金基底的置换速率非常慢,镀件无须预镀银或浸银,镀层结合力良好且光亮,满足装饰性电镀和功能性电镀等多领域的应用。

实例23　制备二氧化铅电极的电镀液

【原料配比】

原　料	配比(g/L)			
	1#	2#	3#	4#
乙酸铅	250	260	270	280
氨基磺酸	15	18	18	20
氟化钠	0.5	1.2	1.8	2.4
聚四氟乙烯(60%)	6mL	6mL	7mL	8mL
去离子水	加至1L	加至1L	加至1L	加至1L

【制备方法】 先将乙酸铅、氨基磺酸、氟化钠溶解在去离子水中,然后在溶液搅动的条件下加入聚四氟乙烯乳液,这样有利于聚四氟乙烯乳液更好地分散于电镀液中。

【产品应用】 本品主要应用于制备二氧化铅电极。

制备二氧化铅电极的具体制备方法如下:以经过预处理的基体为阳极,以纯铅板、铂或石墨为阴极,维持所述的电镀液温度在60~80℃,控制电流密度在30~60mA/cm^2,通电时间1~2h,即得二氧化铅电极。所述的基体可选用惰性金属基体,如钛、铂、镍等,或者石墨,本领域技术人员可根据实际情况选择合适的阴极和基体。基体在使用前可通过常规方法进行预处理,如将表面打磨平。

【产品特性】 采用乙酸铅为主体铅盐,氨基磺酸调节镀液酸性,添加氟化钠与聚四氟乙烯,使得镀液非常稳定,酸蚀性微弱,配制简单。乙酸铅对硝酸铅的取代、氨基磺酸对硝酸的取代、氟离子与聚四氟乙烯乳液的添加均显著地改善了镀层性能,主要表现在:镀层不易脱落,稳定性好;析氧过电位高;电催化活性好;对有机物降解效率高。镀层的优异性能在一定程度上弥补了电极在工业废水处理上容易钝化失活的缺陷,使得二氧化铅电极能更好地应用于电解工业中。

实例24 制备高温自润湿复合镀层的化学镀液

【原料配比】

原料	配比(g/L)										
	1#	2#	3#	4#	5#	6#	7#	8#	9#	10#	11#
硫酸镍	36	—	25	15	—	25	—	33	—	27	36
氯化镍	—	15	—	—	20		30	—	18	—	—
高铼酸钾	2.2	0.8	—	—	—	1.8	—	1.4	—	1	—
高铼酸铵	—	—	1.5	2.2	2	—	1.6	—	1.2	—	0.8
柠檬酸钠	20	10	15	10	11	13	15	16	17	18	20
乳酸	30	20	22	30	28	27	25	23	22	21	20
次亚磷酸钠	30	15	22	15	18	21	25	29	26	28	30
氟化钡	25	5	16	5	10	18	22	20	23	15	25
氟化钙	25	5	16	25	23	21	19	15	10	8	5
硝酸铅	10mg	—	5mg	2mg	—	4mg	—	6mg	—	8mg	10mg
醋酸铅	—	2mg	—	—	3mg	—	5mg	—	7mg	—	—
蒸馏水或去离子水	加至1L	加至1L	加至1L	加至1L	加至1L	加至1L	加至1L	加至1L	加至1L	加至1L	加至1L

【制备方法】

(1)取硫酸镍或氯化镍、高铼酸铵或高铼酸钾、柠檬酸钠、乳酸、次亚磷酸钠、硝酸铅或醋酸铅，分别用少量水溶解。

(2)取氟化钡、氟化钙，经酸液清洗干净后，用阳离子和非离子表面活性剂对其作亲水和荷正电表面处理对其进行表面处理，方法同现有技术。

(3)将上述各组分混合成均匀的溶液。

(4)用酸(例如1mol/L盐酸等)调pH值至4～7，加水(较好的是蒸馏水或去离子水)至1L。

【产品应用】　本品主要应用于化学镀。

使用上述化学镀液制备高温自润滑复合镀层的化学镀方法是：将镀件表面清洁和活化处理后，再将镀件置于上述的化学镀液中，在pH值5～7、85～95℃下浸镀10～60min；浸镀过程中将化学镀液每搅拌1min间歇3min。

【产品特性】

(1)采用本品，在机械零件下表面形成的镍铼磷/氟化钡+氟化钙复合镀层，可以有效提高机械在超高温(≥500～900℃)工作环境下的表面减摩耐磨性能，特别适用于汽轮机叶片、喷气发动机等在高温条件下使用的要求有一定自润滑性能的机械设备。

(2)镍铼磷/氟化钡+氟化钙复合镀层有效克服了镍磷/氟化钙镀层在超高温环境下工作寿命短的缺陷、使机械设备在超高温环境下的工作寿命明显延长。

(3)本品组成和工艺简单，制备工艺稳定、条件容易控制、镀层光亮致密、厚度均匀、结合力良好，实用性强。

实例25　制备高硬度化学镀镍—磷—碳化硅镀层的环保镀液

【原料配比】

原　　料	配比(g/L)		
	1#	2#	3#
六水醋硫酸镍	28	—	—
氯化镍	—	24	—

续表

原　　料	配比(g/L)		
	1#	2#	3#
一水合次磷酸钠	24	33	—
醋酸铵	—	18	—
醋酸镍	—	—	30
次磷酸	—	—	30
硫酸铵	—	—	15
苹果酸	—	—	8
丁二酸	—	—	5
一水合柠檬酸	—	18	—
三水合醋酸钠	10	—	—
甘氨酸	12	—	—
柠檬酸	—	—	8
乳酸	12	12	—
丙酸	6	—	—
稳定剂	1mL	0.5mL	1.5mL
SiC 分散液	40mL	20mL	50mL
去离子水	加至1L	加至1L	加至1L

其中SiC分散液配比为:

原　　料	配比(g/L)		
	1#	2#	3#
十六烷基三甲基溴化铵	0.1	0.05	0.2
SiC(粒径40nm)	0.1	—	—
SiC(粒径20nm)	—	0.4	—
SiC(粒径30nm)	—	—	0.3
去离子水	加至1L	加至1L	加至1L

其中稳定剂配比为：

原　料	配比(g/L)		
	1#	2#	3#
钨酸钠	5	—	—
咪唑	2	—	—
EDTA-2Na	15	—	—
硫脲	—	10	—
噻唑	—	8	—
钼酸钠	—	—	5
亚硒酸钠	—	—	10
乙二胺四乙酸	—	—	15
去离子水	加至1L	加至1L	加至1L

【制备方法】

(1)将十六烷基三甲基溴化铵、SiC，装入盛入1L去离子水的烧杯中，用磁力搅拌器强力搅拌润湿5~30min，再超声波分散1~2h，再磁力搅拌均匀5~30min，得到SiC分散液1L。

(2)将钨酸钠、咪唑和EDTA-2Na装入盛有去离子水的烧杯中，高速磁力搅拌至全部溶解，用去离子水体积定容至1L，得到稳定剂溶液1L。

(3)将镍盐、还原剂、缓冲剂、络合剂、稳定剂装入盛有去离子水的烧杯中，高速磁力搅拌至全部溶解，再加入SiC分散液40mL，高速磁力搅拌10~40min，用浓氨水调节pH值至8.0~10.0，用去离子水体积定容至1L，得到本品制备高硬度化学镀Ni—P—SiC镀层的镀液1L。

【注意事项】 所述的化学镀Ni—P镀液可以是现有技术中使用的次磷酸或其盐为还原剂的化学镀镍液，含有该类镀液通常使用的镍盐、还原剂、缓冲剂、络合剂和pH调节剂。

所述的镍盐可以是硫酸镍、氯化镍或醋酸镍等，所述的还原剂可以是次磷酸或其盐如一水合次磷酸钠等,所述的缓冲剂可以是醋酸钠、醋酸铵或硫酸铵等,所述的络合剂可以是丁二酸、柠檬酸、乳酸、丙酸、苹果酸、甘氨酸等中的两种或两种以上的混合物,所述的稳定剂可以是每升中含硫脲、咪唑、噻唑、钨酸钠、亚硒酸钠、钼酸钠、碘酸钾、乙二胺四乙酸或其盐等中的两种或两种以上混合物 18~40g,其余为水,最好每升稳定剂中含有钨酸钠 4~9g、咪唑 2~9g 和乙二胺四乙酸或其盐 5~20g,其余为水,所述的镀液 pH 调节剂是氨水、氢氧化钠、氢氧化钾或碳酸钾等;所述的纳米碳化硅的粒径最好是 20~40nm,所述的分散剂可以是阳离子表面活性剂,如十六烷基三甲基溴化铵等。

【产品应用】 本品主要应用于制备高硬度、高耐磨性的模具、刀具、量具,和冶金、纺织、化工、机械、航空、航天及能源等行业中使用的动轴承,并可满足出口欧盟、美国及日本的化学镀工件加工需要。

【产品特性】 本品所有原料均不含重金属,所采用的纳米碳化硅粉体纯度高、粒径小、分布均匀,硬度达到 4500HV,仅次于金刚石,同时具备耐磨性高、自润湿性能良好、热传导率高、热膨胀系数低及高温强度大等特点,而且还具有良好的吸波性能。因此得到的化学镀镀液不但对环境友好,而且制成的镀层的硬度在镀态达到 900~1000HV(550HT115),热处理后镀层的硬度接近 1300~1400HV(1200HT115),具备了硬度超越电镀硬铬和化学镀 Ni—P 合金的优越性能,并继承了化学镀的均镀性能,镀层不受基体材料的复杂外形的影响,镀后都保持材料的形状和比例,省去了电镀制备的后续打磨程序。同时镀液所有成分均可采用国产原料,使得镀液成本大幅度降低。

实例 26　中温化学镀镍溶液

【原料配比】

原　　料	配比(g/L)			
	1#	2#	3#	4#
硫酸镍	20	30	35	40
次磷酸钠	25	30	40	40

续表

原　　料	配比(g/L)			
	1#	2#	3#	4#
柠檬酸钠	50	2	35	30
乳酸	2	50	30	20
乙酸钠	50	2	20	40
水	加至1L	加至1L	加至1L	加至1L

【制备方法】 将各组分溶于水混合均匀即可。

【注意事项】 本品的中温化学镀镍溶液采用复合络合剂体系,使金属镍离子在溶液中达到最佳的络合状态,降低了镍沉积反应的活化能,从而降低了溶液的工作温度,同时提高了镍离子在溶液中的稳定性和溶液的沉积速度,获得性能优异的合金镀层。

【产品应用】 本品主要应用于化学镀镍。

工艺步骤:预处理的方法与传统化学镀镍溶液对工件的预处理的方法相同。将预处理后的工件悬挂并浸没于上面配制好并在一定温度保温的化学镀镍溶液中,1h 后取出,水洗、干燥,即可在工件表面获得 10 ~20μm 的合金镀层。

【产品特性】

(1)本品采用复合络合剂体系,使金属镍离子在溶液中达到最佳的络合状态,降低了镍沉积反应的活化能,从而降低了溶液的工作温度,使化学镀镍的反应能够在 50 ~80℃的温度下进行。

(2)本品采用的复合络合剂体系,能够提高镍离子在溶液中的稳定性和溶液的沉积速度。

(3)由于本品溶液自身的稳定性高,不需要在溶液中另外添加对环境有严重污染的重金属离子等物质作为稳定剂。

(4)本品的中温化学镀镍溶液的工作温度较低,对镀槽及加热设备要求较低,能量消耗小,即减少了设备及加热溶液的成本,又节约了能源。

(5)由于工作温度较低,本品可以适用于塑料等不耐高温的材料,不致引起材料的变形。

(6)在本品的溶液中获得的合金镀层具有优异的耐腐蚀性、耐磨性等性能。

(7)本品的中温化学镀镍溶液的沉积速度可达10~20μm/h,溶液使用寿命达8个周期。

(8)由于本品的中温化学镀镍溶液的优良的综合性能,可以将其应用于国民经济各方面的企业及各种材料、工件表面。

实例27　中温酸性化学镀镍—磷合金镀液

【原料配比】

原　　料	配比(g/L)		
	1#	2#	3#
硫酸镍	25	28	26
次亚磷酸钠	30	32	30
醋酸钠	15	18	12
硫脲	1.1mg	0.8mg	1.2mg
乳酸	11mL	10mL	13mL
冰醋酸	9mL	10mL	13mL
丁二酸	5	—	—
碘酸钾	6mg	—	—
苹果酸	—	8	—
碘化钾	—	10mg	8mg
柠檬酸	—	—	10
去离子水或蒸馏水	加至1L	加至1L	加至1L

【制备方法】

(1)去离子水或蒸馏水使固体药品主盐完全溶解、黏稠液体药品稀释成稀溶液,注意操作水量控制在配制溶液体积的3/4左右,不要超过规定体积。

(2)将完全溶解的络合剂、缓冲剂及其他添加剂在搅拌条件下与主盐溶液混合。

(3)加入稳定剂,也可在最后加入。

(4)将另配制的还原剂溶液在搅拌条件下与主盐和络合剂等溶液混合。

(5)用1∶1氨水或稀碱液调整pH值,稀释至规定体积。

(6)必要时过滤。

【注意事项】 其中冰醋酸和乳酸作为络合剂,硫脲和碘化钾或碘酸钾作为稳定剂,有机酸作为加速剂,硫酸镍作为主盐,次亚磷酸钠作为还原剂。

【产品应用】 本品主要应用于航空航天、石油化工、机械电子、计算机、汽车、食品、纺织、烟草和医疗等领域。

【产品特性】

(1)由于采用冰醋酸和乳酸作为复合络合剂,不但提高了镀液的稳定性,其镀液稳定性达到1800s以上,稳定常数为100%,而且使得镀速明显提高,经测试在施镀温度为70℃时镀速最高可达20.01μm/h,其镀层综合性能也较好,镀层的耐蚀性达到120s以上,硬度达到480HV。

(2)本品采用有机酸作为加速剂,由于该类化合物可提高施镀材料表面的自催化性能,因此其加速效果比较明显,当有机酸浓度为6g/L时,加速效果最明显,在施镀温度为70℃时,其最大镀速可达21.97μm/h,而且其镀液和镀层的综合性能也较佳(镀液稳定性大于1800s,稳定常数为100%,镀层与基体结合良好,镀层的耐蚀性达到120s以上,硬度达到480HV)。

(3)采用硫脲和无机碘化物作为稳定剂比采用其他种类的稳定剂效果要好,其镀液稳定性可达1800s以上,周期实验的稳定性大于10个周期,镀层的耐蚀性达到120s以上,硬度达到480HV。

(4)本品在周期实验中控制还原剂与主盐的添加比为1.1~1.4;每60min对镀后液进行浓缩液补充,添加比例按开缸液的8%~18%,镀液寿命大于10个周期,稳定常数均大于97%,镀速较高(第1周期为20.40μm/h,第10周期为12.10μm/h);所得镀层的硬度最高为1396HV,耐蚀性好(各周期均大于70s,最大为221s),磷含量稳定(始终保持在11%~12%)。

第十章 塑料助剂

实例 1 增塑剂(1)

【原料配比】

(1)通用增塑剂邻苯二甲酸二(2-乙基)已酯(DOP):

原　料	配比(质量份)
邻苯二甲酐	6.5
2-乙基已醇	14.5
催化剂钛酸四异丙酯	5
活性炭	5

(2)新型 105℃ 级耐高温增塑剂偏苯三酸三(2-乙基)已酯(TOTM):

原　料	配比(质量份)
偏苯三偏酐	96
2-乙基已醇	325
固体超强酸 SO_4^{2-}/ZrO 酯化催化剂	2
活性炭	2
NaOH 溶液(3%)	适量

(3)95℃特种塑料助剂对苯二甲酸二(2-乙基)已酯(DOTP):

原　料	配比(mol)
2-乙基已醇	3.5
对苯二甲酸	1
钛酸四丁酯催化剂	0.3
活性炭	1

(4)特种耐寒型增塑剂己二酸二异壬酯:

原　　料	配比(质量份)
己二酸	200
异壬醇	500
活性炭	1.5
氧化镁	0.5
催化剂钛酸四异丙酯	3

【制备方法】

(1)通用增塑剂邻苯二甲酸二(2-乙基)己酯(DOP)的制备:向带有填料塔、冷凝器的不锈钢酯化反应釜中加入邻苯二甲酐、2-乙基己醇、催化剂钛酸四异丙酯、活性炭,从室温加热到160~230℃之间进行酯化反应,反应3h后测定酯化反应液酸价5.0mgKOH/g,打开真空系统,在真空度-0.85~-0.72MPa下脱醇,将2-乙基己醇从酯化反应系统脱除后,反应液温度为110~160℃,酯化粗酯酸价下降为0.2mgKOH/g,经中和、汽提2.5h精制后,得DOP成品。

(2)新型105℃级耐高温增塑剂偏苯三酸三(2-乙基)己酯(TOTM)的制备:在装有搅拌器、温度计、冷凝器、醇水分离器的反应器中,加入偏苯三偏酐、2-乙基己醇、酯化催化剂、活性炭,在210℃条件下酯化反应3h后,偏苯三偏酐转化率为95.8%,粗酯的色泽80(APHA),切换成真空条件,在-0.95MPa下脱掉部分过量的2-乙基己醇,使反应温度下降为150℃,分离催化剂,催化剂可进行回收利用,然后用NaOH溶液中和粗酯,精制后,得到产品。

(3)95℃特种塑料助剂对苯二甲酸二(2-乙基)己酯(DOTP)的制备:在装有搅拌器、温度计、冷凝器、醇水分离器的反应器中,加入2-乙基己醇与对苯二甲酸,加入钛酸四丁酯催化剂、活性炭,在220℃的条件下反应酯化6.5h后,粗酯酯化终止点酸价为0.5mgKOH/g,粗酯的色泽120(APHA),脱掉过量的醇后,经中和、汽提,酯成品的酸价为0.07mgKOH/g,色泽为70(APHA),即得到本品。

(4)特种耐寒型增塑剂己二酸二异壬酯的制备:向带有搅拌器、温度计、冷凝器、醇水分离器的酯化反应装置中,分别加入己二酸、异壬醇、活性炭,搅拌加温到180℃后加入钛酸四异丙酯,再升温到220℃,3h测定酯化反应液酸价2.5mgKOH/g,真空度条件脱醇,回收异壬醇后,在液温100℃时,加入5%的Na_2CO_3溶液,分离水相后测定粗酯酸价0.021mgKOH/g,加入活性炭、氧化镁,在真空度为-0.9MPa条件下汽提0.5h,冷却后过滤酯液,得己二酸二异壬酯产品。

【注意事项】 适用于本品的酯化催化剂是非硫酸、非质子酸催化剂,主要有钛酸四丁酯、钛酸四异丙酯、钛酸四丁酯与钛酸四异丙酯复合催化剂、固体酸催化剂有氧化亚锡、草酸亚锡、氧化铝、偏铝酸钠、固体超强酸。

适用于本品工业化生产的酯化原料是有机酸或酐:邻苯二甲酸酐、偏苯三酸酐、对苯二甲酸、柠檬酸、己二酸、癸二酸、戊二酸;酯化反应原料醇为:正丁醇、2-乙基乙醇、正庚醇、正癸醇、正壬醇异庚醇、异癸醇、异壬醇。

【产品应用】 本品主要用作塑料增塑剂。

【产品特性】 本品可缩短工业生产周期,降低增塑剂产品生产成本。

实例2　增塑剂(2)

【原料配比】

原　　料	配比(质量份)
邻苯二甲酸二辛酯	0.3
环氧大豆油	0.2
氯化石蜡	0.5

其中氯化石蜡的配比为:

原　　料	配比(质量份)
液蜡	0.25
钯碳	0.005
氯气	0.55

【制备方法】

(1)氯化石蜡的制备:将液蜡进行预热使其充分融化,然后输送入氯化反应釜,加热到70~80℃;在氯化反应釜内加入钯碳,同时将氯气稳压调节后,经流量计将氯气输送入氯化反应釜内,进行氯化反应直至反应液中的氯含量达到50%~55%,得半成品氯化石蜡,进行氯化反应的温度为170~190℃。

(2)增塑剂的制备:反应结束,将半成品氯化石蜡输送入脱气釜内,用压缩空气吹除半成品氯化石蜡中溶解的氯化氢和氯气,然后向脱气釜内加入邻苯二甲酸二辛酯和环氧大豆油,用压缩空气吹20~30min,使氯化石蜡、邻苯二甲酸二辛酯和环氧大豆油充分混合,出料、计量、包装。

【注意事项】 所述氯化石蜡包括以下组分:液蜡0.2~0.3,氯气0.5~0.6,钯碳0.004~0.006。

【产品应用】 本品主要用作塑料增塑剂。

【产品特性】 本品以液蜡、氯气为主要原料,钯碳为催化剂制备氯化石蜡,节省了反应时间,降低了成本,然后压缩空气鼓吹,对氯化石蜡和氯化氢的分离效果好,使所制备的增塑剂的优品率高;本品所述的制备方法,安全性能稳定、降低能耗、降低了生产成本,提高了生产效率。

实例3 增塑剂(3)

【原料配比】

原料	配比(质量份)		
	1#	2#	3#
蓖麻油	20	25	—
橄榄油	—	—	40
甘油	50	45	30
丙三醇钠	0.5	—	—
丙醇钠	—	1	—
乙醇钠	—	—	0.5

续表

原　　料	配比(质量份)		
	1#	2#	3#
1,4-二氧六环	150	100	135
乙酸酐	60	—	—
丙酸酐	—	50	—
丁酸酐	—	—	40

【制备方法】 将植物油、甘油、催化剂于溶剂1,4-二氧六环中加热到120℃并反应1h,至混合物均一澄清。用质量分数为85%的磷酸中和催化剂,再于120℃下减压蒸馏除去1,4-二氧六环。用分液漏斗静置分层除去甘油。用体积比为40∶60的乙醇/水溶液萃取除去甘油酯,得到中间产物。然后将中间产物与酸酐在140℃下反应1h,真空蒸馏除去乙酸后得到最终产品。

【注意事项】 所述植物油常用的有橄榄油、蓖麻油、棉籽油均适用于本方法。

所述催化剂为醇钠。所述酸酐为乙酸酐、丙酸酐或丁酸酐,优选乙酸酐。

【产品应用】 本品主要用作塑料增塑剂。

【产品特性】 本品制备增塑剂的方法,简化了环保增塑剂的制备工艺,克服了常规方法中酯交换需达到250℃的高温、提纯需用分子蒸馏的缺点,所得增塑剂与邻苯二甲酸二异壬酯(DINP)的增塑效果相同,无毒,可降解,对绿色增塑剂的应用具有重要意义。

实例4　增塑剂(4)

【原料配比】

原　　料	配比(质量份)		
	1#	2#	3#
苯酐副产物(8%)	1.3	—	—

续表

原料	配比(质量份)		
	1#	2#	3#
苯酐副产物(20%)	—	40	—
苯酐副产物(40%)	—	—	66
玉米混合醇	0.52	15.8	30
有机锡类催化剂	0.0027	0.008	0.01

【制备方法】 取苯酐副产物和玉米醇混合,加入有机锡类催化剂,反应前期升温至85~100℃,使苯酐副产物完全溶解,以防止苯酐副产物中的苯甲酸升华,并维持2~4h,然后再正常升温210~230℃,反应过程中控制馏头温度为90~95℃,反应至酸价合格时,开始抽真空,直到产品的各项指标合格即得到用苯酐副产物改性的PVC增塑剂。

【产品应用】 本品主要用作塑料增塑剂。

【产品特性】 本品采用苯酐生产过程中产生的蒸馏轻馏分和环保低成本的玉米混合醇为原料,既可解决苯酐生产过程中产生的蒸馏轻馏分的回收利用问题,防止环境污染,减少蒸馏轻馏分回收利用的投资,拓展生物能源的应用领域,又可降低增塑剂的成本。

实例5 增塑剂(5)

【原料配比】

原料	配比(mol)		
	1#	2#	3#
聚酯瓶片	1	1	—
涤纶碎布	—	—	1
2-乙基己醇	4	6	20
钛酸四丁酯	0.5	1	—
固体酸催化剂	—	—	0.5
碳酸钠水溶液	3	—	3
氢氧化钠水溶液	—	3	—

【制备方法】

(1)把经洗涤、粉碎后的废聚酯与2-乙基已醇加入反应器中,搅拌升温至170~230℃,加入催化剂进行降解反应,反应时间控制在3~15h。

(2)反应过程生成的乙二醇随2-乙基已醇一同蒸出,混合蒸气冷凝回流,经过水洗器除去乙二醇并回收乙二醇,脱除乙二醇后的2-乙基已醇返回反应器继续参与反应。

(3)降解反应后,反应物在50~100℃温度下用碱水溶液洗涤,反应物继续在50~100℃温度下用水洗涤,分离水层和有机层;有机层中加入吸附剂,用量为废聚料质量的5%,减压蒸馏除去未反应的2-乙基已醇以及水分,过滤除去吸附剂以及固体杂质,催化剂同时被经水洗过滤方式分离,滤液即为产品增塑剂DOTP。

【注意事项】　所述废聚酯料选用:饮料或食品包装聚酯瓶、聚酯纤维丝、涤纶布边角料以及含有聚酯成分的高分子废料。

所述催化剂选自钛酸酯、金属醋酸盐、金属羧酸盐、固体酸、金属氯化物中的一种或几种。

所述碱选用氢氧化钾、氢氧化钠、碳酸钠、碳酸钾中的一种或几种。

【产品应用】　本品主要用作塑料增塑剂。

【产品特性】　本反应为可逆反应,为有利于反应向正向进行需要将生成的乙二醇不断从反应体系中移出,破坏酯交换反应平衡,本品采用加入过量的2-乙基已醇的方法,利用乙二醇与2-乙基已醇迅速形成共沸物,回流液经过水洗,而使乙二醇离开反应体系,缩短反应时间,故本品工艺流程短,生产成本低。

本品的原料之一,废聚酯可以是聚酯纤维、废旧涤纶布以及边角料、废聚酯瓶、聚酯薄膜等,原料的形态对反应过程和产品质量影响不大。

本品的工艺过程催化剂的去除方法采用水洗过滤方式,在中和水洗过程中同时去除了催化剂,不必针对催化剂的除去问题增加另外的工艺操作,缩短了工艺流程,降低生产成本。

实例6　增塑剂(6)

【原料配比】

原　　料	配比(质量份)
醋酸溶液	5
混合 C_9 芳烃	1
催化剂	30
多元混合苯羧酸	90
钛酸四丁酯的辛醇溶液(10%)	6(体积份)
活性炭	1

【制备方法】

(1)氧化反应:在配有冷凝器、回流冷凝器及在下部配有气体分配器的钛制压力塔式反应器内,装入由醋酸溶液和铂重整分离的混合 C_9 芳烃及催化剂组成的混合液体,在2.0MPa的压力下,前期控制反应温度在180℃±10℃,后期控制反应温度在200℃±10℃,以5m³/h的速度通入空气到反应塔内(折标态),反应时间为3.5h,反应完全后利用吹入反应系统的压缩空气使系统降温,当反应液的温度降至130℃时,将系统内的压力降至0.2MPa,打开放料阀使反应产物进入闪蒸罐,对反应产物进行闪蒸,使总量20%的醋酸溶液和反应产生的水得到初步分离,反应产物得到浓缩,再将闪蒸后的浓缩反应物降至室温,在-0.09MPa下真空过滤,再经两次醋酸洗涤和过滤,干燥后得到混合苯羧酸混合物。

(2)酯化反应:在配有冷凝器、醇水分离器、搅拌器及温度、压力显示器的500mL玻璃四口烧瓶中,加入磁性转子、辛醇、多元混合苯羧酸、10%的钛酸四丁酯的辛醇溶液及活性炭。然后开始搅拌,在 N_2 保护下升温至130~150℃,直至多元混合苯羧酸全部与辛醇溶为一体,此过程约需1h,而后开启冷凝器循环水、开启真空泵,使反应系统慢慢加入真空状态(-0.02MPa),使酯化反应产生的水与辛醇共沸,经冷凝、醇水分离、辛醇返回反应体系,在-0.02MPa,190~210℃下反应2~3h,当酯化率达到98%以上时,可视为酯化完毕,在80℃下用15%

的150(体积)碳酸钠溶液洗涤15min,然后分层,排出碱液层,再用150(体积份)清水洗涤15min,再静置,分离去水层,在-0.09MPa,180~200℃条件下脱醇45min,降温,在80℃,-0.08MPa下真空吸滤,可得无色透明的混合苯羧酸酯,以混合苯羧酸计收率为86.7%,同时回收辛醇52g,以辛醇计收率为85%。

【产品应用】 本品主要用作塑料增塑剂。

【产品特性】 本品具有价格低、性能优良的优点,其制造方法便于大规模工业化生产。

实例7　苯甲酸酯类增塑剂

【原料配比】

原　料	配比(质量份)	
	1#	2#
苯甲酸的甲苯混合液(58.01%)	3	3
二甘醇	0.9	—
甲醇	—	1.8
锌粉	0.087	—
苦土粉	—	0.15
浓硫酸	—	0.1

【制备方法】 将苯甲酸的甲苯混合液加入装有温度计和回流冷凝管的反应器中,通过冷凝管慢慢加入工业二甘醇或甲醇、锌粉,再慢慢滴入浓硫酸,加热回流4h,冷却,搅拌下慢慢加入苦土粉,继续搅拌1h,静置2h,倾出上层清液,常压蒸馏回收甲醇和甲苯,减压精馏收集104~105℃/5.20kPa,馏分为苯甲酸甲酯,产率≥96%,含量≥98%。

【产品应用】 本品主要用作塑料增塑剂。

【产品特性】 本品采用空气氧化塔排出的含苯甲酸和甲苯混合物,不经降温直接与多元醇反应的方法降低能耗,利用某些金属的还原作用对原料进行脱色脱臭,同时生成的相应苯甲酸盐是高效的酯化催化剂,可缩短反应时间,还通过酯化后直接进行减压蒸馏的方法免除了以往酯化后降温碱洗除酸所带来的麻烦,缩短了生产周期。从而,应用了简单的方法,既降低了生产成本,又提高了产品质量。

实例8　低分子量聚酯增塑剂

【原料配比】

原　　料	配比(mol)	
	1#	2#
半成品	1	1
一元醇及一元酸的混合酯	1.3	1.5

其中半成品配比为:

原　　料	配比(mol)	
	1#	2#
多元醇	1	1
多元酸	0.6	0.7
一元醇	0.3	0.5

【制备方法】

(1)将多元醇、多元酸、一元醇加入反应器中,并在150~190℃下投入非酸性酯化反应催化剂,搅拌,反应温度为180~225℃,反应过程中,排出反应生成的水及带水的醇,醇再回流到反应器,反应3~8h,待反应酸值到0.5mgKOH/g以下时,酯化反应结束,得半成品。

(2)将步骤(1)得到的半成品与一元醇及一元酸的混合酯在金属醋酸盐类催化剂存在的情况下进行酯交换反应,搅拌,反应温度为160~205℃,反应2~3h,待反应酸值在0.1mgKOH/g以下时,酯交换反应结束,将多余的一元醇及一元酸混合酯、一元醇蒸出反应器,得到的产物经脱色、过滤后得成品,并降温至30℃以下时进行包装。脱色的处理方法是:脱色在脱色釜中进行,当温度降至130℃投入一定量的活性炭进行脱色。脱色投入的原料:活性炭,颗粒与粉状混用,用量为需脱色产物质量的0.2%～0.5%。脱色的工艺条件:温度120～130℃,压力:真空,搅拌时间:0.5～1h。过滤的具体方法是:脱色釜降温至100℃以下时用泵送至芬达过滤机进行过滤,活性炭及一些固体杂质被清除后得到淡色、澄清的产品。

【注意事项】 多元醇是乙二醇(或聚乙二醇、丙二醇、聚丙二醇、1,4-丁二醇、新戊二醇、1,10-癸二醇);一元醇是正丁醇(异丁醇、异辛醇、正辛醇、正癸醇或2-乙基己醇);多元酸是丁二酸(己二酸、辛二酸、戊二酸或癸二酸),混合二元酸(尼龙酸、丙二酸)。非酸性酯化反应催化剂是氧化亚锡(或草酸亚锡、铝酸钠、钛酸酯、氧化钛、氧化锌、氧化镁)。

所述一元醇及一元酸混合酯是辛酸辛酯(或己酸辛酯、癸酸辛酯、2-乙基己酸辛酯、己酯及癸酯),金属醋酸盐类做催化剂是醋酸锑(或醋酸锌、醋酸钴、醋酸锰、醋酸钙、醋酸镁、醋酸锡中的一种或几种)。

【产品应用】 本品主要塑料增塑剂。

【产品特性】 本品的闪点比DOP高出25℃,体积电阻率高出一个数量级,性能优于DOP,且属于非邻苯环保无毒增塑剂,是具有优良性价比的环保增塑剂产品,生产工艺简单,易操作。

实例9 对苯二甲酸二辛酯增塑剂(1)

【原料配比】

原料		配比(质量份)	
		1#	2#
涤纶废布		41	41
辛醇		61	61
催化剂	醋酸锌	1	—
	钛酸四丁酯	—	0.8

【制备方法】

(1)将清洗、干燥后的涤纶废布切碎,投入反应釜。

(2)向反应釜添加辛醇,加温至100℃。

(3)真空脱水。

(4)向反应釜添加催化剂,加温至170~180℃,4~6h,废涤纶被辛醇降解后再与辛醇进行酯交换。

(5)将步骤(4)所得物料中和,汽提脱色、真空脱水分离出乙二醇溶液,再经压滤,生产出对苯二甲酸二辛酯增塑剂成品。

【产品应用】 本品主要用作塑料增塑剂。

【产品特性】

(1)传统制造增塑剂是采用石油加工产品——苯二甲酸(TPA)或苯二甲酸二甲酯(DMT)作原料,成本高。本品采用不可降解、污染环境的涤纶废布作原料制造DOTP,变废为宝,减轻环境保护的负担,降低生产成本及售价,工艺简单,其副产品乙二醇溶液可用作汽车发动机的防冻冷却液,具有良好的经济效益和社会效益。

(2)本品采用单一的醋酸锌或单一的钛酸四丁酯作为催化剂,有助于降低醇解和酯交换反应所需的温度、提高其反应速度及生产效率,简化工艺程序、降低生产成本。

实例10 对苯二甲酸二辛酯增塑剂(2)

【原料配比】

原料	配比(质量份)	
	1#	2#
工业水	2	2
对苯二甲酸	1	1
辛醇	2~2.4	2~2.4
催化剂1(乙酸钴:乙酸锌=1:1)	0.0015	0.0015
催化剂2 钛酸四丁酯	0.003	0.003
活性炭	0.003	0.003
碳酸钠(2%)	—	20~25
双氧水(28%~30%)	—	1~1.5

【制备方法】

(1)首先将对苯二甲酸进行水洗或酸洗;往洗涤釜中加入工业水,在搅拌下投入对苯二甲酸,工业水与对苯二甲酸的体积比为2∶1,待分散均匀测定悬浮液pH值,pH值大于6时加入1∶1的硫酸,调节pH值小于5;开启蒸汽阀门,使物料温度达到60~70℃,时间持续30min,开启离心机,打开洗涤釜下球阀均匀往离机送入浆料,保持湿并水分小于10%,同时用少量工业水洗涤,滤饼。

(2)然后将滤饼放入干燥系统除去游离水分,得对苯二甲酸干剂;热风入口温度为120~130℃,物料出口温度为40~60℃,湿含量≤2%。

(3)干燥的对苯二甲酸按规定比例投入酯化釜中,并将规定比例的辛醇、活性炭加入酯化釜中用导热油加热至120℃,除去游离水,然后加入称量好的乙酸钴与乙酸锌1∶1(质量比)混合构成的催化剂1,继续升温至170℃,有大量水形成,开回流冷凝器冷却水阀;从视窗看到有沉降后,加入催化剂2钛酸四丁酯,并及时用少量辛醇冲洗管道防止堵塞。

(4)随出水量增加酯化釜物料温度逐渐上升,酯化最终温度控制在200~230℃,取样测酸度,酸度≤0.3时视反应结束;从过滤器及冷却器将酯化物温度降至90℃左右,使酯化物呈清亮黄—橙色溶液。

(5)用碳酸钠水溶液中和粗酯,按碳酸钠水溶液占投料质量分数为20%~25%的比例,时间20min,然后用75~85℃热水水洗20min,如因乳化使分层缓慢可加入50~100mg/kg破乳剂使用分层加快。

(6)水洗后粗酯加入双氧水,双氧水占投料数质量分数的1%~1.5%,10min均匀加完,在80~110℃脱色20min。

(7)脱色后开动精制釜真空系统,在真空-0.08~0.09MPa条件下加热物料至175~180℃脱除未反应的辛醇,20min后打开釜底蒸汽阀进行水蒸气蒸馏,通蒸汽时间视产品闪点而定,经取样分析闪点达到180℃时可停止加入蒸汽。蒸汽冷凝水与辛醇在回收罐中分离后排出废水,回收辛醇。

(8)取样分析闪点达到180℃后,将脱完辛醇的增塑剂的温度控制在110℃以内,然后经油泵输送到过滤机内过滤,滤完后的增塑剂达到清亮透明的淡黄色即可入成品罐。

【产品应用】 本品主要用作塑料增塑剂。

【产品特性】 本品生产的增塑剂对苯二甲酸二辛酯(DOTP)是一种性能优异的增塑剂。其力学性能比邻苯二甲酸二辛酯(DOP)更为优良,其耐电性、耐热性、低温挥发性等方面均优于DOP。本品在PVC塑料电缆护套中可替代DOP,也可用于人造革膜的生产。此外,具有优良的相容性,例如用于橡胶制品的密封条,在混炼时无粘辊现象,其混炼速度快,产品表面光滑,没有气泡,拉伸性能好,并起着提高制品硬度和变形性的作用。

总之,本品具有降低成本、性能优良、使用范围广等优点,其性能远远优于用邻苯二甲酸二辛酯为主成分的增塑剂。

实例11 二甘醇二苯甲酸酯增塑剂

【原料配比】

原料	配比(质量份)						
	1#	2#	3#	4#	5#	6#	7#
苯甲酸	13300	13300	13400	13500	13500	13700	13700
二甘醇	6700	6700	6600	6500	6500	6300	6300
复合催化剂钛酸四异丙酯与固体钛基化合物	10	16	14	10	14	12	16
硅藻土	20	25	20	30	25	30	20
活性炭	25	30	25	25	25	20	25

【制备方法】

(1)在装有搅拌器、温度计、精馏塔、冷凝器的不锈钢反应釜中,加入苯甲酸和二甘醇,升温,在升温过程中苯甲酸开始溶解;这时的温度没有特别,只要加热到苯甲酸溶解即可。

(2)等到苯甲酸全部溶解后,开启搅拌器,加入复合催化剂。

(3)继续升温,温度达到190℃~210℃,保温4~6h,使反应彻底。

(4)反应完毕,降温至190℃ ±2℃,减压脱醇,得到二甘醇二苯甲酸酯的粗制品。

(5)加入硅藻土和活性炭,进行脱色、过滤,得到二甘醇二苯甲酸酯产品。

【产品应用】 本品主要应用于聚氯乙烯等多种树脂。广泛用于PVC塑料薄膜、压延法人造革、塑料凉鞋、泡沫拖鞋、PVC电缆料、牛筋鞋底、发泡PVC鞋料、橡胶鞋料、门窗与车般密封条、PVC板材、装饰材、发泡硬板等产品中。

【产品特性】 本品的制备方法和一般的溶剂法相比较,具有工艺操作安全稳定、造价低,不污染环境等特点。DEDB和PVC相容性好,使用本品可缩短捏合时间和塑化时间,在同等加工条件下,比DOP、DBP有节能效果,同时赋予制品更好的光亮度和稳定性,且挥发度小,耐油性、耐水性、耐污染性和耐光变性好,闪点高,使用安全,其耐低温性能比DOP好。

实例12 环保型增塑剂(1)

【原料配比】

原　　料	配比(质量份)	
	1#	2#
二甘醇二苯二甲酸(DEDB)	30	70
环氧大豆油	60	—
棕榈油	—	20
低芳三线油	10	10

【制备方法】 将原料充分混合即可。

【产品应用】 本品主要用作塑料增塑剂。

【产品特性】 本品使三种原料各自的优点得到充分发挥,改善原来各自不能成为主增塑剂的缺点,混合成为一种主增塑剂,且生产过程极其简单,投资少。二甘醇二苯甲酸酯(DEBP)由于黏度大,不能单独用于PVC软产品的生产。环氧大豆油或棕榈油相溶性较差,也不能单独使用。低芳三线油与 PVC 也不能很好相溶,但混合后可充分发挥它们的优点。

实例 13 环保型增塑剂(2)

【原料配比】

原料	配比(质量份)									
	1#	2#	3#	4#	5#	6#	7#	8#	9#	10#
丙烯酸改性环氧植物油	30	30	30	30	30	30	30	30	30	30
环氧大豆油	60	60	60	60	60	60	40	50	50	60
十二烷基苯	10	—	10	—	10	10	2	—	10	5
白油矿	—	—	—	—	—	—	—	2	—	—
AEO—3	10	—	—	—	—	—	—	—	—	—
AEO—9	—	—	—	—	—	10	—	—	2	5
AEO—12	—	—	—	—	—	—	2	—	—	—
AEO—15	—	—	—	—	—	—	—	10	—	—
重烷基苯	—	10	—	10	—	—	—	—	—	—
聚氧乙烯壬基苯酚醚	—	10	—	—	—	—	—	—	—	—
聚氧乙烯辛基酚醚	—	—	10	—	—	—	—	—	—	—
聚氧乙烯十二烷基苯酚醚	—	—	—	10	10	—	—	—	—	—

其中丙烯酸改性环氧植物油配比为:

原料	配比(质量份)							
	1#	2#	3#	4#	5#	6#	7#	8#
环氧大豆油	100	100	100	100	100	100	100	100
三苯基膦	0.1	2	1	1	1	2	1	1

续表

原料	配比(质量份)							
	1#	2#	3#	4#	5#	6#	7#	8#
三乙基苄基溴化铵	0.5	—	—	—	—	—	—	1.5
双十二烷基二甲基溴化铵	—	3.5	—	—	—	—	—	—
十二烷基二甲基苄基氯化铵	—	—	—	—	—	—	1.5	—
相转移催化剂	—	—	—	1.5	—	—	—	—
四辛基氯化铵	—	—	1.5	—	—	—	—	—
三辛基甲基溴化铵	—	—	—	—	1.5	—	—	—
三丁基苄基溴化铵	—	—	—	—	—	3.5	—	—
三乙胺	0.1	3	1	1	1	3	1.5	1.5
对苯二酚	1	0.02	0.02	0.02	0.02	1	0.04	0.004
丙烯酸	20	20	5	15	15	20	15	15

原料	配比(质量份)						
	9#	10#	11#	12#	13#	14#	15#
环氧大豆油	100	—	—	—	—	—	—
环氧亚麻油	—	100	—	—	—	—	—
环氧花生油	—	—	100	—	—	—	—
环氧棉籽油	—	—	—	100	—	—	—
环氧菜籽油	—	—	—	—	100	—	—
环氧茶油	—	—	—	—	—	100	—
环氧橄榄油	—	—	—	—	—	—	100
三苯基膦	1	1	1	1	1	1	1
三乙基苄基溴化铵	1.5	1.5	1.5	1.5	1.5	1.5	1.5
三乙胺	1.5	1.5	1.5	1.5	1.5	1.5	1.5
对苯二酚	0.04	0.04	0.04	0.04	0.04	0.04	0.04
丙烯酸	15	15	15	15	15	15	15

【制备方法】

(1)环氧植物油丙烯酸改性处理:环氧植物油油浴加热至654~90℃,滴加含三苯基膦、相转移催化剂、三乙胺、对苯二酚和丙烯酸的混合溶液,控制滴加速度使混合液在20~60min滴加完毕,待混合溶液滴加完后将油温升高至95~135℃,继续恒温反应1.5~3.5h后停止反应。首先以50~60℃的稀纯碱水将产物洗涤至pH值为5~6,然后依次用饱和食盐水和软水将产物洗涤至pH值为7。

(2)脱水处理:将步骤(1)得到的改性环氧植物油转移到减压蒸馏釜中,在温度为60~100℃,真空度0.03~0.09MPa的条件下减压蒸馏脱除水分,降至室温得到丙烯酸改性环氧植物油。

(3)增塑剂的制备:将丙烯酸改性环氧植物油、环氧植物油、稀释剂、降黏剂加入混合釜,将混合物加热到50~80℃,搅拌1~1.5h后获得聚氯乙烯增塑剂组合物。

【注意事项】 所述环氧植物油的环氧值为1.5%~8%,包括环氧菜籽油、环氧棉籽油、环氧大豆油、环氧亚麻油、环氧花生油、环氧葵花油、环氧茶油、环氧橄榄油、环氧棕榈油中的一种或一种以上的混合物。

所述相转移催化剂包括三乙基苄基溴化铵,三丁基苄基溴化铵,十二烷基二甲基苄基氯化铵,四甲(乙、丙、丁、辛、壬)基氯(溴、碘)化铵,十二(十四、十六、十八)烷基三甲基氯(溴、碘),双十(十二、十四、十六、十八)烷基二甲基氯(溴、碘)化铵,三辛(壬、十、十二、十四、十六、十八)基甲基氯(溴、碘)化铵中的一种或一种以上的混合物。

所述稀释剂包括白矿油、十二烷基苯、重烷基苯或其他直链烷基苯中的一种或一种以上的混合物。

所述降黏剂包括聚氧乙烯壬基苯酚醚,聚氧乙烯辛基苯酚醚,聚氧乙烯十二烷基苯酚醚,脂肪醇聚氧乙烯醚(AEO—3、AEO—4、AEO—5、AEO—6、AEO—7、AEO—8、AEO—9、AEO—12、AEO—15、AEO—20、AEO—23)中的一种或一种以上的混合物。

本品的原理是:在相转移催化剂和环氧开环催化剂的共同作用下,环氧植物油开环与丙烯酸酯化生成丙烯酸改性环氧植物油,它与环氧植物油、降黏剂、稀释剂配伍构成增塑剂组合物，因丙烯酸改性环氧植物油在聚氯乙烯热塑成型过程中可发生一定程度的聚合，与聚氯乙烯形成互穿网络结构，因此它不但与聚氯乙烯的相容性较好，而且可以阻滞环氧植物油从聚氯乙烯中析出，改性环氧植物油、环氧植物油、降黏剂和稀释剂相互配伍，表现出优异的塑料相容性、流变性能和增塑性能，在功能上完全达到邻苯二甲酸酯类增塑剂的水平，可用作聚氯乙烯主增塑剂。

【产品应用】 本品主要用作聚氯乙烯增塑剂。

【产品特性】

(1)本品增塑性能优异，与聚氯乙烯相容性好，可用作聚氯乙烯的主增塑剂，不含邻苯二甲酸酯类物质，符合欧盟对儿童用品、食品包装和药品包装用增塑剂的环保要求。

(2)普通环氧大豆油因黏度太大，用于糊化聚氯乙烯增塑剂时，难以使糊化树脂的黏度达到成型加工的要求。本品的黏度低于普通的环氧植物油增塑剂，降黏剂与稀释剂配伍作用可有效降低糊化聚氯乙烯树脂的黏度，方便注塑加工。

(3)本制备方法中，开环反应与酯化改性反应同时进行，制备工艺简单，生产效率高。

(4)本制备方法中，催化剂与丙烯酸逐渐滴加到环氧植物油中，产品的放大效应小，避免丙烯酸改性环氧植物油发生自聚反应，保证反应产物具有无色透明的外观和较低的黏度，符合聚氯乙烯加工中对增塑剂的要求。

(5)本制备方法所用原料选择范围宽，原料来源广泛，可以有效地降低生产成本。

实例14　环保型增塑剂(3)

【原料配比】

原　料	配比(质量份)
生物柴油	1000
硫酸(98%)	13

续表

原　料	配比(质量份)
冰醋酸(80%)	80
双氧水(35%)	400
纯碱溶液(10%)	适量

其中生物柴油配比为:

原　料	配比(质量份)
植物油	600
硫酸铝(30%)	1
甲醇	166
甲醇钠	3

【制备方法】

(1)生物柴油的制取:将植物油装入加热罐,加热升温至60℃,加入硫酸铝,搅拌20min,保温静置24h,将底层胶质与杂质分出。用作生物肥料。把上层净化后的植物油、甲醇、甲醇钠按顺序加入反应釜,封闭加料口,搅拌并升温至70℃,经冷凝器冷凝回流2h后,将过量的甲醇由真空泵抽出至甲醇罐装酯分出,然后将上层已转化的粗单酯加入分馏塔进行分馏,分馏出170~360℃馏段的精单酯,再经冷却器冷却后进入成品罐待用,所述生物柴油含碳量低,含氧量高,十六烷值为45以上。

(2)将已制取的生物柴油放入反应釜中,加入硫酸铝、冰醋酸,然后加热升温至50~60℃,滴加双氧水,10h滴加完后静置2h再将生物柴油环氧化。将上层环氧脂肪酸酯进入中和罐,用纯碱溶液进行中和至中性,再经真空脱水、压滤机过滤进入成品罐即可。

【产品应用】　本品主要用作塑料增塑剂。

【产品特性】　本品以生物柴油为原料制取,成本低、无毒性、对环氧无污染且环保性能强,它不仅对PVC有增塑作用,能改善PVC制品的塑性,增加稳定性和耐候性,有效延长PVC制品的使用寿命,将其与金属稳定剂同时应用,还能起到协同作用,效果十分显著。此外,本品还具有构思新颖独特、制作工艺简便、适合推广应用、发展前景广阔等优点。

实例15　环烯类酸酐增塑剂

【原料配比】

原　　料	配比(质量份)
异壬醇	2.6
1,2,3,6-四氢邻苯二甲酸酐	1
四异丙基钛酸酯	200mg/kg
抗氧化剂	300mg/kg
催化剂	5%

【制备方法】

(1)将异壬醇和1,2,3,6-四氢邻苯二甲酸酐加到反应釜中,在搅拌情况下升温至160~180℃,进行单酯化反应。

(2)在升温至160~180℃时,加入四异丙基钛酸酯和抗氧化剂,抗氧化剂可以在已知的抗氧化剂成分中选择,例如可以选择亚磷酸酯系抗氧化剂、次磷酸或受阻酚系抗氧化剂等中的一种或几种。

(3)继续升温至225℃,持温2~5h进行双酯化反应,使酸值降至0.3mgKOH/g以下,加碱中和至小于0.05mgKOH/g。

(4)降温至210~215℃,进行减压脱醇1.5h。

(5)降温至95~98℃,加入催化剂,搅拌30min后升温至110℃减压脱水,至含水质量分数小于0.05%。

(6)加入活性炭、硅藻土脱色过滤,得到成品。

【产品应用】　本品主要用作聚氯乙烯增塑剂。

【产品特性】　本品增塑剂产品可以取代DOP、DINP等传统邻苯型或对苯型增塑剂添加应用于PVC塑料产品中,其不含有苯环结构,因而对环境友好、对人体无毒,经实际检测,与传统产品相比,其与PVC体系具有更加良好的混溶性。

实例16　环氧甘油二酸酯增塑剂

【原料配比】

原　料	配比(质量份)	
	1#	2#
大豆油	100	76
过氧乙酸	30	24
氢氧化钾溶液	—	5

其中过氧乙酸溶液配比为:

原　料	配比(质量份)	
	1#	2#
冰醋酸(99%)	16	13
双氧水(25%~28%)	11	10
硫酸(98%)	3	1

【制备方法】

(1)过氧乙酸溶液的制备:在耐酸容器中加入冰醋酸、双氧水、硫酸,混合搅拌均匀后,在20℃下静置30h,即得无色透明、有强烈刺激气味的过氧乙酸溶液。

(2)在装有搅拌器、温度计、冷凝器和平衡加料漏斗的搪瓷反应釜中,加入大豆油,在搅拌下(80~90r/min)升温60~80℃,然后经平衡加料漏斗慢慢加入过氧乙酸母液的1/2,过氧乙酸与大豆油反应时会放热使温度升高,应控制加入速度,保持内温在60~80℃下反应,保温反应120min。

(3)反应结束后,降至室温,用分液漏斗将反应液分离。分离出的油相部分再加入反应釜中,升温60~80℃,加入剩余的过氧乙酸母液,在60~80℃下恒温反应3~5h。

(4)降至室温,再次用分液漏斗将反应液进行分离。分离出的上层油相,用氢氧化钾溶液洗涤,洗涤温度应低于40℃。

(5)用氢氧化钾溶液洗涤过的油相，再用40℃的水洗，水洗后，再在98.6～101.1kPa、80～125℃下进行减压蒸馏，即制得环氧甘油二酸酯增塑剂成品。

【产品应用】 本品主要应用于塑料加工业需要增塑剂的各个领域，尤其适用于食品包装用塑料薄膜和医疗包装塑料及接触人体的塑料材料、环保可降解塑料。

【产品特性】 本品具有反应条件温和，工艺操作稳定，造价低，不污染环境等特点。这种环氧甘油二酸酯增塑剂可用于塑料加工业需要增塑剂的各个领域。这种环氧甘油二酸酯增塑剂尤其适用于食品包装用塑料薄膜和医疗包装塑料及接触人体的塑料材料、环保可降解塑料。

实例17 环氧类增塑剂

【原料配比】

<table>
<tr><th colspan="2" rowspan="2">原　料</th><th colspan="5">配比(质量份)</th></tr>
<tr><th>1#</th><th>2#</th><th>3#</th><th>4#</th><th>5#</th></tr>
<tr><td colspan="2">生物柴油</td><td>500</td><td>500</td><td>500</td><td>500</td><td>500</td></tr>
<tr><td colspan="2">乙酸</td><td>50</td><td>—</td><td>—</td><td>37.5</td><td>—</td></tr>
<tr><td colspan="2">甲酸</td><td>—</td><td>75</td><td>40</td><td>37.5</td><td>30</td></tr>
<tr><td colspan="2">丙酸</td><td>—</td><td>—</td><td>—</td><td>—</td><td>10</td></tr>
<tr><td colspan="2">异丙酸</td><td>—</td><td>—</td><td>—</td><td>—</td><td>—</td></tr>
<tr><td colspan="2">去离子水</td><td>50</td><td>75</td><td>40</td><td>40</td><td>50</td></tr>
<tr><td rowspan="5">催化剂离子络合剂</td><td>强酸型</td><td>5</td><td>7.5</td><td>7.5</td><td>—</td><td>—</td></tr>
<tr><td>强酸型阳离子树脂</td><td>—</td><td>—</td><td>—</td><td>4</td><td>6</td></tr>
<tr><td>乙二胺四乙酸二钠盐</td><td>0.05</td><td>—</td><td>—</td><td>0.04</td><td>0.01</td></tr>
<tr><td>乙二胺四乙酸四钠盐</td><td>—</td><td>—</td><td>—</td><td>—</td><td>0.01</td></tr>
<tr><td>乙二胺四乙酸</td><td>—</td><td>0.075</td><td>0.075</td><td>—</td><td>0.03</td></tr>
<tr><td colspan="2">过氧化氢液体(36%)</td><td>200</td><td>—</td><td>—</td><td>—</td><td>—</td></tr>
<tr><td colspan="2">过氧化氢液体(50%)</td><td>—</td><td>300</td><td>—</td><td>—</td><td>—</td></tr>
</table>

续表

原　料	配比(质量份)				
	1#	2#	3#	4#	5#
过氧化氢液体(30%)	—	—	180	—	—
过氧化氢液体(45%)	—	—	—	150	—
过氧化氢液体(27%)	—	—	—	—	150

【制备方法】

(1)在搪玻璃搅拌反应器中,分别加入生物柴油、有机酸、去离子水、催化剂、离子络合剂,在搅拌情况下升温至55℃,停止加热待用。

(2)将27%～50%的过氧化氢液体加入汽化器中,搅拌下加热使液体中的H_2O_2解析成气态的H_2O_2,并且通入上述搪玻璃搅拌反应器中的液相中,开始环化反应;环化反应温度控制在60℃,环化4h后得到环氧型增塑剂的粗品。

(3)将得到的粗产品首先在30℃下静置分层1h得到增塑剂粗产品,然后在40℃下用水洗涤、在110℃下脱水1h,最后过滤得到成品。

【产品应用】 本品主要应用于接触性的食品饮料包装材料、医疗用品材料、供水系统材料、儿童玩具等塑料制品;同时可作为塑料、橡胶的柔软剂和分散剂以及环保型表面活性剂等原料等。

【产品特性】 本品制备方法工艺过程简单,操作容易控制,成本低廉。本品所获得的环氧型塑料增塑剂产品具有良好的相容性,可以代替DOP大比例的加入PVC制品加工过程中,添加比例可高达30%;本品方法获得的环氧型塑料增塑剂产品具有环氧油作为增塑剂与稳定剂时具备的制品韧性优良、相容性好、挥发性低、迁移性小、对光和热有良好的稳定作用等特点,可用于接触性的食品饮料包装材料、医疗用品材料、供水系统材料、儿童玩具等塑料制品;同时可作为塑料、橡胶的柔软剂和分散剂以及环保型表面活性剂等原料等。

实例18 高耐候多效环保复合热稳定剂

【原料配比】

原料		配比(质量份)	
		1#	2#
硬脂酸钙		30	30
硬脂酸锌		20	20
疏水性纳米水滑石		19	19
超分散剂		1	1
表面改质剂	季戊四醇酯	5	—
	亚磷酸三苯酯	—	5
润滑剂	聚乙烯蜡	10	—
	单甘酯	—	10
复合热稳定剂	环氧大豆油	15	—
	二苯甲酰甲烷	—	15

注 制备超分散剂时,丙烯酸与聚乙二醇的质量比为1:0.8,马来酸酐、丙烯基磺酸钠和丙烯酸聚乙二醇单酯的质量比为50:35:15。

【制备方法】 先把硬脂酸钙、硬脂酸锌、疏水性纳米水滑石和超分散剂加入反应釜中充分混合;然后取混合物料,加入捏合机中加热并搅拌,加入表面改质剂,在100~110℃下捏合20min,再向捏合机中加入润滑剂和复合热稳定剂,捏合搅拌30min,出料压片、筛分、包装,即得成品。

【注意事项】 疏水性纳米水滑石由以下方法制得:

(1)配制溶液A:2×10^{-3}moL/L的油酸钠水溶液。

(2)配制溶液B:将镁盐和铝盐按照物质的量比(2:1)~(3:1)的比例混合配制成Mg^{2+}浓度为0.3~0.6mol/L的水溶液[如将98.59g$MgSO_4\cdot7H_2O$和66.64g$Al_2(SO_4)_3\cdot18H_2O$溶解于500(体积)去离子水]。

(3)配制溶液C:将KOH或NaOH与Na_2CO_3或K_2CO_3按OH^-/

CO_3^{2-}物质的量比为(12∶1)~(16∶1)的比例混合即得(如将48gNaOH与10.6gNa_2CO_3溶解于500mL去离子水)。

(4)取500mL溶液A放入2L三颈烧瓶,水浴加热至40~60℃,在剧烈搅拌的条件下,同时滴加400~500mL的溶液B和溶液C,滴加速度要控制在30~45min内滴加完毕,滴加过程中溶液的pH值保持在9~9.5,滴加完毕继续搅拌30min,然后升高水浴温度至60~80℃保温2~3h,自然冷却至室温,反复抽滤、洗涤沉淀至pH值为7~8,把沉淀重新溶解,加入10~20gNaH_2PO_4和200mL甲苯,剧烈搅拌30min后静置分层,沉淀转移到甲苯,弃去下层水溶液,蒸馏除去甲苯,即得疏水性纳米水滑石。制备的疏水性纳米水滑石粒径为30~70nm。

PVC用超分散剂由以下方法制得:

(1)丙烯酸聚乙二醇单酯的制备:向三口瓶中加入一定量的聚乙二醇、十二烷基苯磺酸、对苯二酚,110~120℃时开始加入丙烯酸,滴加完毕后,于120℃恒温2.5h;将反应液减压蒸出副产物水,在此温度下反应2h,脱出水分的速度明显减慢;130℃恒温,至真空反应得出水的量与理论值接近时为反应终点;在真空条件下降温至40℃以下,出料即得。

(2)马来酸酐/丙烯基磺酸钠/丙烯酸聚乙二醇单酯共聚物的制备:在三口瓶中加入蒸馏水、马来酸酐,加热搅拌使其溶解,当温度达到60℃时开始加入丙烯基磺酸钠和丙烯酸聚乙二醇单酯溶液,同时加入0.5%~1.5%过硫酸盐,滴加完后升温至85℃反应3~5h,出料即为超分散剂。

润滑剂选自聚乙烯蜡、单甘酯或硬脂酸。

表面改质剂选自季戊四醇酯或亚磷酸三苯酯。

复合热稳定剂选自环氧大豆油或二苯甲酰甲烷。

【产品应用】 本品适用于PVC加工。

【产品特性】

(1)纳米水滑石疏水效果好,与有机溶剂互溶性好,可降低PVC制品的平衡扭矩,提高加工性能与耐候性,降低成本。

(2)制备方法简单科学,无污染,能耗低,易于实现工业化生产。

(3)由于本品在复合过程中用超分散剂对中间体铅盐稳定剂进行修饰,能极大地改善稳定剂的分散性和相容性,避免稳定剂在型材加工过程中出现斑点现象;并且因铅盐稳定剂在超分散剂作用下颗粒较小,分散性好,能较好地起到吸收 HCl 的作用,因此可大大降低铅盐的用量,从而降低生产成本。

实例 19　环保型无尘钙锌复合热稳定剂

【原料配比】

(1)1#配方:

原　　料	配比(质量份)
硬脂酸	575
氧化锌	55
双氧水	20
氢氧化钙	25
聚乙烯蜡	200
季戊四醇	150
亚磷酸三苯酯	50

【制备方法】 向反应釜中投入硬脂酸,熔化后投入氧化锌,升温至 130℃,投入双氧水,于 130℃反应 15min,至物料澄清,投入氢氧化钙反应 15min,至料相均匀,依次投入聚乙烯蜡、季戊四醇、亚磷酸三苯酯,搅拌均匀后出料即可。

(2)2#配方:

原　　料	配比(质量份)
硬脂酸	290
月桂酸	265
氧化锌	63
双氧水	20
氢氧化钙	30

续表

原　料	配比(质量份)
聚乙烯蜡	100
硬脂醇	25
单硬脂酸甘油酯	25
双季戊四醇	100
水滑石	100
亚磷酸三壬基苯酯	40
二苯甲酰甲烷	10

【制备方法】 向反应釜中投入硬脂酸、月桂酸,熔化后投入氧化锌,升温至130℃,投入双氧水,于140℃反应20min,至物料澄清,投入氢氧化钙,反应20min,至料相均匀,依次投入聚乙烯蜡、硬脂醇、单硬脂酸甘油酯、双季戊四醇、水滑石、亚磷酸三壬基苯酯,搅拌均匀后出料制片,冷却至室温后转入混合器,投入二苯甲酰甲烷,混匀后出料得成品。

(3)3#配方:

原　料	配比(质量份)
硬脂酸	850
醋酸、双氧水和硫酸的混合溶液	30
氧化镧	170
软脂酸	360
氧化锌	40
双氧水与醋酸的混合液(质量比3:1)	18
氢氧化钙	15
聚乙烯蜡	150
硬脂醇	25
单硬脂酸甘油酯	25
硬脂酸镧	50

续表

原　料	配比(质量份)
ST－220	100
水滑石	50
沸石	50
亚磷酸一苯二异辛酯	50
环氧大豆油	50
硬脂酰苯甲酰甲烷	50

【制备方法】

(1)向反应釜中投入硬脂酸,升温使其熔化,90℃时投入含70%的醋酸、29%的双氧水和1%的硫酸的混合溶液,于95℃投入氧化镧,在120℃保温反应3h,出料制片得中间体硬脂酸镧备用。

(2)向反应釜中投入软脂酸,熔化后投入氧化锌,升温至130℃,投入双氧水与醋酸的混合液,于130℃反应25min,至物料澄清,投入氢氧化钙,反应25min,至料相均匀,依次投入聚乙烯蜡、硬脂醇、单硬脂酸甘油酯、硬脂酸镧、ST－220、水滑石、沸石、亚磷酸一苯二异辛酯,搅拌均匀后出料,制片,冷却至室温后转入混合器,投入环氧大豆油、硬脂酰苯甲酰甲烷,混匀后出料,压片得成品。

【注意事项】　金属皂主要为锌皂和钙皂的组合物,或再辅以稀土(成分以镧、铈等镧系元素为主)皂,其酸根部分为含碳原子数为6～30,优选10～20的、饱和或不饱和的直链烷基或环烷基羧酸,碳链上可以含有或不含羟基、环氧基、脂环基、芳香基或烷基化的芳香基,具体如硬脂酸、羟基硬脂酸、软脂酸、油酸、亚油酸、月桂酸、2－乙基辛酸、十四烷酸、二十二烷酸、褐煤酸、蓖麻油酸、椰子油酸、异萘烷酸、三烷基乙酸、环烷酸、松香酸、安息香酸和合成脂肪酸中的一种或其组合物。

辅助稳定剂主要包括弱碱性无机物(如水滑石、沸石、钙/铝羟基亚磷酸盐等)、多元醇(如季戊四醇、双季戊四醇等)或改性(如以脂肪酸部分酯化)的多元醇(如Tohtlixer－101、ST－220等)、亚磷酸酯(如亚磷酸三苯酯、亚磷酸三壬基苯酯、亚磷酸一苯二异辛酯等)、β－二酮类化合物(如硬脂酰苯甲酰甲烷、二苯甲酰甲烷等)、环氧化物(如环氧大豆油)和抗氧剂(如BPA、BHT、1010等)中的一种或其组合物。

润滑剂主要包括各种饱和烃类(如石蜡、聚乙烯蜡、氧化聚乙烯蜡等)、脂肪酸类(如硬脂酸)、脂肪酸酯类(如各种硬脂酸酯、褐煤酸酯等)、脂肪醇类(如硬脂醇、软脂醇等)和脂肪族酰胺类中的一种或其组合物。

【产品应用】 本品为生产PVC制品所需的热稳定剂。

【产品特性】

(1)采用熔融法工艺通过一步直接催化法自行合成,既可以实现单组分皂盐的单独合成,也可在同一反应釜内同时合成多种金属皂,不但可以缩短工艺流程,降低生产成本,避免废水产生,而且相对于粉体钙锌稳定剂各组分在常温下的简单机械混配,在同一反应釜内同时合成钙锌复合皂,熔融态下的分子级共生更有利于其原子次外层“d”电子轨道处于半充满的稳定状态的“d－d络合物”的形式,从而能够将钙锌体系的协效稳定作用发挥到极致。

(2)本品的工艺流程将化学合成与物理合成相衔接,在物理合成中又采取液相复配与固相复配相结合的方法,使最终产品为片状,解决了产品生产和使用过程中的粉尘问题。

(3)通过液相复配不但使配方各组分的混合均匀度达到分子级别,从而能够最大限度地发挥其协效稳定作用,而且由于产品配方中的润滑组分对稳定组分在微观上实现了包覆,能够提高其在树脂中的分散性能和加工性能,有利于降低加工能耗。

实例20 环氧复合锌皂热稳定剂

【原料配比】

原料		配比(质量份)			
		1#	2#	3#	4#
主稳定剂	环氧油酸复合锌皂	100	100	—	—
	环氧蓖麻油酸复合锌皂	—	—	100	100

续表

原　　料		配比(质量份)			
		1#	2#	3#	4#
助稳定剂	硬脂酰苯甲酰甲烷	35	—	35	60
	二苯甲酰甲烷	—	35	—	—
	双亚磷酸酯	5	20	—	—
	烷基芳基混合酯	20	—	20	25
外润滑剂	石蜡	35	55	55	35
	聚乙烯蜡	—	55	60	—
	氧化聚乙烯	—	5	—	—
	Fischer - Tropsch 合成蜡	40	—	—	50
抗氧剂	抗氧剂 1076	5	—	—	—
	抗氧剂 1010	—	5	—	—
	抗氧剂 DLTP	5	—	—	—
	抗氧剂 DSTP	—	5	—	—
	双酚 A	—	—	10	—
	抗氧剂 ODP	—	—	5	—
阴离子型层状材料	镁铝碳酸根型 LDH	25	25	20	—
C_8 ~ C_{22}的钙或锶或镁或铝金属皂化物	硬脂酸钙	55	55	55	—
	硬脂酸锶	10	—	—	—
	硬脂酸镁	—	10	—	—
	硬脂酸铝	—	—	10	—

续表

原料		配比(质量份)			
		1#	2#	3#	4#
多元醇化合物(7)	双季戊四醇	25	—	—	—
	季戊四醇	—	25	25	—
荧光增白剂	荧光增白剂 PF	3	—	—	—
	荧光增白剂 CBS-127	—	3	—	—
	荧光增白剂 OB	—	—	3	—

【制备方法】 将各组分混合均匀即可。

【注意事项】 主稳定剂为环氧不饱和高级脂肪酸复合锌皂,是环氧不饱和高级脂肪酸和 C_6 ~ C_{18} 的一元或二元饱和或不饱和有机酸的锌金属皂化物的复合物;环氧不饱和高级脂肪酸基团与 C_6 ~ C_{18} 的一元或二元饱和或不饱和有机酸基团以物质的量比 5∶(5~9)∶1 组成锌金属皂化物的复合物。所述环氧不饱和高级脂肪酸选自环氧油酸、环氧蓖麻油酸;C_6 ~ C_{18} 的一元或二元饱和或不饱和有机酸选自月桂酸、软脂酸、硬脂酸、12-羟基硬脂酸、油酸、蓖麻油酸、水杨酸、邻氨基苯甲酸、己二酸、癸二酸。

助稳定剂为 β-二酮化合物或有机亚磷酸酯化合物。β-二酮化合物选自乙酰苯甲酰甲烷、硬脂酰苯甲酰甲烷、二苯甲酰甲烷。有机亚磷酸酯化合物选自三芳基酯、三烷基酯、三(烷基化芳基酯)、烷基芳基混合酯、三硫代烷基酯、双亚磷酸酯、聚合型亚磷酸酯。

外润滑剂选自聚乙烯蜡、氧化聚乙烯、聚乙烯离聚物、聚氟代烃、石蜡、醋蜡、酰胺蜡、S 蜡(C_{28} ~ C_{32} 的高级脂肪酸)、Fischer-Tropsch 合成蜡、聚酰胺、聚乙烯醇。

抗氧剂选自抗氧剂 1076、抗氧剂 1010、抗氧剂 DLTP、抗氧剂 DSTP、抗氧剂 ODP、双酚 A。

阴离子型层状材料为镁铝碳酸根型 LDH。

$C_8 \sim C_{22}$的钙或锶或镁或铝金属皂化物选自硬脂酸钙、硬脂酸镁、硬脂酸锶、硬脂酸铝。

多元醇化合物选自双季戊四醇、季戊四醇。

荧光增白剂选自荧光增白剂 PF、荧光增白剂 CBS－127、荧光增白剂 OB。

【产品应用】 本品用于聚氯乙烯类树脂挤出、注塑加工，适用于 PVC 给排水管材、型材等硬质品的熔融加工过程。

【产品特性】

(1)将环氧化合物与有机锌金属皂的稳定机理结合起来，其长期稳定性优于环氧化合物与有机锌金属皂的物理混合。

(2)在 PVC 熔融加工过程中具有良好的初期色相稳定性。

(3)环氧复合锌皂热稳定剂体系具有灵活可调的润滑性，可使润滑剂的浓度被灵敏地平衡，有效地限制在 PVC 配方加工过程中过多地积垢和黑色颗粒的产生，提高设备效率。

(4)无毒、无重金属污染，有益人体健康和环境保护。

实例 21 甲基锡硫醇酯热稳定剂

【原料配比】

原 料	配比(质量份)		
	1#	2#	3#
液态锡	150	147	148
四甲基氯化铵	1.5	1.47	1.48
氯甲烷	135	147	155
四氯化锡①	6	6	6
四氯化锡②	38	38	38
巯基酯	667	667	665
第二混合中间体	689	685	687
氢氧化钠溶液(20%)	250	245	246

【制备方法】

(1)锡的烷卤化反应:在230~250℃及1.2~1.5MPa的条件下进行,反应时间为1.5~3h,制得第一混合中间体。具体如下(以1#配方为例):

调整氯化釜内温度至235℃,开始抽真空,使釜内呈微量负压,打开投料阀门,将液态锡和四甲基氯化铵通过高压喷头压入氯化反应釜内,以形成雾状,打开氯甲烷进料阀,并打开搅拌,使液态锡、四甲基氯化铵与氯甲烷混合均匀,适时补充氯甲烷,在补充过程中使反应体系的压强保持在1.3MPa,反应温度控制在235℃,反应经过30min后,定量加入四氯化锡①,维持原来的反应状态,再反应1.6h,当反应釜内压力不再下降时,说明反应已经完成,得到第一中间混合体,对反应釜内未反应的氯甲烷气体进行回收。

(2)第一混合中间体的稳定反应:将第一混合中间体压入蒸馏釜中,加入四氯化锡②进行反应得到第二混合中间体,反应温度为190~200℃,反应压力为1~1.2MPa,反应时间为1.5~2h。

(3)第二混合中间体的蒸馏配制:对第二混合中间体进行减压蒸馏提纯,得到第三混合中间体,并用降膜吸收的方式对其进行吸收,最终用水制成质量分数为40%~50%的第三混合中间体水溶液,所述蒸馏温度为182~188℃,蒸馏压强控制在0.2MPa左右。

(4)第三混合中间体的酯化反应:在40~50℃条件下,将第二混合中间体水溶液和质量分数为20%~25%的氢氧化钠水溶液半连续滴加到含有巯基乙酸异辛酯的反应釜中,保持反应溶液的pH值在7~7.5之间,反应4~5h后,对其进行真空蒸馏并脱水,得到甲基锡硫醇酯热稳定剂。

【产品应用】 本品适用于聚氯乙烯热加工。

【产品特性】 本品原料来源广泛,原料利用率高,整个反应完全,产品质量好;有害物质氯甲烷被回收利用,同时三甲基氯化锡得到很好的处理,环境友好,适合工业化生产。

实例22 双酚单丙烯酸酯类耐热稳定剂

【原料配比】

原料	配比(质量份)	
	1#	2#
2-叔丁基对甲酚	328.4	328.4
甲醛水溶液(40%)	75	75
十二烷基磺酸钠	3.3	—
十二烷基苯磺酸钠	—	3.5
丙烯酸	72	75.6
三乙胺	303	303
阻聚剂对苯二酚	—	0.5
三氯氧磷	153	153

【制备方法】

(1)将2-叔丁基对甲酚与甲醛水溶液、乳化剂投入双酚合成釜中,加入去离子水,开始搅拌升温,反应一定时间后,停止加热并冷却,用NaOH水溶液调节pH值为7~8,将反应混合物通过真空抽滤机分离,得到中间体抗氧剂2,2′-亚甲基双(4-甲基-6-叔丁基苯酚)(即抗氧剂2246)。

(2)将已合成的中间体抗氧剂2246投入酯化反应釜中,同时加入甲苯溶剂,加热回流,脱出双酚中的水,直至不再有水分离出来为止;停止加热并冷却,加入丙烯酸、三乙胺和阻聚剂对苯二酚,开始搅拌,并滴入三氯氧磷,开始升温回流,反应一定时间后冷却至室温,用NaOH水溶液中和,使反应体系pH值保持在7~8,静置分离有机层,用去离子水分三次洗涤有机层,通过加水蒸馏有机层回收溶剂甲苯,冷却,形成悬浮液,经抽滤或离心分离得到粗产品。

(3)将粗产品用精制溶剂洗涤,干燥得到白色结晶性粉末。

【产品应用】 本品主要适用于高抗冲聚苯乙烯(HIPS)、耐热ABS塑料、超塑性弹性体SBS以及浮液聚合的SBR、BR等合成橡胶。

【产品特性】 本品原料来源丰富,配比科学,工艺简单,设备投资少,可操作性强,节能环保,适合工业化生产;所得产品收率可达到80.8%,质量稳定。

实例23 水滑石复合热稳定剂

【原料配比】

原 料	配比(质量份)				
	1#	2#	3#	4#	5#
硬脂酸钙	1	3	8	7	5.9
硬脂酸锌	1	1	1	1	4
水滑石	0.1	0.4	1	2	0.1

【制备方法】 称取硬脂酸钙、硬脂酸锌及水滑石在高速混合机中搅拌10min,出料,得到白色混合粉末。

【注意事项】 热稳定剂优选钙锌复合类稳定剂或铝镁锌复合类稳定剂。钙锌复合类稳定剂中优选含有质量比为(1:1)~(8:1)的硬脂酸钙和硬脂酸锌。

【产品应用】 本品适用于制备无卤阻燃材料。

无卤阻燃材料的组成如下(质量份):无机阻燃剂30~60,聚烯烃60~80,LDPE(低密度高压聚乙烯)20~40,增塑剂2~5,水滑石复合热稳定剂5~10,抗氧化剂0.5~1。

聚烯烃为聚乙烯(PE)、聚丙烯(PP)和乙烯—醋酸乙烯共聚物(EVA)中任一种或两种以上的混合物。增塑剂优选为对苯类、含十碳的邻苯类或偏苯类增塑剂。无机阻燃剂优选无机氢氧化物类阻燃剂,更优为氢氧化铝、氢氧化镁或两者的混合物。

原 料	配比(质量份)			
	1#	2#	3#	4#
LDPE	20	20	40	20
偏苯三酸酯	5	—	—	—

续表

原料	配比(g/L)			
	1#	2#	3#	4#
对苯二辛酯	—	4	4	2
水滑石复合热稳定剂	8	9	5	9
氢氧化铝	50	—	—	—
氢氧化镁	—	55	30	55
(2,4-二叔丁基苯基)亚磷酸三酯	0.2	0.2	0.5	1
润滑剂硅油(或白油)	少量	少量	少量	少量
PP	80	—	—	—
PE	—	80	60	80

以1#配方为例具体步骤是:称取LDPE、偏苯三酸酯、水滑石复合热稳定剂、氢氧化铝或氢氧化镁、抗氧化剂(2,4-二叔丁基苯基)亚磷酸三酯、硅油在高速混合机中搅拌20min;通过高速捏合机产生的摩擦热使LDPE发黏、分散及熔化,使复合热稳定剂均匀地黏附在载体上,在约100℃下出料。然后将物料与PP装入ϕ65挤出造粒机组,熔融挤出、冷却、切粒后烘干、注塑。挤出机的区间温度:机筒温度Ⅰ区60~80℃,机筒温度Ⅱ区125~135℃,机筒温度Ⅲ区135~145℃,机头温度130℃,螺杆转速500~750r/min。阻燃级别UL94V-0。

【产品特性】

(1)含有水滑石复合热稳定剂的阻燃材料阻燃效果好。在基体材料发生燃烧时,能够生成对燃烧有阻碍作用的二氧化碳和水蒸气,从而起到阻燃的作用。

(2)复合稳定剂稳定性能好,耐候性强于钙锌复合类或铝镁锌复合类稳定剂,对材料的抗老化、绝缘、耐光和耐热性能影响很小,同时还避免了加工易变色,气孔较多,生产时间长,易烧焦产生颗粒等缺陷。

(3)价格相对便宜,易于被市场接受。

实例24 无毒复合热稳定剂

【原料配比】

原料	配比(质量份)	
	1#	2#
三元水滑石	25.6	24.6
硬脂酸稀土	10.2	—
柠檬酸稀土	—	8.1
丙烯酸锌	16	—
硬脂酸锌	—	26
硬脂酸钙	20.2	27.8
润滑剂	15	90
PVC 抗氧剂	4	2.5
β-二酮类化合物	4	2
其他辅助物质	5	—

其中三元水滑石配比为:

原料	配比(质量份)	
	1#	2#
$MgCl_2$	38	38
$AlCl_3$	13.36	13.36
$ReCl_3$	17.74	—
$ZnSO_4 \cdot 7H_2O$	—	57.4
去离子水	适量	适量
NaOH	38.4	38.4
Na_2CO_3	42.4	42.4
硬脂酸	3%	4%

【制备方法】

(1)三元水滑石的合成:先将稀土盐、镁盐、铝盐配成混合溶液,然后加入由氢氧化钠和碳酸钠调配成的合成溶液中;在装有去离子水的反应釜中,同时滴加镁盐、铝盐混合溶液,等氯化镁和氯化铝溶液加料完毕后,开始滴加氯化稀土,控制温度在30~60℃之间,强烈搅拌,保持pH值在9~11,然后加入硫酸锌,加料完毕后继续搅拌20~60min,加入硬脂酸,继续搅拌反应1h,于40~70℃晶化6~18h,之后将物料离心分离,打浆洗涤,闪蒸干燥,即得到稀土/镁/铝三元水滑石。

(2)复合热稳定剂的配制:将捏合机预热,然后加入三元水滑石、有机稀土化合物、钙化合物、锌化合物、润滑剂、抗氧剂、二酮类化合物、辅助物质,启动搅拌,温度控制在80~120℃,捏合时间为20~60min,出料,待冷却后包装即可。

【注意事项】　三元水滑石由Mg、Zn、Al、Ca、Fe、Cu、Re中三种金属离子复合而成,并由硬脂酸或油酸或十二烷基苯磺酸或十二烷基硫酸插层而制得,有机酸量占三元水滑石总量的1%~20%。

有机稀土化合物由混合轻稀土和有机酸合成制得,各组分的质量配比范围是:混合轻稀土元素5~30,有机酸70~95。混合轻稀土元素是指镧系元素,混合轻稀土元素可以是一种稀土元素,也可以是多种稀土元素并存。有机酸可以是硬脂酸、油酸、双月桂酸、柠檬酸、苹果酸中的至少一种。

钙化合物由钙盐与有机酸合成制得,各组分的质量配比范围是:钙盐5~30,有机酸70~95。有机酸可以是脂肪酸、硬脂酸、棕榈酸、酒石酸、环烷酸、异辛酸、水杨酸、新癸酸、油酸、柠檬酸、苹果酸中的一种或两种以上的混合物。

锌化合物由锌盐与有机酸合成制得,各组分的质量配比范围是:锌盐5~35,有机酸65~95。有机酸可以是脂肪酸、硬脂酸、棕榈酸、酒石酸、环烷酸、异辛酸、水杨酸、新癸酸、油酸、月桂酸、柠檬酸、苹果酸、丙烯酸中的一种或两种以上的混合物。

润滑剂为聚乙烯蜡、氧化聚乙烯蜡、硬脂酸、硬脂酸单甘油酯、亚乙基双硬脂酸酰胺、油酸酰胺中的一两种。

β-二酮类化合物可以是二苯甲酰甲烷、硬脂酸苯甲酰甲烷。

润滑剂、PVC 抗氧剂和β-二酮类化合物均为辅助物质。

【产品应用】 本品可替代传统铅盐及有机锡热稳定剂广泛应用于 PVC 管材、型材、电线电缆、医用器械、薄膜等领域。

【产品特性】

(1)本品具有优异的初期着色性及良好的长期热稳定性;有良好的润滑加工性、透明性、耐候性及光稳定性,无硫化污染。

(2)本品具有良好的塑化性能,可降低加工扭矩,加工出的制品外观平整、光亮、尺寸稳定。

(3)本品不含铅、镉、锡等重金属元素,具有高度的安全性。

(4)制备方法简单,适合工业化生产,且无三废排放,生产过程中产生的碱液可回收作稀土皂、钙皂的反应介质用水,不污染环境。

实例 25 无毒片状热稳定剂

【原料配比】

原料		配比(质量份)			
		1#	2#	3#	4#
硬脂酸锶		20	38	31	36
硬脂酸钙		14	15	5	13
硬脂酸镁		10	5	7	8
硬脂酸锌		18	15	20	10
改性增效剂	含硫化合物	5	2	—	—
	含磷化合物	—	—	8	—
	β-二酮	—	—	—	6
润滑剂	硬脂酸单甘油酯	20	—	—	—
	N,N-亚乙基双硬脂酸酰胺	—	15	12	—
	石蜡	—	—	—	10
辅助稳定剂	双酚 A	12	—	—	—
	多元醇	—	8	—	—
	环氧化合物	—	—	15	14

续表

原　料		配比(质量份)			
		1#	2#	3#	4#
螯合剂	亚磷酸苯二异辛酯	1	—	2	—
	亚磷酸 4,4－二异叉双酚(C_{12}～C_{14})烷基酯	—	2	—	—
	亚磷酸三苯酯	—	—	—	3

【制备方法】

(1)在常压条件下,先将硬脂酸锶、硬脂酸钙、硬脂酸锌、硬脂酸镁投入反应容器中混合,加入螯合剂控制温度在93～97℃下进行螯合反应,当有水生成时表示反应完成,反应后将水排出。

(2)向反应容器内加入改性增效剂、润滑剂、辅助稳定剂,在常压下对反应物加热进行复合反应,使反应物温度逐渐升高,当反应物温度达128～132℃时,复合反应完成。

(3)对反应容器密封抽气,通过减压在真空度小于600Pa以下,控制温度123～127℃,脱去反应物中的残余水分。

(4)在常压温度低于110℃条件下,将脱水的反应物经压片机冷压成片状的热稳定剂成品。

【产品应用】　本品主要用于如食品或药品包装、玩具、给排水管等各种无毒PVC制品加工。

【产品特性】

(1)不含铅、钡、镉等有害金属,且为无尘片状,避免了粉尘污染,无毒环保。

(2)热稳定性好,最高耐温294℃,性能上可以完全替代有机锡,价格比有机锡低20%～40%,有效降低了成本。

实例26 无机复合热稳定剂

【原料配比】

原料	配比(质量份)							
	1#	2#	3#	4#	5#	6#	7#	8#
水	600	650	700	750	800	700	750	800
载体	100	100	100	100	100	100	100	100
$NH_3 \cdot H_2O$	15	20	13	30	18	40	35	18
NH_4NO_3	5	—	20	—	8	—	—	10
NaOH	1	1.5	2	2.5	2.8	2.5	3	2.2
葡萄糖	4	2	15	25	20	18	30	8
硝酸铅	5	10	8	10	3	5	—	15
硫酸铅	5	12	5	3	8	6	18	—
H_2O_2	15	25	18	35	25	40	18	28
HNO_3	0.2	0.4	0.3	0.5	0.6	—	0.7	0.8

【制备方法】 称取硝酸铅或硫酸铅,加入水中,开动搅拌,搅拌30min至金属盐溶解,加入葡萄糖、NaOH、$NH_3 \cdot H_2O$、NH_4NO_3,搅拌1h左右,开始升温,并加入载体粉料。此时温度在50~60℃,逐步升温,保持搅拌,当温度升至80℃后开始控制温度,最高不超过95℃。搅拌保持时间不低于2h,一般为3h左右,超过4h效果并不明显。保温结束后加入还原剂H_2O_2和HNO_3,开始降温,40min后,温度回落至40~50℃,停止搅拌,去水,洗涤,烘干,粉碎,包装得成品。

【注意事项】 无机载体是沸石、分子筛、层状磷酸盐。

硝酸盐和硫酸盐是指硝酸铅和硫酸铅。

还原剂是葡萄糖、醛类、甲酸。

氧化剂是H_2O_2和HNO_3。

上述物质的各组分可以单独使用或复合使用。

【产品应用】 本品适用于聚氯乙烯加工。

【产品特性】

(1)产品的超细微粒铅的粒径为1～100nm,属纳米材料范畴,其比表面积极大增加,随之其化学活性也极大增加。虽然含铅量仅为三盐和二盐的1/10左右,但能达到甚至超过三盐和二盐的热稳定效果。

(2)在生产中,参加反应的铅盘都能沉析在载体中,参加反应的水可回收使用。废水中含铅量可小于5mg/kg(标准为30mg/kg),载体粉碎是在密闭系统中进行,尾气中的粉尘可用水喷淋吸收,沉淀后回收使用。

实例27　无机有机复合热稳定剂

【原料配比】

原料		配比(质量份)			
		1#	2#	3#	4#
无机颗粒或层状稳定剂	蒙脱土	5	—	—	—
	水滑石	—	10	—	—
	膨润土	—	—	18	—
	碳酸钙	—	—	—	20
纳米无机有机复合材料	纳米碳酸钙原位聚合聚氯乙烯树脂	20	10	—	—
	纳米水滑石原位聚合聚氯乙烯树脂	—	—	12	4
有机稳定剂	硬脂酸钙	18	—	—	—
	硬脂酸锌	16	—	—	—
	月桂酸钙	—	25	—	—
	月桂酸锌	—	25	—	—
	蓖麻油酸钙	—	—	20	—
	蓖麻油酸锌	—	—	20	—
	软脂酸钙	—	—	—	21
	软脂酸锌	—	—	—	21

续表

原料		配比(质量份)			
		1#	2#	3#	4#
β-二酮类辅助稳定剂	硬脂酸苯甲酰甲烷	2	0.5	3	—
	乙酰苯甲酰甲烷	1	—	—	—
	二苯二甲酰甲烷	—	—	—	2.5
润滑剂	PE蜡	23	20	—	—
	石蜡	15	9.5	—	25.5
	氧化聚乙烯	—	—	27	—

【制备方法】 将各组分搅拌混合均匀即可。

【注意事项】 无机颗粒材料为纳米碳酸钙,无机层状材料为纳米层状水滑石、纳米层状蒙脱土或纳米层状膨润土。无机层状材料的尺寸为5~1000nm。纳米碳酸钙的粒径为10~100nm,纳米碳酸钙的质量分数为5%~50%。

纳米无机有机复合材料为纳米碳酸钙原位聚合聚氯乙烯树脂或纳米水滑石原位聚合聚氯乙烯树脂的一种或多种。

有机稳定剂为高级脂肪酸锌和高级脂肪酸钙的复合物。高级脂肪酸为硬脂酸、软脂酸、油酸、蓖麻油酸或月桂酸。

β-二酮类辅助稳定剂为二苯二甲酰甲烷、硬脂酸苯甲酰甲烷或乙酰苯甲酰甲烷。

润滑剂可以是石蜡、聚乙烯蜡或氧化聚乙烯。

【产品应用】 本品适用于聚氯乙烯加工。

【产品特性】

(1)采用无机有机稳定剂的复合搭配,各种热稳定剂协同作用、热稳定性能与进口含铅热稳定剂相当,而且完全不含铅、镉等有毒重金属,价格具有竞争力。可以代替国外同类产品,满足出口企业对欧盟国家电类塑料制品无铅、无镉环保指标的要求(ROHS)。

(2)作为稳定剂的配方组分的原位聚合纳米无机有机复合材料(高耐热聚氯乙烯专用树脂),由于纳米无机材料在原位聚合过程会被崩解或层状剥离，比表面会增加，所以纳米无机材料对聚氯乙烯受热分解过程放出的氯化氢的吸收作用会更加突出。

实例 28 无硫酯基锡热稳定剂

【原料配比】

<table>
<tr><th colspan="2" rowspan="2">原 料</th><th colspan="2">配比（质量份）</th></tr>
<tr><th>1#</th><th>2#</th></tr>
<tr><td rowspan="5">锡的二氯化物</td><td>丙烯酸甲酯</td><td>52</td><td>—</td></tr>
<tr><td>丙烯酸丁酯</td><td>—</td><td>43.6</td></tr>
<tr><td>阻聚剂对苯二酚</td><td>0.88</td><td>0.3</td></tr>
<tr><td>四氢呋喃＋三氯甲烷</td><td>20＋180
（体积份）</td><td>60＋140
（体积份）</td></tr>
<tr><td>锡粉</td><td>36</td><td>20</td></tr>
<tr><td rowspan="6">无硫酯基锡热稳定剂</td><td>二(β－甲氧甲酰乙基)二氯化锡</td><td>47.5</td><td>—</td></tr>
<tr><td>二(β－丁氧甲酰乙基)二氯化锡</td><td>—</td><td>48</td></tr>
<tr><td>乙醇</td><td>12.1</td><td>9</td></tr>
<tr><td>金属钠</td><td>6.1</td><td>—</td></tr>
<tr><td>碳酸钠</td><td>—</td><td>11.4</td></tr>
<tr><td>二氧六环</td><td>200
（体积份）</td><td>200
（体积份）</td></tr>
</table>

【制备方法】（以 1#配方为例）

(1)锡的二氯化物采用以下方法合成：在装有搅拌棒、滴液漏斗、温度计的 500mL 四颈烧瓶中加入丙烯酸甲酯、对苯二酚和四氢呋喃与三氯甲烷的混合溶剂，边搅拌边加入锡粉；搅拌均匀后打开 HCl 气体发生器阀门，缓慢通入过量的干燥的氯化氢气体；室温至 60℃下反应，待锡粉完全转化后，继续反应 0.5～1h；反应结束后，抽滤去掉微量的杂质；减压蒸去溶剂，溶剂回收重复使用，提纯粗产品 2～3 次，即得二(β－甲氧甲酰乙基)二氯化锡。

(2)在装有搅拌棒、滴液漏斗、温度计的三口烧瓶中，加入锡的二氯化物、醇或羟基乙酸酯、无机碱和有机溶剂，在0~80℃下反应4~10h，抽滤，提纯，得到无硫酯基锡热稳定剂。

【注意事项】 锡的二氯化物为二(β-甲氧甲酰乙基)二氯化锡或二(β-丁氧甲酰乙基)二氯化锡。制备锡的二氯化物时，丙烯酸酯与锡粉的物质的量比是2∶1，丙烯酸酯为丙烯酸甲酯、丙烯酸乙酯、丙烯酸丙酯或丙烯酸丁酯。阻聚剂为对苯二酚、2,6-二硝基对甲苯酚、2,4-二硝基苯酚或4-叔丁基邻苯二酚，阻聚剂的用量为丙烯酸酯和锡粉总质量的1%~3%。有机溶剂为四氢呋喃或二氧六环或卤代烃中的一种或一种以上，加入有机溶剂后，使得反应体系的浓度为1~2mol/L。卤代烃为二氯甲烷或三氯甲烷。

醇为乙醇或正丁醇。

羟基乙酸酯为羟基乙酸甲酯、羟基乙酸乙酯、羟基乙酸正丁酯、羟基乙酸异戊酯或羟基乙酸异辛酯。

无机碱为NaH、Na或NaOH中的一种或一种以上。

有机溶剂为二氯甲烷、三氯甲烷、四氢呋喃或二氧六环中的一种或一种以上。

【产品应用】 本品适用于PVC食品药品包装材料、建筑材料和环保制品，以取代含硫的有机锡热稳定剂。

【产品特性】 本品原料来源广泛，配比科学，合成设备均为比较通用设备，合成条件温和，无须高温、高压、低温等极端条件，易于实现工业化；热稳定剂结构中不含硫，没有异味，且产品的热稳定性与含硫产品的稳定性相似。

主要参考文献

[1]金广泉. 白色高性能环氧树脂防锈底漆:中国,200610020078.5[P]. 2007-4-18.

[2]胡桂燕. 一种蚕丝蛋白祛斑美白霜及其制备工艺:中国,200610050212.6[P]. 2006-11-8.

[3]王书芳. 黑芝麻夏士莲洗发香波:中国,200910065672.X[P]. 2011-3-23.

[4]蓝子花. 一种驱蚊制品:中国,200510069804.8[P]. 2005-10-26.

[5]王锆冀. 一种高效环保节能汽油添加剂:中国,200810065277.7[P]. 2009-8-5.

[6]乔瀚文. 铁—镍—钼软磁合金箔生产电镀液:中国,201010122012.3[P]. 2010-7-14.

[7]周建明,何绍群. 一种双组分室温固化胶黏剂制造方法和应用:中国,200710052714.7[P]. 2009-1-14.

[8]闫洪发,罗发洪,何河,等. 一种抗应激饲料添加剂:中国,200810116768.X[P]. 2008-12-03.

[9]曹惠忠. 一种多金属高效固体酸洗缓蚀剂:中国,200910031813.6[P]. 2009-12-23.

[10]孔祥俊,孔令航,孔令翔. 一种增塑剂及其制备方法:中国,200910145060.1[P]. 2010-03-03.